普通高等教育“十二五”规划教材

塑性成形数值模拟

主　编　刘建生
副主编　李　萍　张　建　安红萍
参　编　运新兵　田继红　褚　亮
主　审　董湘怀

机 械 工 业 出 版 社

有限元方法是解决工程问题的强有力的数值分析方法之一，本书在介绍刚塑性有限元相关理论及方法的基础上，重点就有限元模拟的关键技术、变形与传热耦合分析、微观组织结构演变模拟预测、材料模型建立及简化方法进行了阐述。在此基础上，使用商用软件 DEFORM 作为平台介绍了刚塑性有限元软件的应用，并给出了一些工程问题的计算实例和相应的分析结果。全书共分 10 章，第 1 章介绍了有限元模拟方法的发展、分类等基本知识；第 2~5 章介绍了刚塑性有限元基本理论；第 6 章介绍了变形与传热耦合分析技术；第 7 章介绍了有限元模拟的关键技术；第 8~10 章介绍了有限元建模方法、有限元软件应用，每章后配有相应的思考题。

本书可作为材料成形及控制工程专业本科生、材料加工工程专业研究生的教学用书，也可供塑性成形领域从事研究和生产的科技人员参考。

图书在版编目（CIP）数据

塑性成形数值模拟/刘建生主编．—北京：机械工业出版社，2014.8（2025.1 重印）
普通高等教育“十二五”规划教材
ISBN 978-7-111-47536-1

Ⅰ.①塑…　Ⅱ.①刘…　Ⅲ.①金属压力加工—塑性变形—数值模拟—高等学校—教材　Ⅳ.①TG302

中国版本图书馆 CIP 数据核字（2014）第 169989 号

机械工业出版社（北京市百万庄大街 22 号　邮政编码 100037）
策划编辑：冯春生　责任编辑：冯春生　程足芬　陈崇昱　佘　皞
版式设计：霍永明　责任校对：陈延翔
封面设计：张　静　责任印制：单爱军
北京虎彩文化传播有限公司印刷
2025 年 1 月第 1 版第 6 次印刷
184mm×260mm · 13 印张 · 293 千字
标准书号：ISBN 978-7-111-47536-1
定价：39.00 元

电话服务　　网络服务
客服电话：010-88361066　　机　工　官　网：www.cmpbook.com
010-88379833　　机　工　官　博：weibo.com/cmp1952
010-68326294　　金　书　网：www.golden-book.com
封底无防伪标均为盗版　　机工教育服务网：www.cmpedu.com

普通高等教育“十二五”规划教材
编审委员会

塑性成形及模具教材编委会

前言

如今，刚塑性有限元模拟技术已经在生产实际中获得越来越广泛的应用，逐渐成为金属塑性成形领域工程技术人员从事研究和设计工作的必要手段。采用有限元模拟技术取代人们长久以来采用的基于经验的试错方法进行工艺及模具设计，将缩短新产品和新工艺的开发试制周期，降低材料消耗，减少费用，并且更能保证加工制品的质量。近年来，为了满足塑性加工制件不断向着大型化、精密化方向发展及其内在质量和尺寸精度日益提高的要求，有限元模拟技术在金属塑性加工理论研究和生产实际应用中显示出了不可替代的作用，成为对塑性成形工艺进行科学预测、工艺优化和定量控制的有效方法。同时，各种有限元模拟软件也不断被开发且广泛应用，并在工程设计、数据分析方面得到普遍的认可。目前，与发达国家相比，虽然我国的模拟技术水平还存在一定差距，但是在大型锻造、精密成形等方面还是取得了一定的进展。

金属塑性成形是一个极其复杂的过程，它不仅变形量大，而且成形过程及产品质量受材料性能、摩擦状况、工艺条件、模具结构及加工设备等多种因素的共同影响。所以，对塑性有限元数值模拟技术的要求很高。除了塑性大变形的非线性特征之外，还涉及模具型腔几何描述、动态接触边界条件处理、有限元网格重分、变形与传热耦合等关键技术问题的解决。本书作者自20世纪80年代初期开始，一直从事有限元模拟技术研究、生产应用及相关教学工作，在刚塑性有限元理论、模拟关键技术及软件开发等方面作了一些有益的探索，积累了一些理论研究和应用成果。为了促进我国模拟技术及软件水平的提高，满足塑性成形行业日益发展的要求，现将长期以来的有关研究结果整理、编撰成书，供同行参考。

本书第1章由太原科技大学刘建生教授执笔，第2章、第8章由合肥工业大学李萍教授执笔，第3章由天津理工大学张建教授执笔，第4章、第5章由天津理工大学褚亮副教授执笔，第6章、第7章由太原科技大学安红萍副教授执笔，第9章由太原科技大学田继红副教授执笔，第10章由大连交通大学运新兵教授执笔。全书由刘建生统稿，上海交通大学董湘怀教授主审。

鉴于编者水平有限，书中难免有不当之处，敬请读者批评指正。

编者

目录

第 *1* 章 绪 论

1.1 概述

金属塑性成形是金属加工的一种重要工艺方法，它不仅生产效率高、原材料消耗少，而且可以有效地改善金属材料的微观组织和力学性能。因而，塑性成形作为制造业的一个重要分支，广泛地用于工业制造中。据统计，全世界有75%的钢材经过塑性成形，在汽车行业生产锻件和冲压件的数量约占零件总数的60%以上，在冶金、航空、船舶和军工等工业生产部门也都占有相当大的比例。

作为一种传统的制造行业，近几十年来，随着社会经济和其他相关支柱产业的发展，塑性成形行业得到前所未有的新发展，新工艺、新技术、新设备和新产品层出不穷。当前，塑性成形制件具有尺度大型化、形状复杂化、成形精密化、结构轻量化和制造工艺短流程化等主要发展趋势，并且成形与成性一体化的精确控制要求也在日益提高。因此，要实现塑性成形制件的内在质量和尺寸精度的稳定和提高，必须提高塑性成形技术的科学化和可控化水平。与传统的成形工艺相比，现代塑性成形技术对毛坯与模具设计、材料塑性流动及组织控制等方面要求更高，所以采用基于经验的试错设计方法也就更不能满足实际需要，引入以计算机为工具的现代设计分析手段已成为人们的共识。自20世纪80年代以来，CAD、CAE等单元技术开始运用到塑性成形工艺分析、规划与模具设计上。随着这些单元技术的不断发展，近年来通过它们的集成形成了基于知识的成形专家系统，并且有朝着集成化的塑性成形虚拟制造系统发展的趋势。作为系统必要支撑技术的计算机数值模拟技术，早已受到世界各国尤其是发达国家的高度重视，在国外已有不少塑性有限元商品软件推出，并在许多国家的研究部门和生产企业中得到应用，如美国的DEFORM、ABAQUS、MARC和法国的FORGE等。我国的许多高校和科研院所在该方面的研究和软件开发已有相当积累，在相关企业中的应用也越来越广泛。

然而，对于塑性成形行业整体来讲，目前仍处于以经验、知识为依据，以试错为基本方法的工艺技术阶段。如图1-1所示，塑性成形生产流程一般是根据市场需求，对制品进行加工工艺性分析，确定成形工艺方案，同时进行模具设计与制造，然后利用模具依照已确定的工艺规程进行生产，其中最关键的环节是模具的设计和制造。模具设计与制造合理与否，直接决定着能否生产出满足要求的制品。传统的模具设计与制造过程是一个基于经验知识的串行工作过程，企业的各部门之间相互独立、专业化程度高，模具设计和制造作为两个独立的环节，二者之间缺乏有机的联系和信息反馈。模具的设计与制造过程需要经过设计、试制、再修改设计的多次反复，导致模具的制造周期长、成本高，也就失去了市场竞争的优势。这种“反复试验直到工艺及模具设计合理”是传统塑性成形技术的重要特征，它使得产品的质量保证主要靠检验来把关，而不是融入设计、制造的全过程。CAD/CAE 技术在我国塑性成形中的应用尚处于初级阶段，主要是基于一般的经验和知识，应用 CAD 系统代替简单而重复的手工设计工作，把设计人员从繁冗的设计绘图中解放出来；CAE 系统的应用还不是很普遍，因此缺乏对设计对象的分析、检测乃至修改功能，对塑性成形流程没有起到质的改变。这种现状不能满足整个制造业的发展要求。

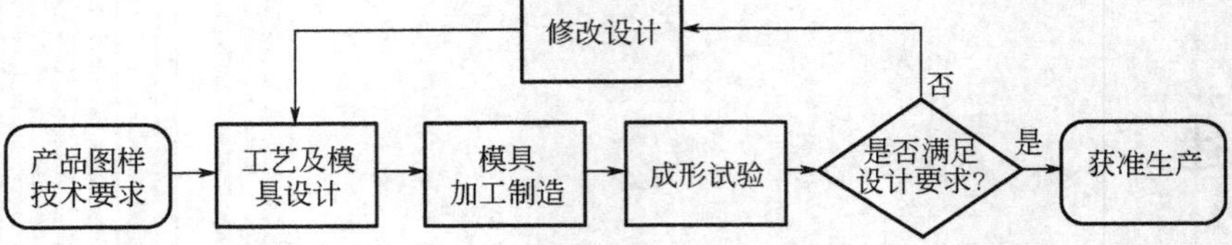

图 1-1　传统塑性成形工艺、模具及产品开发流程简图

解决上述问题的重要途径是将虚拟制造技术应用于塑性成形全过程，其中的成形过程模拟分析（虚拟仿真）显得尤为重要。借助于成形过程的虚拟仿真，可以在模具加工制造和工艺实施之前，检验模具关键工作部分形状和尺寸设计的合理性，分析材料的流动规律，预测是否产生缺陷，还可以对其他工艺参数进行优化分析。这样，可以确保成形工艺和模具的设计及制造一次成功，主要问题在设计阶段就完全解决。从而使得塑性成形进入以模型化、最优化和柔性化为特征的工程科学阶段，提高塑性成形行业的科学化水平。

1.2　塑性成形工艺模拟及方法

1.2.1　塑性成形工艺的特点

金属塑性成形是利用金属的塑性即金属产生塑性变形的能力，使金属材料在外力作用下成形的一种工艺方法。塑性成形工艺具有如下特点：

1. 成形工艺的多样性

在工业生产中，由于生产规模、用途及目的的不同产生了多种多样的塑性成形工艺方法。按工艺特征可以分为：轧制、挤压、拉拔、锻造、冲压等。通常轧制、拉拔和挤压是生产型材、板材、管材和线材等金属材料的加工方法，属于冶金工业行业；而锻造、冲压则是用来制造机器零件或毛坯的加工方法，属于机械制造行业。随着生产要求和技术的发展，一些传统塑性成形工艺方法相互渗透、交织和演变，产生了一些新的工艺，如在锻造中引入了挤、轧等变形方式来生产锻件，用辊锻方法生产连杆、叶片，用三辊横轧方法生产长轴锻件，用挤压方法生产汽阀、万向节等。与此同时，对于一些特殊零件发展出新的加工方法，如采用旋压法生产压力容器的封头。这些技术的发展，既扩大了塑性成形工艺的应用领域，又使生产率得到进一步提高。

塑性成形中依据变形特征的不同又可分为体积成形工艺和板料成形工艺。体积成形工艺是通过金属材料体积的大量转移来获得机器零件（毛坯）或各种型材，如锻造、轧制、挤压等工艺方法都属于体积成形工艺。体积成形工艺的重要特征是金属产生较大的塑性变形，因此要有较好的塑性，故多在热态下进行。板料成形工艺是指利用专用模具对板料进行塑性成形工艺，如冲压、旋压工艺。板料成形时金属材料的塑性变形并不一定很大，但与模具的相对运动较大，通常板料成形在室温下进行。

随着技术的发展、加工设备刚度的提高以及新模具材料的应用，塑性成形产品的精度也在不断提高，出现了许多精密塑性成形技术，如精密锻造、精密冲裁等，这些变化在体积成形类工艺方面尤其明显。金属材料体积成形工艺大多是在热态下进行的，因而其制品的表面质量和尺寸精度都较低，采用不加热或少加热的方法可大大提高精度。例如，精密锻造的锥齿轮，其齿形部分的精度可达8级，表面粗糙度 Ra 达3.2～1.6μm，可以不经切削加工直接使用；在轧制方面，冷轧板带厚度精度最高可达±0.003mm。

多种塑性成形方法并存和发展，丰富了塑性成形技术，也满足了制造业日益发展的需要。同时也增加了塑性成形研究和工程实施的难度，这是由于不同加工方法的工艺特征（指加工设备、模具、工艺参数、工艺难点等）和变形特征（变形模式、材料行为）存在着较大的差异。

2. 变形行为的复杂性

尽管塑性成形工艺方法种类繁多，但它们的变形过程都具有相同之处，即将一个几何形状简单的金属毛坯，通过模具或工具的作用，产生塑性变形而加工成形状较为复杂的产品。这个变形过程比较复杂，影响因素较多，概括起来有以下特征。

（1）变形机理的复杂性　塑性成形时，金属材料发生很大的塑性变形，例如有些模锻、挤压工艺中，等效应变能达到甚至超过2。这时材料的本构关系和几何关系同时存在着非线性，即物理非线性（应力与应变或应变率的关系）和几何非线性（应变或应变率与位移或位移速度间的关系），由此而导致了分析模型和理论的复杂化。此外，这种大变形对不同类别工艺又有相异的表征，如体积成形工艺中，塑性变形区域和大小远比弹性变形大得多，因而变形后的弹性回复可忽略不计，而板料成形工艺中塑性变形的大小与弹性变形是可比的，因而变形后的弹性回复或回弹必须考虑。

（2）变形金属材料性能的可变性　塑性成形时金属材料的屈服应力（或流动应力、变形抗力）是反映金属发生塑性变形的重要力学性能参数，影响屈服应力的因素主要有：

1）与变形过程无关的参数。它们包括材料的化学成分，组织结构，相、晶粒度和变形工艺前的应变历史等。

2）与变形过程相关的参数。变形温度、变形程度和变形速率，这三个参数习惯上称为变形条件。此外，金属材料塑性变形过程中，其微观结构也在不断变化，由此而影响到材料的屈服应力。

在塑性变形过程中，金属材料屈服应力变化就是由变形条件的变化所引起的。一方面，在变形过程的任一瞬时，由于这些参数场在变形区内分布的不均匀性，而导致屈服应力在金属材料内部分布不均匀；另一方面，随着变形过程的进行，这些参数场本身也在变化，从而造成各处屈服应力的进一步变化。应当指出，这种变化着的不均匀分布的材料性能对塑性变形过程也同时产生很大的影响。

（3）接触界面与摩擦作用　绝大部分塑性成形工艺中，金属毛坯是由模具在接触界面上施加压力而逐步产生塑性变形的。这个接触界面的作用对金属材料的塑性变形影响很大，其形状、表面状态对金属毛坯的变形分布以及最终产品的形状起着决定作用。然而在塑性成形过程的任一瞬时，变形毛坯与模具在接触表面有相对运动，因而必然存在着摩擦。由于摩擦的作用，使模具产生磨损、工件表面出现划伤，这样既缩短模具寿命，又影响产品质量，同时摩擦还会引起毛坯变形不均匀，使塑性成形时的变形力和变形功增加等。但是，摩擦也起有益作用，例如模锻时，飞边桥部的摩擦力有利于充满模膛；轧制时，轧辊与坯料间的摩擦力会使坯料易于咬入等。

塑性成形中毛坯与模具之间的摩擦与机械传动中的摩擦有很大差别，具有以下特点：

1）接触表面正压力极高。金属塑性变形时，接触表面所受的单位压力一般在 $500N/mm^2$左右；钢制零件冷挤压时，单位压力可达 $2500N/mm^2$；而承受重载荷的轴承，工作时的单位压力仅为 $20\sim40N/mm^2$。

2）加热成形时，金属毛坯是在高温下进行塑性成形的，如钢的锻造温度一般为 800～1200℃，在这样高的温度下金属的组织和性能发生变化，且表面产生强烈的氧化、粘结等。

3）塑性成形中，摩擦常常是伴随着坯料的塑性变形而产生的。由于塑性变形，接触面上金属各质点的运动情况不同，有的滑动，有的粘着。而且随着变形过程的进行，坯料与模具间又会出现新的接触表面。

总之，由于上述特点，塑性成形中的摩擦作用机理比较复杂，难以给出准确的理论描述，这些都会给塑性变形工艺分析带来困难。

1.2.2 塑性成形研究的目标和任务

金属塑性成形工艺中所涉及的具体物理现象，都难以用简单的数量关系来描述。塑性变形时，金属的流动模式、毛坯与模具的接触摩擦、金属材料内部热的产生及热传导、微观组织结构或性能与工艺条件之间的关系等，所有这些也都难以预测和分析。通常，对于一个给定产品的塑性成形工艺，可能需要数个变形工步才能将形状简单的毛坯变成形状较为复杂的产品。因此，塑性成形分析的重要目标之一就是合理地设计出变形工步及操作顺序，而其中任一变形工步的分析基本上都涉及以下几个方面：

1）建立金属材料内部变形区与未变形区间的动态变化（如外形、速度、应变、应变率），即金属塑性流动的预测。

2）确定材料与工艺的成形极限，即确定工件成形后是否会出现表面或内部缺陷。

3）预测变形工艺所需的变形力、应力，以便于模具及设备的设计或选用。

为了达到上述目标，实现对塑性成形工艺的定量分析和优化设计，有必要将塑性成形工艺作为一个复杂的系统进行分析。

1. 塑性成形工艺分析系统

塑性成形工艺分析系统应当包括关于毛坯（几何和材料方面）、模具（几何及材料方面）及毛坯与模具接触摩擦条件等输入信息、变形机理、使用设备类型、加工制品的特性要求以及完成该工艺的生产环境。

采用塑性成形工艺分析系统可以研究工艺参数对产品质量和生产效益的影响。合理的工艺方案能够获得合乎要求的几何形状尺寸及性能的制品，其关键在于如何了解变形过程中金属材料的塑性流动并进行有效的控制。金属材料的流动方向、变形量大小以及产生变形时的温度条件都极大地影响着塑性成形产品的性能，同时塑性流动还决定着产品表面或内部缺陷的形成。总之，塑性成形工艺是一个复杂的系统，其影响因素如下：

（1）材料参数　若金属材料的化学成分、变形及热处理历史（即微观组织）给定，那么它的屈服应力和塑性是塑性成形工艺分析中最重要的材料参数。

材料的微观组织结构给定的条件下，其屈服应力是应变、应变率和温度的函数。对于具体的金属材料，这种函数关系必须通过材料性能试验才能得出，如扭转试验、轴对称试验或平面应变压缩试验。塑性是金属材料产生塑性变形而不被破坏的能力，它取决于：①变形条件（如温度、应变率、应变、应力以及应变历史）；②材料本身（如化学成分、夹杂、初始微观组织等）。应当指出，热变形时金属材料内部的温度梯度对屈服应力和塑性影响也很大。

（2）模具及设备　模具参数包括：①模具结构几何尺寸；②工作表面的加工精度；③模具刚度；④模具材料在使用条件下的力学性能和热物理性能。

设备的加工速度、精度以及载荷能量特性对塑性成形工艺有影响，设备的合理选用要考虑产品批量、工厂条件、环境影响、设备维修以及一些特殊产品和工艺的需要。

（3）摩擦条件　金属塑性成形中的摩擦机理十分复杂，引入摩擦系数μ或摩擦因子m可以定量表示摩擦力的大小和方向，即采用库仑摩擦条件或常应力摩擦条件。确定μ或m的试验方法有很多，对体积成形工艺常用圆环镦粗或夹钳轧制法，而板料成形工艺则常用平面应变或单向拉伸法。

（4）变形机理　塑性成形中，毛坯发生塑性变形而改变形状，故其变形机理即金属材料的塑性流动模式。塑性流动受以下几方面因素的影响：①模具几何形状及尺寸；②摩擦作用；③变形金属的材料性能；④变形区的传热条件。同时，金属塑性流动情况又影响到最终产品的质量和性能，以及变形工艺所需的参数。

（5）产品性能　塑性成形产品的性能包括宏观和微观两个方面。宏观性能主要指产品的几何形状、尺寸和产品的力学性能等；微观性能包括产品的表面质量、内部微观组织结构（如晶粒度、夹杂大小）。变形工艺条件（应变、应变率、温度）决定着产品加工过程中微观组织的变化，并且常常对其最终性能有很大的影响。因而，一个真正的工艺分析系统必须要考虑：①变形金属材料的性能与其微观组织的关系；②变形工艺条件对金属塑性流动及微观组织的影响的定量关系。

塑性成形系统中影响产品的性能及经济性的工艺变量多种多样，并且它们之间在成形过程中相互作用，相互影响。塑性加工主要工艺变量之间的关系如图1-2所示。

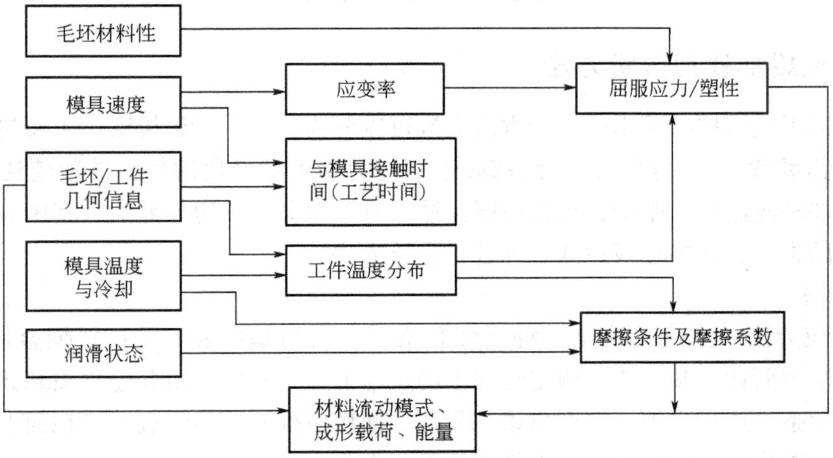

图1-2　塑性加工主要工艺变量之间的关系

塑性成形工艺是一个复杂的系统，工艺分析的目的就是实现成形工艺和工艺参数的优化。当然，这种优化取决于对塑性成形工艺本身的了解程度及各工艺参数对给定目标的影响情况，而工艺模拟分析则是实现这一目标的关键手段。

2. 塑性成形工艺分析模型

图 1-3 所示为塑性成形工艺模拟分析的原理框图。它由三个部分组成：第一，工艺模型的建立，它包括变形毛坯及产品、模具、材料、工艺参数等方面信息；第二，工艺模拟分析，它是分析模型的核心部分，它完成所分析工艺的各种力能参数、变量的结果数据，为最终的结果分析提供依据；第三，模拟结果的解释与评价，如工艺参数优化、产品几何尺寸控制、微观组织预报等，这部分工作可能涉及产品的技术要求、工艺规程以及利用大量试验所确定的某一评价模型，如产品表面裂纹的生成模型。

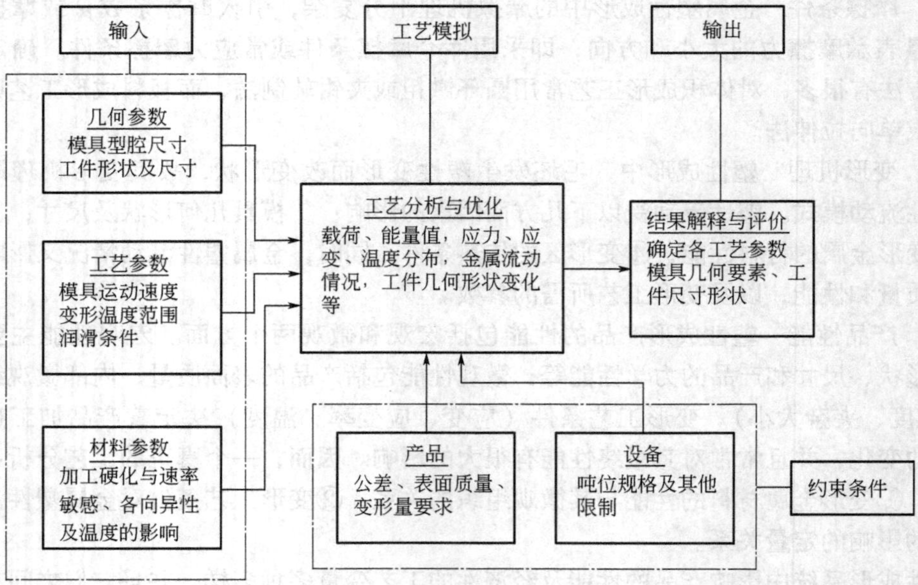

图 1-3 塑性成形工艺模拟分析的原理框图

1.2.3 塑性成形模拟分析方法

塑性成形工艺模拟时采用的分析方法大致可以分为三类：①解析法，主要包括主应力法（切块法）、滑移线法和上限法，它们都属于塑性力学中的经典解法；②数值法，它是随着计算机的发展和应用而产生的，包括有限元法、有限差分法和边界元法，其中有限元法是一种广泛使用的方法；③物理模拟法，即各种实验方法。

1. 解析法

（1）主应力法　主应力法是一种近似解析法，它的基本要点是：根据金属流动方向，沿变形体整个截面切取基元体，假定切面上的正应力为主应力，由此建立该基元体的平衡方程，联立塑性条件进行求解。在列出该基元体的塑性条件时，通常假定接触面上的正应力为主应力，忽略摩擦应力的影响，从而使塑性条件简化。

主应力法实质是通过一些假设，将偏微分形式的应力平衡方程简化成常微分方程，将非线性关系的屈服条件简化为线性关系，因而简化了数学运算。但这些假设从变形方面看，实际上是均匀变形假设，所以它只能确定接触面上的应力大小和分布，而内部应力场、应变场均无法给出，其计算结果的准确性和所作假设与实际情况的接近程度有关。

（2）滑移线法　塑性变形体内各点的最大切应力的轨迹称为滑移线。由于最大切应力成对正交，因而在变形体内滑移线形成两组相互正交的网络，即滑移线场。滑移线法就是利用滑移线场某些特性求解塑性成形问题，如确定变形体内的应力分布、计算变形力、分析变形和决定毛坯的合理外形、尺寸等。

滑移线法对于理想刚塑性体的平面应变问题的求解是精确的，它也能近似处理轴对称问题，但无法解决诸如温度、材料性能等参量的不均匀问题。对于加工硬化、速率敏感性问题，虽已开始考虑，但用滑移线法来解决是相当困难的。

（3）上限法　20世纪50年代，英国学者Johnson和日本学者工藤英明等人，根据理想刚塑性材料的极值原理提出了一个较滑移线法简单的求极限载荷的方法，称为上限法。上限法的优点是不仅适用于平面应变问题，也适用于轴对称和三维问题，同时不用解复杂的平衡方程，数学运算比较简单，因而其研究应用也较多。但是，上限法的应用是建立在对变形体提出合适的运动许可速度模式的基础上的。因此，在很多情况下还要借助实验建立运动许可速度场，方能进行正确计算。另外，上限法不能算出变形体内部的应力分布规律。

2. 数值法

数值法是以电子计算机为工具，用现代数值方法求解塑性成形问题的方法，主要包括有限元法、边界元法和有限差分法。

（1）有限元法　有限元法的基本思想是：将连续的求解域离散为一组有限个单元的组合体，这样的组合体能近似地模拟或逼近求解区域。由于单元能按各种不同的连接方式组合在一起，且单元本身又可以具有不同的几何形状，因此可以模拟形状复杂的求解域，有限元法作为一种数值分析法的另一重要步骤是利用在每一单元内假设的近似函数来表示全求解域上待求的未知场函数。单元内的近似函数通常由未知场函数在单元各个节点上的数值以及插值函数表达。这样一来，一个问题的有限元分析中，未知场函数的节点值就成为新的未知量，从而使一个连续的无限自由度问题变为离散的有限自由度问题。这些未知量一经求解出，就可以利用插值函数确定单元组合体上的场函数。显然，随着单元数目的增加，即单元尺寸的缩小，解的近似程度将不断改进，如果单元是满足收敛性要求的，其近似解最后将收敛于精确解。

有限元法的数学基础是经过很长时间才发展起来的，最早可以追溯到19世纪末（1895年）高斯的加权余值法，但它在工程上的应用，是从结构分析方面开始的。直到1960年以后，随着电子计算机的广泛应用和发展，有限元法的发展速度才显著加快。1960年，Clough在进行平面弹性问题分析时，第一次提出了“有限元法”的名称，使人们开始认识到有限元法的功效。几十年来，有限元法的应用已由弹性力学平面问题扩展到空间问题、板壳问题，由静力平衡问题扩展到稳定问题、动力学问题和波动问题。分析的对象从弹塑性材料扩展到塑性、黏弹性、黏塑性和复合材料，从固体力学扩展到流体力学、热力学、电磁学、生物工程等方面。有限元法在塑性成形方面的应用始于20世纪70年代，随着塑性有限元法的不断发展和应用，人们才清楚地认识到这种方法的独到之处。正如著名学者Kobayashi指出，有限元法以它的适应性、能获得详尽解的能力和它与精确解的固有接近，证明它优于经典的分析方法。

（2）边界元法　边界元法是继有限元法之后发展起来的一种新的数值方法。与有限元法不同，边界元法仅在定义域的边界划分单元，用满足控制方程的函数去逼近边界条件。所以边界元与有限元相比具有单元和未知数少、数据准备简单等优点，但边界元法解非线性问题时，遇到同非线性项相对应的区域积分，这种积分奇异点处的强烈的奇异性，使求解遇到困难。有限差分法和边界元法在塑性成形问题中应用还比较少。

3. 物理模拟法

通常，物理模拟是指缩小或放大比例，或简化条件，或代用材料，用试验模拟来代替原型的研究。对于尺寸较小的成形件，往往可以采用原型尺度进行试验。但工件尺寸较大，或者由于试验条件等其他原因，不可能进行1∶1的实物试验，只能采用缩小比例试验即缩比试验。

塑性成形工艺研究中所采用的物理模拟试验可以分为两种。一种是材料热变形基础试验，以工件所用材料为对象，采用热压缩或扭转等试验方法，并借助于专用设备或仪器完成，用于实测材料的应力-应变关系、塑性等热成形性能参数、接触摩擦因子以及一些热物性参数，并经过金相分析定量研究热变形过程中组织变化与变形温度、变形速度、变形量等热力参数的关系。这些试验数据一方面为塑性成形工艺方案的制订提供表征参数，如塑性、动态再结晶临界变形量等；另一方面也为数值模拟提供必要而准确的材料模型或参数。

另一种物理模拟是工艺模拟试验，其参照原型为所研究的塑性成形工艺，并依据相似原理进行缩比试验。为了获得较多的试验数据，进行缩比试验时可采用网格法、密栅云纹技术等。然而，对于热变形工艺，其几何条件、材料性能等因素的相似性容易满足，但是接触界面参数和热参数等则不易满足。因此，工艺模拟试验有时会与实际生产相差很大，而且通常只能给出工艺过程某个阶段的结果，无法全面了解整个工艺过程，具有一定的局限性。如果设计合理，并且试验条件和检测能够保证，该种试验数据一般对于工件成形具有足够的精度，但其对组织性能往往仅有一定参考价值。

4. 模拟分析方法的集成应用

解析法和数值法均为塑性成形的理论分析方法，由于解析法的求解困难及局限性，以有限元为代表的数值法逐渐成为塑性成形工艺研究与开发的主要理论方法。有限元数值模拟是通过建立相应的数学模型，在工艺设计阶段，用计算机对工艺的全过程进行分析，它不仅可以通过图形、数据等形式直观地反映诸如材料塑性流动、温度场、应变场、载荷等各种信息，而且能预测可能存在的成形缺陷；还可以通过改变工艺参数对不同方案进行模拟分析，从各方案的对比中总结出规律，进而实现工艺的优化，确定工艺方案和主要工艺参数。由此可见，数值模拟技术在保证工件成形质量、减少材料消耗、提高生产效率、缩短试制周期等方面显示出无可比拟的优越性。

图1-4所示为建立在工艺模拟、优化基础上的塑性成形工艺设计技术。它采用计算机设计、优化、仿真的科学技术和现代测试方法，在设计阶段同时考虑制造过程，可以将隐患消灭在计算机拟实加工的反复比较中，力争工件一次制造成功。

然而，若要实现这一目标，使模拟技术在新工艺、新产品开发中得以有效利用，就必须将物理模拟与数值模拟技术有机集成。图1-5所示为塑性成形工艺研究与开发时物理模拟与数值模拟技术集成的内在机制，其要点如下：

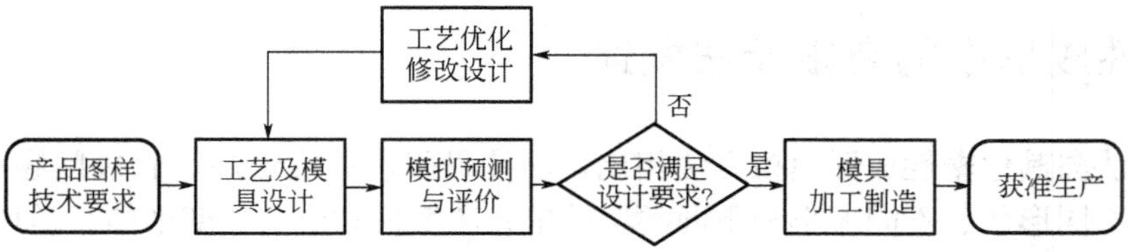

图 1-4 先进塑性成形技术开发流程简图

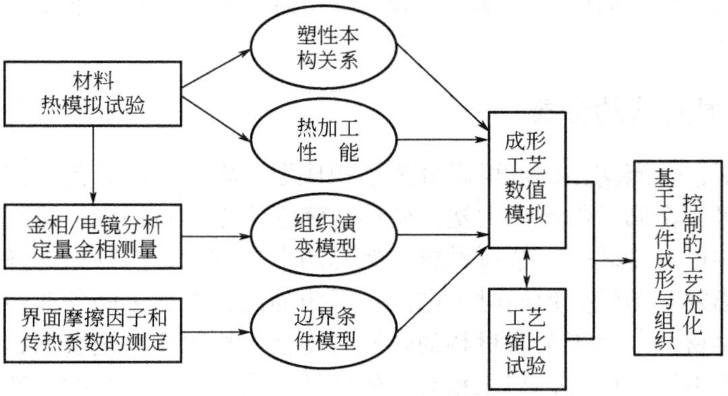

图 1-5 塑性成形工艺研发中模拟技术集成机制

1）物理模拟是数值模拟建模的关键基础。为了准确模拟塑性成形过程，需要建立工件材料的塑性本构关系（应力-应变关系）、变形组织演变模型、接触界面参数以及塑性、损伤等判据，若涉及温度场计算，还包括工件和工具材料的热物性参数。没有这些数据，有限元建模只是空架子，其计算结果的准确性也无从谈起。为此，要十分重视这些基础数据的获得。

物理模拟试验是获得上述材料热变形基础数据唯一的方法。这些数据的准确性与试样材料的来源、制备、试验参数范围、试验方法及设备仪器的精度有很大关系，如材料塑性本构关系可以用单向拉伸和单向压缩等试验方法。由于单向拉伸时会出现缩颈失稳现象，使其单向变形的应变值较低，因此选用单向压缩试验为宜。

2）数值模拟是塑性成形工艺方案评价和工艺参数优化的主要手段，也是工艺模拟试验设计的依据。由于数值模拟可以提供整个变形过程十分翔实的相关数据，并且通过改变工艺参数对不同方案进行模拟分析，可以确定优化的工艺方案和主要工艺参数。对于一些重要的锻件，数值模拟还为其工艺模拟试验的设计提供必要依据。

3）原则上讲数值模拟均需用工艺模拟试验校核，当两者有差别时，应以试验为准。要在塑性成形工艺研发的整体目标下设计工艺模拟试验，并与数值模拟研究充分结合，扬长避短，发挥两者的不同特长，认真论证试验的必要性与规模。对于数值模拟力不能及的问题或由于简化而导致误差过大的部位，可以通过试验或物理模拟，进行修正。一旦确定了数值模拟的误差并加以修正后，应尽量发挥数值模拟的作用，缩小试验规模，以节省费用和时间。

工艺模拟试验的缩比值一般应根据现场或试验条件决定，若涉及工件组织性能、现场操作等问题，缩比值应较大些，有时也可采用较小规格的同种工件试验。

1.3 塑性成形中的有限元法概述

有限元法与其他塑性成形模拟方法相比，功能最强、精度最高、解决问题的范围最广。它可以采用不同形状、不同大小和不同类型的单元离散任意形状的变形体，适用于任意速度边界条件，可以方便地处理模具形状、工件与模具之间的摩擦、材料的硬化效应、速度敏感性以及温度等多种工艺因素对塑性成形过程的影响，能够模拟整个金属塑性成形过程的流动规律，获得变形过程任意时刻的力学信息和流动信息，如应力场、速度场、温度场以及预测缺陷的形成和扩展。

1.3.1 塑性有限元法的分类

根据变形特征，金属塑性成形可以分为体积成形和板料成形工艺。体积成形工艺包括锻造、挤压、轧制等，金属材料产生大塑性变形，弹性变形相对很少，可忽略不计。而在板料成形工艺中，如冲压、冷轧等，金属材料虽然总的变形较大，但其中的弹性变形部分所占比例也较大，此时必须与塑性变形同时考虑。正因为如此，形成了两种典型的材料模型，即刚塑性材料和弹塑性材料。由于金属材料的弹性与塑性本构关系差别较大，其对应问题的描述乃至求解都有明显不同。因此，与之相对应的塑性有限元法也分为刚塑性有限元法和弹塑性有限元法。

弹塑性有限元法同时考虑金属材料的弹性变形和塑性变形，弹性区采用胡克（Hooke）定律，塑性区采用普朗特-罗伊斯（Prandtl-Reuss）方程和米泽斯（Mises）屈服准则，求解未知量是节点位移增量。弹塑性有限元法又分为小变形弹塑性有限元法和大变形弹塑性有限元法，前者采用小变形增量来描述大变形问题，处理形式简单，但累积误差大，目前很少采用。后者以大变形（有限变形）理论为基础，采用拉格朗日（Lagrange）描述，同时考虑材料的物理非线性和几何非线性，因而理论关系较为复杂，并且增量步长很小，计算效率低。弹塑性有限元法既可以分析塑性成形的加载过程，又能分析卸载过程，包括计算工件变形后内部的残余应力、应变、工件的回弹以及与模具的相互作用。

刚塑性有限元法不计弹性变形，采用莱维-米泽斯（Levy-Mises）率方程和米泽斯（Mises）屈服准则，求解未知量，即节点速度。它通过在离散空间对速度积分来处理几何非线性，因而解法相对简单，并且求解效率高。由于体积成形中工艺条件的差异会使金属材料呈现不同的特性，典型的有刚塑性硬化材料和刚黏塑性材料（即速率敏感材料）。与刚塑性硬化材料对应的有限元法习惯上称为刚塑性有限元法，它适于冷、温态体积成形问题。与刚黏塑性材料模型对应的为刚黏塑性有限元法，它适于热态体积成形问题，并且可以进行变形与传热的热力耦合分析。实质上，刚塑性只是刚黏塑性的一个特例。上述方法的主要不足是不能进行卸载分析，无法得到残余应力、变形及回弹，此外刚性区的应力计算也有一定误差。但由于该方法自身的特点，仍然在金属塑性成形中得到了十分广泛的应用。

1.3.2 有限元法发展历程与趋势

有限元法在金属塑性成形领域的出现始于 20 世纪 70 年代，距今已有四十余年的历史。四十多年来，塑性有限元法发展成为方法种类较为齐全、软件功能丰富、工程应用广泛的分析方法，这其中刚塑性有限元法尤为显著。应当指出，有限元法在金属塑性成形中的发展和应用，与计算机硬件技术及其相关软件技术密切相关。塑性有限元法的发展大致经历了如下两个阶段：

1. 有限元理论和方法的发展时期

小变形弹塑性有限元法是在金属塑性成形中最早出现并应用的。1967 年，P. V. Marcal 和 I. P. King 开始用有限元法分析二维应力系统的弹塑性变形，后来 Y. Yamada 等人推导了小变形弹塑性应力矩阵，这样就促进了小变形弹塑性有限元法在塑性成形中的应用。20 世纪 70 年代初 C. H. Lee 和 S. Kobayashi 对很多成形工艺作了分析，如平砧压印、布氏硬度实验、镦粗、圆柱侧压和挤压等。同时，Iwata 等分析了静液挤压，A. Nagamastua 分析了平面应变压缩。由于小变形弹塑性有限元法仅适用于分析变形体从弹性状态到塑性状态的初期阶段，随着变形的增加会出现明显的误差，并且步长较小，计算效率太低，因此限制了其在塑性成形领域的进一步应用。与此同时，这也推进了大变形弹塑性有限元法的发展。

大变形有限元法的理论基础研究可以追溯到 1959 年 Hill 的工作。1970 年，H. D. Hibbit 等人首先采用了以拉格朗日（Lagrange）描述法为基础的大变形弹塑性有限元行列式；20 世纪 70 年代中期，R. M. McMeeking 等建立了基于欧拉（Euler）描述法的大变形弹塑性有限元行列式。由于这些算法充分考虑了变形过程中的大变形、大转动对于各种场量计算的影响，因此适用于进行金属塑性成形模拟，并能够得到更为合理、准确的模拟结果。但是，由于在数学方面关于大变形几何非线性处理的困难，使得大变形弹塑性有限元法发展较为缓慢。

为了克服上述不足，K. Lange 于 1971 年在马尔可夫（Markov）变分原理的基础上，把体积不可压缩条件用拉格朗日（Lagrange）乘子法引入到泛函中，通过这种表述建立了刚塑性有限元公式。1973 年，C. H. Lee 和 S. Kobayashi 以矩阵分析法，独立地提出了类似的刚塑性有限元法。1978 年，C. C. Chen 和 S. Kobayashi 提出了刚性区的处理方法以及反正切摩擦力模型，并用于圆环镦粗分析，这一工作为刚塑性有限元法应用于金属塑性成形奠定了重要基础。1979 年，O. C. Zienkiewicz 等提出了采用罚函数法处理体积不可压缩条件的刚塑性有限元法，1982 年 K. Mori 和 K. Osakada 提出了刚塑性可压缩材料的有限元法。至此，刚塑性有限元基本理论和方法已初步形成。由于这种方法通过速度积分避开了几何非线性，不像弹塑性有限元法那样用应力、应变增量求解，因此计算时每步的增量步长可以取得较大一些，可以用小变形的计算方法来处理塑性大变形问题。与大变形弹塑性有限元法相比，其计算模型和求解过程简单、计算效率高，并且其精度和可靠性都可以满足工程要求，因而迅速发展为体积成形工艺模拟的主要方法。

在这期间三维有限元法也开始出现，1981 年 J. J. Park 和 Kobayashi 给出了三维刚塑性有限元公式，并进行了平砧压缩的三维刚塑性有限元模拟。与二维或轴对称相比，三维问题变量激增，限于当时计算机硬件条件，孙捷先和 Kobayashi 于 1983 年提出拟三维有限元法，模拟分析了楔形体平砧压缩问题。刚塑性可压缩材料是在大矢根守哉等人于 1973 年提出的用于粉末冶金的多孔材料塑性理论发展起来的，这种方法首先由小坂田宏造（1983 年）采用。

虽然这一时期塑性有限元的各种理论方法已基本齐备，但限于当时计算机系统、图形等方面软件技术的限制，有限元法在金属塑性成形中的应用水平还较低，具有以下特点：

1）塑性有限元软件刚具雏形，仍是以一般计算程序形式为主，其前后处理功能十分简单，输入、输出采用数据文件格式，计算前的数据准备和模拟结果的分析都耗时费事。

2）分析对象通常为平面变形或轴对称等二维简单工艺问题，并且模具型腔曲面较为简单，可计算的变形量较小。

3）模拟计算时，有限元网格单元、节点数较少，一般在几百个以下，因而计算精度较低，往往只是进行成形过程中变形规律的分析和总结。

上述这些特点与当时的计算机硬件及软件技术有关，所用计算机以大型通用计算机为主，如IBM系列、CDC系列等大型机以分时方式连接数十个终端，加之当时大型机内存较少、运算速度也较低，故不适于分析复杂问题。此外，计算机系统、图形等方面软件技术也正在发展，尚未形成体系。

2. 塑性有限元共性技术的发展与商品软件的出现

从理论上讲，塑性有限元法可以模拟分析各种塑性成形工艺。但是，塑性有限元法的这种分析能力，除了与计算机硬件和相关的软件技术有关外，还取决于模拟大变形过程中的若干共性技术或关键技术。这些关键技术对塑性有限元模拟复杂问题的能力、模拟精度、计算收敛性和可靠性以及通用性起着至关重要的作用，它们包括任意形状模具的几何描述及其边界条件处理、牛顿-拉弗森（Newton-Raphson）迭代法时初始速度场确定和减速系数优化、模拟过程中工件与模具接触边界的动态变化处理、大变形有限元的网格自动重分及其数据转换等。

由于塑性成形理论、材料加工工艺和实验过程分析等方面的发展，特别是计算机硬件及相关软件技术的高速发展，为上述关键技术的研究提供了手段和基础。1982年，S. I. Oh提出了二维问题任意形状模具的边界条件处理方法以及刚塑性有限元法中初始速度场的自动生成算法。随后，S. Kobayashi等对该算法作了进一步改进使之比较完善，称为直接迭代法，这些研究工作大大提高了有限元模拟中速度场的牛顿-拉弗森（Newton-Raphson）迭代的收敛性。从20世纪80年代中期开始，许多研究者如S. I. Oh、R. Kopp、O. C. Zienkiewicz等，在弹性有限元网格自动划分技术的基础上，针对塑性大变形有限元模拟的特点，从二维有限元网格失效判断到网格重分技术，直至新旧网格数据转换做了大量工作，也取得了良好的效果。工件与模具动态接触的处理是影响塑性成形过程模拟的另一重要问题，它包括接触与脱模判定和摩擦力计算模型，前者考虑接触的几何机制，后者是接触的物理机制。经过深入研究，形成了基于运动学的自由节点触模几何计算方法和接触节点脱模的应力检验判据以及接触节点嵌入或偏离模具表面几何修正算法。

上述各种共性技术的进步推动了塑性有限元软件及其应用的发展，具有以下特点：

（1）模拟软件的商品化和实用化　模拟理论及其技术的日益成熟，为有限元模拟软件的商品化创造了有利条件，软件从实验室开始走向企业，用于实际产品的开发和质量控制中。其中较为著名的商业软件有美国的DEFORM和法国的FORGE，这些商业软件除了塑性问题分析功能较强外，还具有良好的前后处理功能，用户界面比较友好，这些特点与这一时期CAD技术的完善有密切的关系。

（2）应用领域的拓宽和延伸　由于模拟技术及软件技术的逐步完善，塑性有限元法在金属成形中的应用向着深度和广度发展，分析的问题几乎覆盖了所有成形工艺，分析对象的复杂程度也在不断增加，求解问题由二维开始向三维发展，并可以进行传热与变形的耦合分析。还可以逆向从成品的形状尺寸计算出合理的毛坯，即反向模拟分析。至此，塑性有限元法应用更加结合实际，逐渐开始面向生产，体现在以下几方面：①通过对塑性成形工艺过程的模拟分析，定量了解主要工艺参数对金属毛坯成形的影响，从而达到优化工艺参数的目的；②通过模拟实现对成形工艺及模具设计合理性的检测与评价，并能对产品的成形缺陷进行预测；③将有限元模拟与金属材料微观组织的变化结合起来，预测和控制热塑性变形过程中材料的微观组织。

（3）与CAD/CAM系统的集成化 模具是塑性成形工艺装备，是影响或制约生产的重要因素。利用计算机进行模具设计、工艺分析及制造，即模具CAD/CAM/CAE集成，可以降低生产成本、提高产品质量、缩短设计及生产周期。而CAD/CAM技术的成熟及有限元模拟技术的进步，为实现这一目标奠定了良好的基础，随即出现了用于某一塑性成形工艺的CAD/CAM/CAE系统，如美国空军AFWAL材料实验室的金属挤压CAD/CAM系统，美国Battle's Columbus实验室的挤压、轧制、闭式模锻CAD/CAM系统等，有限元模拟技术在这些系统中起工艺分析和检测作用，优化了工艺，取得了良好效益。

综上所述，塑性有限元技术及其应用在近些年来有了巨大的进步，但它还不能完全满足现代生产发展的需要。目前，塑性有限元模拟技术在塑性成形中的应用正朝着扩大适应性、提高实用性和精确性的方向发展，具体表现在如下几个方面：

1）不断完善塑性有限元模拟技术。通过不断改进模拟技术的数学模型，探索更有效的数值计算方法，增加误差分析与控制能力，增加自适应能力和求解过程参数的优化功能，以提高模拟分析的可靠性、计算精度和效率。

2）塑性成形CAD/CAM/CAE集成化。现代制造技术若没有计算机的应用将无法实现，而生产工程与信息技术的有机结合将为降低生产成本、改进产品质量开辟新的领域。在生产的单一阶段，高效的模拟软件已经开始应用，新的软件包、模型等也在不断开发之中。随着模拟技术、软件用户界面的不断提高和改进，将模拟和优化软件与CAD/CAM系统集成，形成塑性成形CAD/CAM/CAE系统，将为企业提供一个集计划、设计、生产和质量保证为一体的高效的信息系统。

3）拓宽应用领域。必须指出，金属塑性成形中，不仅工艺过程的分析是十分必要的，而且塑性破坏、塑性失稳、残余应力、变形分析、微观组织结构与变形机理之间的关系等也是同样重要的研究领域。因此，通过实验研究建立专门的分析模型，应用相关学科的研究成果，模拟技术也将在更多方面成为主要角色。

思 考 题

1. 塑性成形工艺具有哪些特点？
2. 影响塑性成形工艺的因素有哪些？
3. 塑性成形模拟分析方法的分类有哪些？
4. 简述有限元法的发展历程与趋势。

第 2 章　数学理论基础

2.1 变分法

在实际问题中，能够精确求解的偏微分方程边值问题或固有值问题并不多。因此，经常采用各种近似的方法来解决具体的问题，变分法就是其中最有力的方法之一。尽管有限元法的最初发展并不是从变分原理出发，但变分原理后来却成为了有限元法的数学理论基础。在有限元法的概念提出以后，对变分原理的研究极大地促进了有限元法的发展。

学习变分法之前，首先要有泛函的概念。

2.1.1 泛函和泛函极值

设 C 是一个由充分光滑的函数组成的集合，对于 C 中的任何一个元素 $y(x)$（自变量 $x \in [a,b]$，满足边界条件 $y(a)=\alpha$，$y(b)=\beta$），数集 B 中都有一个元素 Π 与之对应，称 Π 是 $y(x)$ 的泛函数，$y(x)$ 称为自变函数或独立函数，记作

$$\Pi = \Pi(y(x)) \tag{2-1}$$

即以函数作为自变量的函数就称为泛函。一般情况下，泛函式常用积分形式表示为

$$\Pi = \int_a^b F(x,y,y')\mathrm{d}x \tag{2-2}$$

式中，被积函数 $F(x,y,y')$（充分光滑）称为核。

对泛函求极值的方法称为变分方法，使泛函取极值的函数称为变分问题的解，也称为极值函数。

在函数 $y(x)$ 的附近取另一函数 $y(x)+\delta y(x)$，其中，$\delta y(x)$ 是一个无穷小量，称为自变函数 $y(x)$ 的变分，即自变量 x 不变，而仅仅由于函数的无穷小变化而引起的增量称为自变函数的变分。而函数不变，由于自变量 x 的变化 $\mathrm{d}x$ 引起的增量称为函数的微分，记为 $\mathrm{d}y$。

则泛函式（2-2）变为

$$\Pi + \Delta\Pi = \int_a^b F(x,y+\delta y,y'+\delta y')\mathrm{d}x \tag{2-3}$$

式中，$\Delta\Pi$ 为泛函增量，有

$$\Delta\Pi = \int_a^b [F(x,y+\delta y,y'+\delta y') - F(x,y,y')]\mathrm{d}x \tag{2-4}$$

对于力学和工程上常遇到的泛函，被积函数 $F(x,y,y')$ 是 x、y、y' 的连续可导函数，当 δy 和 $\delta y'$ 为无穷小量时，$\Delta\Pi$ 也是无穷小量，取式（2-4）两端的一阶无穷小量，有

$$\delta\Pi = \int_a^b \left(\frac{\partial F}{\partial y}\delta y + \frac{\partial F}{\partial y'}\delta y'\right)\mathrm{d}x \tag{2-5}$$

$\delta\Pi$ 称为泛函 Π 的一阶变分，简称为变分。简单地讲，泛函的一阶变分就是泛函增量的一阶小量部分。

可微函数在一点取极值的必要条件是它在该点处的导数为零，同样，泛函 Π 取极值的必要条件是

$$\delta\Pi = 0 \tag{2-6}$$

或者

$$\frac{\partial F}{\partial y} - \frac{\mathrm{d}}{\mathrm{d}x}\left(\frac{\partial F}{\partial y'}\right) = 0 \tag{2-7}$$

简单证明如下。

由分部积分，式（2-5）右端第二项变为

$$\int_a^b \frac{\partial F}{\partial y'}\delta y'\mathrm{d}x = \left(\frac{\partial F}{\partial y'}\delta y\right)\bigg|_a^b - \int_a^b \delta y \frac{\mathrm{d}}{\mathrm{d}x}\left(\frac{\partial F}{\partial y'}\right)\mathrm{d}x \tag{2-8}$$

由于函数满足边界条件 $y(a) = \alpha$，$y(b) = \beta$，因此，在 $x=a$ 和 $x=b$ 处，$\delta y=0$，则式（2-8）简化为

$$\int_a^b \frac{\partial F}{\partial y'}\delta y'\mathrm{d}x = -\int_a^b \delta y \frac{\mathrm{d}}{\mathrm{d}x}\left(\frac{\partial F}{\partial y'}\right)\mathrm{d}x \tag{2-9}$$

将式（2-9）代入泛函的一阶变分式（2-5），有

$$\delta\Pi = \int_a^b \left[\frac{\partial F}{\partial y} - \frac{\mathrm{d}}{\mathrm{d}x}\left(\frac{\partial F}{\partial y'}\right)\right]\delta y\mathrm{d}x \tag{2-10}$$

由 δy 的任意性，可得使泛函 Π 取极值的必要条件是

$$\frac{\partial F}{\partial y} - \frac{\mathrm{d}}{\mathrm{d}x}\left(\frac{\partial F}{\partial y'}\right) = 0 \tag{2-11}$$

式（2-11）是关于函数 $y(x)$ 的微分方程，通常称为欧拉（Euler）方程，是泛函取驻值的充分必要条件，我们把满足欧拉方程边值问题的解称为驻留函数。欧拉方程边值问题的解满足变分问题的必要条件，但它是否是极值函数，还需要作进一步的判别。在实际问题中，极值的存在性通常在给出问题时就已经肯定了，这样，当一个实际现象已知其有唯一的极值存在，而且这时也只能得到一个驻留函数，则可以判定这个驻留函数就是极值函数。

当待求函数的边界条件不是已知的，而是可以随意变动的时候，在函数两端 $\delta y\neq0$，此时泛函的一阶变分为

$$\delta\Pi = \int_a^b \left[\frac{\partial F}{\partial y} - \frac{\mathrm{d}}{\mathrm{d}x}\left(\frac{\partial F}{\partial y'}\right)\right]\delta y\mathrm{d}x + \left(\frac{\partial F}{\partial y'}\delta y\right)\bigg|_a^b \tag{2-12}$$

同样，由 δy 的任意性，欧拉方程式（2-11）仍然必须成立。对于式（2-12）中的边界项，由于 $\delta y\neq0$，故在 $x=a$ 和 $x=b$ 处，有

$$\frac{\partial F}{\partial y'} = 0 \tag{2-13}$$

边界条件式（2-13）是根据泛函取驻值的要求推导出来的，而不是事先指定的，因此称为自然边界条件。

2.1.2 弹性力学的变分原理

这里只考虑小位移小变形的弹性体。

1. 基本概念

(1) 外力功　外力功是指物体所受外力在可能位移上所做的功。外力一般包括面力 $\bar{T}_i$ 和体力 $\bar{f}_i$，它们所做的功为

$$U_f = \int_{S_\sigma} \bar{T}_i u_i \mathrm{d}S + \int_V \bar{f}_i u_i \mathrm{d}V \tag{2-14}$$

同理，在边界上给定位移 $\bar{u}_i$ 时，位移与可能应力之间所做的功为

$$U_u = \int_{S_u} \bar{u}_i \sigma_{ij} n_j \mathrm{d}S = \int_{S_u} \bar{u}_i T_i \mathrm{d}S \tag{2-15}$$

以上各式中有上划线“¯”的符号均表示给定的（即已知的）物理量。

(2) 应变能和应变余能　弹性体受力后会产生变形，在体内储存变形能。以应变为基本变量所表达的变形能称为应变能

$$W_\varepsilon = \int_V w_\varepsilon \mathrm{d}V \tag{2-16}$$

式中，w_ε 为应变能密度，即单位体积内存储的应变能。

$$w_\varepsilon = \int_0^{\varepsilon_{ij}} \sigma_{ij} \mathrm{d}\varepsilon_{ij} = \sigma_{ij}\varepsilon_{ij}/2 = D_{ijkl}\varepsilon_{ij}\varepsilon_{kl}/2 \tag{2-17}$$

以应力为基本变量所表达的变形能称为应变余能

$$W_\sigma = \int_V w_\sigma \mathrm{d}V \tag{2-18}$$

式中，w_σ 为应变余能密度。

$$w_\sigma = \int_0^{\sigma_{ij}} \varepsilon_{ij} \mathrm{d}\sigma_{ij} = \varepsilon_{ij}\sigma_{ij}/2 = S_{ijkl}\sigma_{ij}\sigma_{kl}/2 \tag{2-19}$$

由此可知，对于线弹性体，应变能密度等于应变余能密度；对于非线弹性体，二者不等，但相对于全功互余，即

$$w_\varepsilon + w_\sigma = \sigma_{ij}\varepsilon_{ij} \tag{2-20}$$

(3) 系统的势能和余能　对于受外力作用的弹性体，其势能 Π_p 定义为

$$\Pi_p = W_\varepsilon - U_f = \frac{1}{2}\int_V \sigma_{ij}\varepsilon_{ij} \mathrm{d}V - \int_{S_\sigma} \bar{T}_i u_i \mathrm{d}S - \int_V \bar{f}_i u_i \mathrm{d}V \tag{2-21}$$

同理，系统的余能 Π_c 定义为

$$\Pi_c = W_\sigma - U_u = \frac{1}{2}\int_V \varepsilon_{ij}\sigma_{ij} \mathrm{d}V - \int_{S_u} \bar{u}_i T_i \mathrm{d}S \tag{2-22}$$

2. 最小势能原理

由势能表达式（2-21）可知，系统的总势能泛函表达式为

$$\Pi_p(u_i) = \int_V w_\varepsilon \mathrm{d}V - \int_{S_\sigma} \bar{T}_i u_i \mathrm{d}S - \int_V \bar{f}_i u_i \mathrm{d}V \tag{2-23}$$

取位移的一阶变分，可得

$$\delta\Pi_p = \int_V \frac{\partial w_\varepsilon}{\partial \varepsilon_{ij}} \delta\varepsilon_{ij} \mathrm{d}V - \int_{S_\sigma} \bar{T}_i \delta u_i \mathrm{d}S - \int_V \bar{f}_i \delta u_i \mathrm{d}V \tag{2-24}$$

由 $\partial w_\varepsilon / \partial \varepsilon_{ij} = \sigma_{ij}$，得

$$\delta\Pi_p = \int_V \sigma_{ij}\delta\varepsilon_{ij}\mathrm{d}V - \int_{S_\sigma} \overline{T}_i\delta u_i\mathrm{d}S - \int_V \overline{f}_i\delta u_i\mathrm{d}V \tag{2-25}$$

最小势能原理表明：对于给定外力的弹性体来说，在所有满足几何协调方程和位移边界条件的可能位移中，真实位移使系统的总势能最小，即系统总势能泛函的一阶变分为零

$$\delta\Pi_p = 0 \tag{2-26}$$

可以证明：小位移小变形弹性体处于平衡状态的充分必要条件是体系的总势能为极小值。

3. 最小余能原理

在弹性体的平衡问题中，如果不用位移的变分而改用应力分量的变分也是可以的。不过，这些应力分量除了满足平衡条件以外，还须满足形变的协调方程。

由式（2-22）知，系统的总余能泛函表达式为

$$\Pi_c = \int_V w_\sigma \mathrm{d}V - \int_{S_u} \overline{u}_i T_i \mathrm{d}S \tag{2-27}$$

取应力的一阶变分，可得

$$\delta\Pi_c = \int_V \frac{\partial w_\sigma}{\partial \sigma_{ij}}\delta\sigma_{ij}\mathrm{d}V - \int_{S_u} \overline{u}_i\delta T_i\mathrm{d}S \tag{2-28}$$

由 $\partial w_\sigma/\partial\sigma_{ij} = \varepsilon_{ij}$，得

$$\delta\Pi_c = \int_V \varepsilon_{ij}\delta\sigma_{ij}\mathrm{d}V - \int_{S_u} \overline{u}_i\delta T_i\mathrm{d}S \tag{2-29}$$

最小余能原理表明：对于一个变形系统，在满足静力平衡条件和力边界条件的所有允许应力状态中，真实的应力状态使系统的总余能最小，即系统总余能泛函的一阶变分为零

$$\delta\Pi_c = 0 \tag{2-30}$$

容易证明，最小势能原理所得位移近似解的弹性变形能是真实变形能的下界，即近似的位移场在总体上偏小，结构计算模型偏于刚硬。利用最小余能原理得到的应力近似解的弹性余能是真实余能的上界，即近似应力解在总体上偏大，结构计算模型偏柔软。由于采用最小势能原理和最小余能原理所得近似解分别是真实解的下界和上界，这对误差估计有重要意义，因此，一般采用最小势能原理或最小余能原理来求解。

2.1.3　弹性理论的广义变分原理

最小势能原理和最小余能原理是条件极值问题，为此，通过拉格朗日（Lagrange）乘子法引入边界条件，把条件极值（或驻值）问题转化为无条件极值（或驻值）问题，这样得出的变分原理就叫做广义变分原理。

以最小势能原理为例，由于原理本身已经满足了力平衡方程和力边界条件，采用拉格朗日乘子 λ_{ij} 和 α_i 把附加约束几何协调方程和位移边界条件引入泛函表达式，得

$$\begin{aligned}\Pi = &\int_V w_\varepsilon \mathrm{d}V - \int_{S_\sigma} \overline{T}_i u_i \mathrm{d}S - \int_V \overline{f}_i u_i \mathrm{d}V + \\ &\int_V \lambda_{ij}[\varepsilon_{ij} - (u_{i,j} + u_{j,i})/2]\mathrm{d}V + \int_{S_u} \alpha_i(u_i - \overline{u}_i)\mathrm{d}S\end{aligned} \tag{2-31}$$

式（2-31）是以 u_i、ε_{ij}、λ_{ij} 和 α_i 为独立变量的，对其进行一阶变分，并整理有

$$\delta\Pi = \int_V \{\sigma_{ij}\delta\varepsilon_{ij} - \overline{f}_i\delta u_i + \delta\lambda_{ij}[\varepsilon_{ij} - (u_{i,j} + u_{j,i})/2] + \lambda_{ij}[\delta\varepsilon_{ij} - (\delta u_{i,j} + \delta u_{j,i})/2]\}\mathrm{d}V -$$

$$\int_{S_\sigma} \bar{T}_i \delta u_i \mathrm{d}S + \int_{S_u} [\delta\alpha_i(u_i - \bar{u}_i) + \alpha_i \delta u_i] \mathrm{d}S \tag{2-32}$$

当泛函取驻值时，$\delta\Pi = 0$，经过展开和化简，得出拉格朗日乘子 λ_{ij} 和 α_i 的物理含义分别是应力 σ_{ij} 的负值和边界力 T_i 的负值，即

$$\lambda_{ij} = -\sigma_{ij} (\text{在 } V \text{ 内}) \tag{2-33}$$

$$\alpha_i = \lambda_{ij} n_j = -T_i (\text{在 } S_u \text{ 上}) \tag{2-34}$$

将式（2-33）和式（2-34）代入泛函表达式（2-31），即得到以 u_i、ε_{ij}、σ_{ij} 为变量的小位移小形变弹性理论的无约束广义变分原理的泛函

$$\Pi(u_i, \varepsilon_{ij}, \sigma_{ij}) = \int_V w_\varepsilon \mathrm{d}V - \int_{S_\sigma} \bar{T}_i u_i \mathrm{d}S - \int_V \bar{f}_i u_i \mathrm{d}V -$$

$$\int_V \sigma_{ij} [\varepsilon_{ij} - (u_{i,j} + u_{j,i})/2] \mathrm{d}V - \int_{S_u} T_i (u_i - \bar{u}_i) \mathrm{d}S \tag{2-35}$$

由泛函驻值条件可得

$$\sigma_{ij} = D_{ijkl} \varepsilon_{kl} (\text{在 } V \text{ 内}) \tag{2-36}$$

$$\sigma_{ij,j} + \bar{f}_i = 0 (\text{在 } V \text{ 内}) \tag{2-37}$$

$$\varepsilon_{ij} = (u_{i,j} + u_{j,i})/2 (\text{在 } V \text{ 内}) \tag{2-38}$$

$$T_i = \bar{T}_i (\text{在 } S_\sigma \text{ 上}) \tag{2-39}$$

$$u_i = \bar{u}_i (\text{在 } S_u \text{ 上}) \tag{2-40}$$

即使泛函取驻值的解满足弹性力学的全部方程和边界条件。

另外，从最小余能原理出发也可推导出相应的广义变分原理，不过得出的泛函 Π^* 仅与 Π 相差一个负号：$\Pi^* = -\Pi$，因而与上面所说的广义变分原理是等价的。

2.1.4 里茨（Ritz）法

里茨法是求解泛函变分问题近似解的最重要的方法，它从一组假定解中寻找满足泛函变分的最优解。其基本思想是：首先寻找解的可能函数空间，选择一组满足强制边界条件的试探函数，然后通过调整试探函数的待定参数，使其满足泛函的驻值条件，从而逼近真实状态，求得真实解的近似解答。显然，近似解的精度与试探函数的选择密切相关。

设未知函数的近似解由一组满足边界条件的带有待定参数的试探函数表示

$$u \approx \tilde{u} = \sum_{i=1}^{n} \alpha_i N_i \tag{2-41}$$

式中，α_i 是试探函数的待定参数；N_i 是试探函数序列。

将式（2-41）代入式（2-2），得到用试探函数和待定参数表示的泛函。泛函的一阶变分为零相当于将泛函对所包含的待定参数进行全微分，并令所得的方程等于零，即

$$\delta\Pi = \frac{\partial\Pi}{\partial\alpha_1}\delta\alpha_1 + \frac{\partial\Pi}{\partial\alpha_2}\delta\alpha_2 + \cdots + \frac{\partial\Pi}{\partial\alpha_n}\delta\alpha_n = 0 \tag{2-42}$$

由于 $\delta\alpha_1, \delta\alpha_2, \cdots, \delta\alpha_n$ 是任意的，满足式(2-42)时必然有 $\frac{\partial\Pi}{\partial\alpha_1}, \frac{\partial\Pi}{\partial\alpha_2}, \cdots, \frac{\partial\Pi}{\partial\alpha_n}$ 都等于零。因此得到一组方程

$$\frac{\partial\Pi}{\partial\alpha_i} = 0 (i = 1, 2, \cdots, n) \tag{2-43}$$

这是一组关于待定参数 α_i 的线性方程组，求解式（2-43）得到 α_i。将 α_i 代入式（2-41），即得到原微分方程的近似解。这种求泛函近似解的直接方法称为里茨法。

2.2 加权余量法

加权余量法是求微分方程近似解的另一种有效的数学方法，对于工程应用中出现的许多微分方程边值问题，因为没有相应的变分原理而使里茨法无法求解的时候，加权余量法仍然能够被成功地应用。

2.2.1 加权余量法的基本思想

科学和工程中的许多问题，通常是以未知场函数应满足的微分方程和边界条件的形式提出来的，一般可以表示为

$$\boldsymbol{A}(\boldsymbol{u}) = 0(\text{在区域 } V \text{ 内}) \tag{2-44}$$

$$\boldsymbol{B}(\boldsymbol{u}) = 0(\text{在边界 } S \text{ 上}) \tag{2-45}$$

式中，$\boldsymbol{A}$ 和 $\boldsymbol{B}$ 为微分算子；$\boldsymbol{u}$ 为待求未知函数；S 为区域 V 的边界。

对于微分方程式（2-44）和边界条件式（2-45）所表达的物理问题，往往难于求得场函数 $\boldsymbol{u}$ 的精确解。因此，用如下线性形式的近似函数作为近似解

$$\boldsymbol{u} \approx \tilde{\boldsymbol{u}} = \boldsymbol{u}_0 + \boldsymbol{\beta}_1 \boldsymbol{u}_1 + \boldsymbol{\beta}_2 \boldsymbol{u}_2 + \cdots + \boldsymbol{\beta}_N \boldsymbol{u}_N = \boldsymbol{u}_0 + \sum_{i=1}^{N} \boldsymbol{\beta}_i \boldsymbol{u}_i \tag{2-46}$$

式中，$\boldsymbol{\beta}_i$为待定系数；$\boldsymbol{u}_i$为基函数，$\boldsymbol{u}_0$的选取应满足问题的全部边界条件；$\boldsymbol{u}_1$，$\boldsymbol{u}_2$，…，$\boldsymbol{u}_N$ 是一组线性无关的函数，且满足对应的齐次边界条件。

通常，式（2-46）取有限项的情况下不能精确满足微分方程式（2-44），而会产生余量（亦称为残差）$\boldsymbol{R}$

$$\boldsymbol{R} = \boldsymbol{A}(\tilde{\boldsymbol{u}}) \tag{2-47}$$

对于试探函数，可以通过对待定参数 $\boldsymbol{\beta}_i$ 的选择，在一定的意义下使余量极小化，从而使所得试探函数对精确解而言是一个良好的近似。在余量的极小化准则中，常在域内取定一组权函数 $\boldsymbol{W}_1$，$\boldsymbol{W}_2$，…，$\boldsymbol{W}_N$，并使余量的加权平均值为0，即

$$\int_V \boldsymbol{W}_i^{\mathrm{T}} \boldsymbol{R} \mathrm{d}V = 0 \qquad (i = 1,2,\cdots,N) \tag{2-48}$$

由式（2-48）得到一组求解方程，用以确定近似解的待定系数，从而得到原问题的近似解。这种令余量的加权积分为零来求得微分方程近似解的方法称为加权余量法。采用不同权函数，就能得到不同的加权余量法的具体算法。

2.2.2 加权余量法的基本方法

在加权余量法中，待定参数的确定依赖于权函数的选取。按照权函数的不同形式，主要有以下几种基本方法。

1. 配点法

在求解域内选取 N 个分散点作为配置点，在配置点上，权函数为 $\boldsymbol{W}_i = 1$，在区域其他点上，$\boldsymbol{W}_i = 0$（$i = 1$，2，…，N），此时，由加权余量法公式，即式（2-48）可知，余量在 N

个配置点上的值为零：

$$\boldsymbol{R}=0 \tag{2-49}$$

2. 最小二乘法

将余量的二次方 $\boldsymbol{R}^2$ 在求解域内进行积分 $I=\int_V \boldsymbol{R}^2 \mathrm{d}V$，令积分为极小值并选择待定系数，得到

$$\frac{\partial I}{\partial \boldsymbol{\beta}_i}=\int_V 2\boldsymbol{R}\frac{\partial \boldsymbol{R}}{\partial \boldsymbol{\beta}_i}\mathrm{d}V=0 \tag{2-50}$$

即

$$\int_V \boldsymbol{R}\frac{\partial \boldsymbol{R}}{\partial \boldsymbol{\beta}_i}\mathrm{d}V=0 \tag{2-51}$$

则，最小二乘法的权函数为

$$\boldsymbol{W}_i=\frac{\partial \boldsymbol{R}}{\partial \boldsymbol{\beta}_i}\quad(i=1,2,\cdots,N) \tag{2-52}$$

3. 伽辽金（Galerkin）法

在伽辽金法中，权函数取为基函数，即

$$\boldsymbol{W}_i=\boldsymbol{u}_i(i=1,2,\cdots,N) \tag{2-53}$$

则加权余量法为

$$\int_V \boldsymbol{u}_i^{\mathrm{T}}\boldsymbol{R}\mathrm{d}V=0 \tag{2-54}$$

在很多情况下，采用伽辽金法得到的求解方程的系数矩阵是对称的，因此用加权余量法建立有限元格式时都采用此方法。

例 2-1：求解下列二阶常微分方程 $\frac{\mathrm{d}^2u}{\mathrm{d}x^2}+u+x=0(0<x<1)$，边界条件：当 $x=0$ 时，$u=0$；当 $x=1$ 时，$u=0$。

解：为选择合适的基函数，选取试探函数为三次多项式形式

$$\tilde{u}=x(x-1)(\beta_1+\beta_2x)$$

由式（2-46），基函数为　$u_0=0,u_1=x(x-1),u_2=x^2(x-1)$

代入原微分方程，得余量：$R=x+\beta_1(x^2-x+2)+\beta_2(x^3-x^2+6x-2)$

（1）配点法求解　在（0，1）内选两个配点 $x=1/3$，$x=2/3$，代入余量计算式，得

$$R\left(\frac{1}{3}\right)=\frac{1}{3}+\frac{16}{9}\beta_1-\frac{2}{27}\beta_2=0$$

$$R\left(\frac{2}{3}\right)=\frac{2}{3}+\frac{16}{9}\beta_1+\frac{50}{27}\beta_2=0$$

解得　$\beta_1\approx-0.1948,\beta_2\approx-0.1731$

则得近似解　$\tilde{u}=0.1948x(1-x)+0.1731x^2(1-x)$

（2）最小二乘法求解　由

$$\int_0^1 R\frac{\partial R}{\partial \beta_1}\mathrm{d}x=\int_0^1[x+\beta_1(x^2-x+2)+\beta_2(x^3-x^2+6x-2)](x^2-x+2)\mathrm{d}x=0$$

$$\int_0^1 R\frac{\partial R}{\partial \beta_2}\mathrm{d}x = \int_0^1 [x+\beta_1(x^2-x+2)+\beta_2(x^3-x^2+6x-2)](x^3-x^2+6x-2)\mathrm{d}x = 0$$

解得

$$\beta_1 \approx -0.192, \beta_2 \approx -0.165$$

则得近似解

$$\tilde{u} = 0.192x(1-x) + 0.165x^2(1-x)$$

（3）伽辽金法求解　由

$$\int_0^1 u_1 R\mathrm{d}x = \int_0^1 x(x-1)[x+\beta_1(x^2-x+2)+\beta_2(x^3-x^2+6x-2)]\mathrm{d}x = 0$$

$$\int_0^1 u_2 R\mathrm{d}x = \int_0^1 x^2(x-1)[x+\beta_1(x^2-x+2)+\beta_2(x^3-x^2+6x-2)]\mathrm{d}x = 0$$

解得

$$\beta_1 \approx -0.1924, \beta_2 \approx -0.1707$$

则得近似解

$$\tilde{u} = 0.1924x(1-x) + 0.1707x^2(1-x)$$

三种近似解与精确解 $u=\dfrac{\sin x}{\sin 1}-x$ 的数值比较列于表 2-1 中。由表 2-1 可知，伽辽金法的精度较高。

表 2-1　近似解与精确解

x	配点法	最小二乘法	伽辽金法	真解
0.25	0.0446	0.0434	0.0440	0.0440
0.5	0.0704	0.0683	0.0698	0.0697
0.75	0.0619	0.0592	0.0600	0.0601

2.3　非线性方程组求解方法

2.3.1　直接迭代法

设有一非线性方程组

$$\boldsymbol{F}(\boldsymbol{\delta}) - \boldsymbol{R} = 0 \tag{2-55}$$

并设上式可以写成 $\boldsymbol{K}(\boldsymbol{\delta})\boldsymbol{\delta} - \boldsymbol{R} = 0$ 的形式。

首先，取初始近似解为 $\boldsymbol{\delta}=\boldsymbol{\delta}_0$，则初始矩阵 $\boldsymbol{K}_0=\boldsymbol{K}(\boldsymbol{\delta}_0)$，代入式（2-55），得到第一次近似解

$$\boldsymbol{\delta}_1 = (\boldsymbol{K}_0)^{-1}\boldsymbol{R} \tag{2-56}$$

式中，$(\boldsymbol{K}_0)^{-1}$ 为矩阵 $\boldsymbol{K}_0$ 的逆。

重复上述过程，得到两次近似解的差

$$\Delta\boldsymbol{\delta}_{n+1} = \boldsymbol{\delta}_{n+1} - \boldsymbol{\delta}_n \tag{2-57}$$

式中，$\boldsymbol{\delta}_{n+1}$ 为第 $n+1$ 次近似解；$\boldsymbol{\delta}_n$ 为第 n 次近似解。

当 $\Delta\boldsymbol{\delta}_{n+1}$ 充分小时，终止迭代，则 $\boldsymbol{\delta}_n$ 就是非线性方程组的解。

直接迭代法一般公式为

$$\boldsymbol{K}_n = \boldsymbol{K}(\boldsymbol{\delta}_n)$$

$$\boldsymbol{\delta}_{n+1} = (\boldsymbol{K}_n)^{-1}\boldsymbol{R} \tag{2-58}$$

为判断是否收敛，可采用收敛准则

$$|\Delta \boldsymbol{\delta}_n| \leqslant \alpha |\delta_n| \tag{2-59}$$

式中，α 为事先指定的一个很小的数。若满足上式，则认为达到收敛，可以终止迭代。

直接迭代法可以用图解表示，单变量的非线性方程的计算过程如图 2-1 所示。可以看出，迭代过程如下：从 δ_0出发，由 F-δ 曲线直接给出 K_0，然后由式（2-56）解出 δ_1，由 F-δ 曲线确定对应于 δ_1的 K_1，代入式（2-56）求出 δ_2，直到 δ_{n+1}和 δ_n充分接近时为止，此时收敛到真实解。

一般对于单变量情况，这种迭代过程是收敛的，但对于多自由度情况，由于未知量通过矩阵 $\boldsymbol{K}$ 的元素互相耦合，在迭代过程中可能出现不稳定现象，应引起足够的注意。由图 2-1 可知，$\boldsymbol{K}$ 表示应力-应变曲线上的割线斜率，因此直接迭代法也称为割线刚度法。

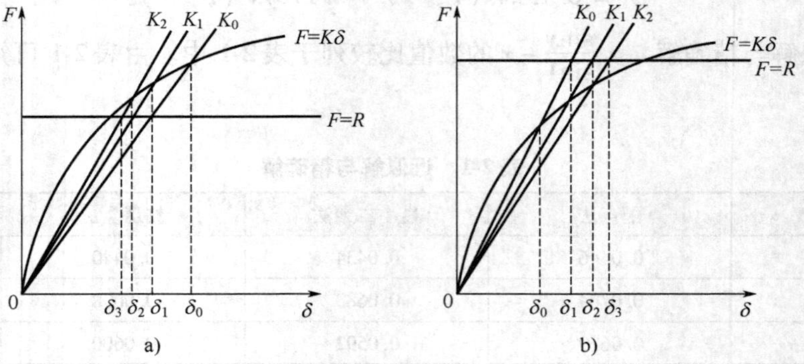

图 2-1 直接迭代法

a）初始解大于真实解 b）初始解小于真实解

2.3.2 牛顿-拉弗森（Newton-Raphson）迭代法

牛顿-拉弗森迭代法是求解非线性方程组 $\boldsymbol{\varphi}(\boldsymbol{x}) = \boldsymbol{F}(\boldsymbol{x}) - \boldsymbol{R} = 0$ 的最著名和最有效的线性化方法之一。若初始解充分接近于真实解，则说明牛顿-拉弗森方法的收敛速度很快。

设 $x = x_n$ 是非线性方程组 $\boldsymbol{\varphi}(\boldsymbol{x}) = 0$ 的第 n 次近似解，此时有

$$\boldsymbol{\varphi}_n = \boldsymbol{\varphi}(\boldsymbol{x}_n) \neq 0 \tag{2-60}$$

任何具有一阶导数的连续函数 $\boldsymbol{\varphi}(\boldsymbol{x})$，在点 x_n作一阶泰勒级数展开，它在点 x_n的线性近似公式为

$$\boldsymbol{\varphi}(\boldsymbol{x}) = \boldsymbol{\varphi}(\boldsymbol{x}_n) + \left(\frac{\mathrm{d}\boldsymbol{\varphi}}{\mathrm{d}\boldsymbol{x}}\right)_n (\boldsymbol{x} - \boldsymbol{x}_n) \tag{2-61}$$

利用上式得到进一步改进解 x_{n+1}应满足的线性方程组

$$\boldsymbol{\varphi}(\boldsymbol{x}_{n+1}) = \boldsymbol{\varphi}(\boldsymbol{x}_n) + \left(\frac{\mathrm{d}\boldsymbol{\varphi}}{\mathrm{d}\boldsymbol{x}}\right)_n (\boldsymbol{x}_{n+1} - \boldsymbol{x}_n) = 0 \tag{2-62}$$

设 $\left(\frac{\mathrm{d}\boldsymbol{\varphi}}{\mathrm{d}\boldsymbol{x}}\right)_n \neq 0$ 且 $(\boldsymbol{K}_T)_n = \left(\frac{\mathrm{d}\boldsymbol{\varphi}}{\mathrm{d}\boldsymbol{x}}\right)_n$，上述线性方程组的解为

$$\begin{aligned}\Delta \boldsymbol{x}_{n+1} &= -(\boldsymbol{K}_T)_n^{-1}\boldsymbol{\varphi}(\boldsymbol{x}_n) = -(\boldsymbol{K}_T)_n^{-1}[\boldsymbol{F}(\boldsymbol{x}_n) - \boldsymbol{R}] \\ &= (\boldsymbol{K}_T)_n^{-1}[\boldsymbol{R} - \boldsymbol{F}(\boldsymbol{x}_n)]\end{aligned} \tag{2-63}$$

$$\boldsymbol{x}_{n+1} = \boldsymbol{x}_n + \Delta \boldsymbol{x}_{n+1}$$

式（2-63）即为牛顿-拉弗森迭代法的公式。

牛顿-拉弗森迭代法的过程可以采用图解法来表示，如图 2-2a 所示。可以看出，它要求在每次迭代时计算切线刚度矩阵 $\boldsymbol{K}_T = \frac{\mathrm{d}\boldsymbol{\varphi}}{\mathrm{d}\boldsymbol{x}}$，尽管收敛得比较快，但是计算工作量却很大。如果在计算的每一步内，切线刚度矩阵均用初始近似解 $(\boldsymbol{K}_T)_0 = (\frac{\mathrm{d}\boldsymbol{\varphi}}{\mathrm{d}\boldsymbol{x}})_0$ 来表示，则式（2-63）就可以表示为

$$\begin{aligned} \Delta \boldsymbol{x}_{n+1} &= -(\boldsymbol{K}_T)_0^{-1}\boldsymbol{\varphi}(\boldsymbol{x}_n) \\ \boldsymbol{x}_{n+1} &= \boldsymbol{x}_n + \Delta \boldsymbol{x}_{n+1} \end{aligned} \tag{2-64}$$

式（2-64）就是修正的牛顿-拉弗森迭代法的公式。可以看出，在每次迭代时切线刚度矩阵值是不变的，始终保持为常量，因而收敛得比较慢。对于单自由度系统，修正的牛顿-拉弗森迭代法的过程也可用图解表示，如图 2-2b 所示。

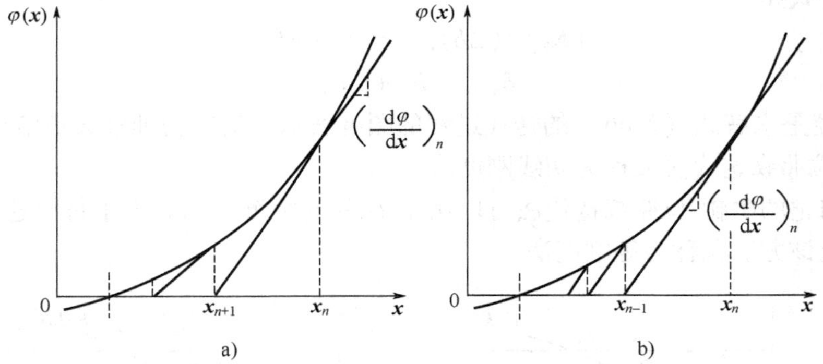

图 2-2　牛顿-拉弗森迭代法

a）变刚度的迭代过程　b）等刚度的迭代过程

例 2-2：采用牛顿-拉弗森迭代法求解结构平衡方程的迭代过程。

解：结构的刚度矩阵是和它的几何位置有关的。由于几何非线性，平衡方程必须由变形后的几何位置来描述，因此，结构的刚度矩阵是几何变形的函数。因此，结构的平衡方程式可以写成

$$\boldsymbol{\varphi}(\delta) = \boldsymbol{F}(\delta) - R = 0 \tag{2-65}$$

或

$$\boldsymbol{\varphi}(\boldsymbol{\delta}) = \boldsymbol{K}(\boldsymbol{\delta})\boldsymbol{\delta} - R = 0 \tag{2-66}$$

为易于叙述，考虑单自由度系统，设

$$\varphi(\delta) = F(\delta) - R = 0 \tag{2-67}$$

采用牛顿-拉弗森迭代法求解上述非线性方程，由式（2-63）的迭代公式，可得

$$\begin{aligned} \left(\frac{\mathrm{d}\varphi}{\mathrm{d}\delta}\right)_n \Delta\delta_{n+1} &= R - F(\delta_n) \\ \delta_{n+1} &= \delta_n + \Delta\delta_{n+1} \end{aligned} \tag{2-68}$$

采用牛顿-拉弗森迭代法求解式（2-66）的迭代过程可以用图解法来表示。在直角坐标

系 $F\text{-}\delta$ 中，曲线 $F(\delta)$ 与直线 $F=R$ 的交点 A 的横坐标是式（2-65）的解，如图 2-3a 所示。

如果载荷 R 与变形无关，则由式（2-67）得

$$\frac{\mathrm{d}\varphi}{\mathrm{d}\delta}=\frac{\mathrm{d}F}{\mathrm{d}\delta}=K_T \tag{2-69}$$

式中，K_T 是曲线 $F(\delta)$ 的斜率，物理意义代表切线刚度。

初始时按线性理论求解位移 δ_1 就是第一次迭代的近似解，即图 2-3a 中点 A_1 的横坐标。迭代的第二步，从点 B_1 作曲线 $F(\delta)$ 的切线交直线 $F=R$ 于点 A_2，取点 A_2 的横坐标为 δ_2。从图 2-3a 中可知

$$\frac{A_1B_1}{\delta_2-\delta_1}=(K_T)_1 \tag{2-70}$$

式中，$A_1B_1=R-F(\delta_1)$；$\delta_2-\delta_1=(\Delta\delta)_2$。则式（2-70）可写成

$$(K_T)_1(\Delta\delta)_2=R-F(\delta_1) \tag{2-71}$$

比较式（2-71）与式（2-68）可以看出，δ_2 就是位移的第二次近似值。如此不断重复，可得到迭代公式如下

$$\begin{aligned}(K_T)_n(\Delta\delta)_{n+1}&=R-F(\delta_n)\\ \delta_{n+1}&=\delta_n+\Delta\delta_{n+1}\end{aligned} \tag{2-72}$$

图 2-3a 就是求解式（2-66）的迭代过程的图解表示。K_T 的物理意义是结构的切线刚度，因而，牛顿-拉弗森迭代法又称为切线刚度法。

同样，修正的牛顿-拉弗森迭代法可以用图 2-3b 的图解表示。由于每次迭代不改变它的刚度值，因此该方法也称为等刚度法。

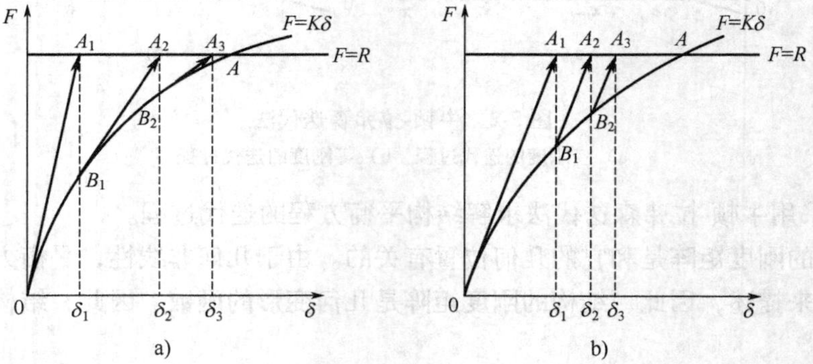

图 2-3　牛顿-拉弗森迭代法的图解表示

a）变刚度的迭代过程　b）等刚度的迭代过程

2.3.3　载荷增量法

对于某些非线性方程，利用牛顿-拉弗森迭代法可能并不收敛。为此，对牛顿-拉弗森迭代法进行改进，称之为载荷增量法，即把载荷分成（不一定等分）许多小的载荷部分或增量。在增加每级载荷增量期间，假设方程是线性的，即 K_T 取固定值。但是，对于不同级的载荷增量 K_T 应取不同的值。因此，载荷增量法是以一系列线性问题来近似非线性问题，也就是说，把非线性处理为分段线性。

采用载荷增量法时，在每一个增量步计算中，直接求解非线性方程组，取一次计算的解作为近似解，不进行迭代计算。由于在载荷增量法中，是随着载荷按增量形式逐渐增大来研究节点位移的性质，因此就可以得到整个载荷变化过程中的一些中间数值结果。对于那些问题性质与加载历史有关的问题，如弹塑性问题，求解非线性方程组应采用载荷增量方法。

设非线性方程组

$$\varphi(\delta) = F(\delta) - R = 0 \tag{2-73}$$

式中，R 为真实载荷；δ 为节点的位移，且 $R=0$ 时，$\delta=\delta_0$是已知的。

令 $R = \lambda\overline{R}$, 则式（2-73）变成

$$\varphi(\delta,\lambda) = F(\delta) - \lambda\overline{R} = 0 \tag{2-74}$$

式中，λ 为载荷变化参数，也称为载荷因子。

由已知条件可知，当 $\lambda = \lambda_0 = 0$ 时, $\delta = \delta_0$ 是已知的。现对于任意给定的 λ（$\lambda>0$）值，求节点位移 $\delta = \delta(\lambda)$。

设当载荷因子为 λ 时，非线性方程组的解为 δ，而载荷因子为 $\lambda+\Delta\lambda$（$\Delta\lambda$ 为 λ 的增量）时，非线性方程组的解为 $\delta+\Delta\delta$，由式（2-74）可得

$$\varphi(\delta,\lambda) = \varphi(\delta + \Delta\delta,\lambda + \Delta\lambda) = 0 \tag{2-75}$$

对上式进行泰勒一阶级数展开，有

$$\varphi(\delta + \Delta\delta,\lambda + \Delta\lambda) = \varphi(\delta,\lambda) + \frac{\partial\varphi}{\partial\delta}\Delta\delta + \frac{\partial\varphi}{\partial\lambda}\Delta\lambda + \cdots \tag{2-76}$$

令 $K_T(\delta,\lambda) = \dfrac{\partial\varphi}{\partial\delta}$, 又由式（2-74）可得, $\dfrac{\partial\varphi}{\partial\lambda} = -\overline{R}$, 则整理式（2-76），得到

$$K_T(\delta,\lambda)\Delta\delta - \overline{R}\Delta\lambda = 0 \tag{2-77}$$

现设 $0 < \lambda_0 < \lambda_1 < \cdots < \lambda_n < \cdots < \lambda_M = 1$ 将 λ 分成 M 个增量, $\Delta\lambda_n = \lambda_n - \lambda_{n-1}$, $\sum\limits_{n=1}^{M}\Delta\lambda_n = 1$, 相应地，载荷可记为 $R_n = \lambda_n\overline{R}$, 因此载荷增量

$$\Delta R_n = R_n - R_{n-1} = \Delta\lambda_n\overline{R} \tag{2-78}$$

于是，得到采用载荷增量法计算节点位移的迭代公式：

$$\begin{aligned}(K_T)_n\Delta\delta_{n+1} &= \Delta R_{n+1}\\ \delta_{n+1} &= \delta_n + \Delta\delta_{n+1}\end{aligned} \tag{2-79}$$

式中, $(K_T)_n = K_T(\delta_n,\lambda_n)$。

对于一维情况，载荷增量法计算过程如图2-4所示。

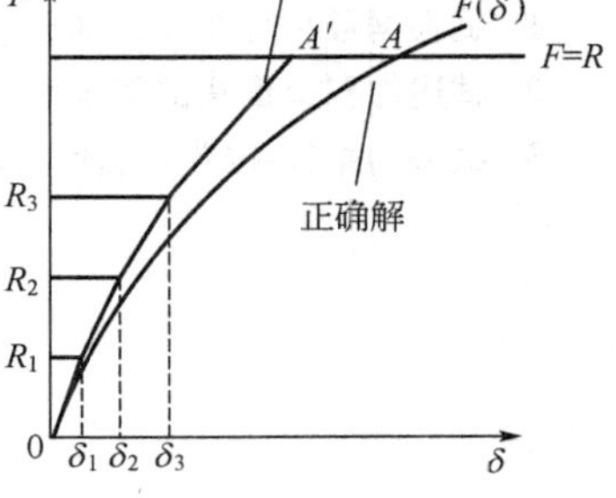

图2-4　载荷增量法的图解表示

载荷增量法虽然计算简单，但由于非线性方程线性化带来的近似性，要获得足够精度的解，增量步就必须足够小，因此计算效率较低。由于近似解不能使式（2-73）严格满足，按式（2-79）进行迭代计算所得的曲线将与精确解发生偏离，称为解的漂移，如图2-4所示。这可以通过将前一增量步的误差合并到本增量步的载荷增量中进行平衡校正解决，即将式（2-79）写为

$$\begin{aligned}(K_T)_n\Delta\delta_{n+1} &= \Delta R_{n+1} - F(\delta_n)\\ \delta_{n+1} &= \delta_n + \Delta\delta_{n+1}\end{aligned} \tag{2-80}$$

2.3.4 增量迭代法

为提高计算效率，在每个载荷增量步中利用牛顿-拉弗森迭代法求解非线性方程，迭代至收敛，完成一个增量步的计算。

如果对应于 m 级载荷增量 ΔR_m（相应的载荷因子为 λ_m），非线性方程式（2-74）的解为 δ_m。则以 δ_m 作为一个初始的试探解，在增量步长内使用牛顿-拉弗森迭代法，即对应于第 $m+1$ 级载荷增量，取 $\delta_{m+1}^0=\delta_m$，设其第 n 次迭代的解为 δ_{m+1}^n，则第 $n+1$ 步近似解为

$$\delta_{m+1}^{n+1} = \delta_{m+1}^n + \Delta\delta_{m+1}^{n+1} \tag{2-81}$$

由式（2-74）有

$$\varphi_{m+1}^{n+1} = \varphi(\delta_{m+1}^{n+1},\lambda_{m+1}) = F(\delta_{m+1}^{n+1}) - \lambda_{m+1}\overline{R} = 0 \tag{2-82}$$

将 $F(\delta_{m+1}^{n+1})$ 在 δ_{m+1}^n 处进行泰勒一阶级数展开，得

$$F(\delta_{m+1}^{n+1}) = F(\delta_{m+1}^n) + \left(\frac{\partial F}{\partial \delta}\right)_{\delta=\delta_{m+1}^n} \Delta\delta_{m+1}^{n+1} \tag{2-83}$$

而 $\lambda_{m+1} = \lambda_m + \Delta\lambda_m$，因此，由式（2-82）和式（2-83），可得

$$0 \approx F(\delta_{m+1}^n) + (K_T)_{m+1}^n \Delta\delta_{m+1}^{n+1} - \lambda_{m+1}\overline{R} \tag{2-84}$$

式中，$(K_T)_{m+1}^n = \left(\frac{\partial F}{\partial \delta}\right)_{\delta=\delta_{m+1}^n} = \left(\frac{\partial \varphi}{\partial \delta}\right)_{\delta=\delta_{m+1}^n}$。

由式（2-84）得

$$\Delta\delta_{m+1}^{n+1} = [(K_T)_{m+1}^n]^{-1}[\Delta R_m - F(\delta_{m+1}^n)]$$
$$\delta_{m+1}^{n+1} = \delta_{m+1}^n + \Delta\delta_{m+1}^{n+1} \tag{2-85}$$

式（2-85）即为在载荷增量步（$m+1$）内采用牛顿-拉弗森迭代法，即增量法与迭代法混合使用，因此也称为混合法。

使用该方法应注意：对于 $m+1<M$ 的各增量步的计算可只进行几次，而对于 $m+1=M$，即最后一载荷增量，需要使用较多次迭代，以使近似解更接近于真实解。

在金属塑性成形过程的弹塑性有限元分析中，采用修正的牛顿-拉弗森迭代法的增量解法，并在每个增量步中采用增量步开始时刻的刚度矩阵，这种求解方法通常非常有效。当然，在实际问题中，由于材料的非线性性质不同，应针对具体问题采用适当的解法。

思 考 题

1. 试根据最小势能原理推导小变形弹性理论的广义变分原理。
2. 试述加权余量法的基本原理和基本方法。
3. 试采用牛顿-拉弗森迭代法求解几何非线性问题。

第 3 章　刚塑性有限元法原理

3.1　概述

金属塑性成形是材料成型的一种主要工艺方法，属于大变形问题。根据材料的变形特点，塑性成形可以分为体积成形和板料成形两大类。在体积成形工艺中，如轧制、挤压及锻造等，材料产生较大塑性变形，而弹性变形相对很小，可忽略不计。在板料成形工艺中，如冷轧、冷冲压等，金属材料既有弹性变形又有塑性变形，且弹性变形对成形工艺有一定影响，不能忽略。因此，形成了弹塑性材料和刚塑性材料两种典型的材料模型。由于金属材料的弹性与塑性本构关系有较大差别，在数值计算中其对应问题的描述乃至求解都有明显不同。因此，在塑性有限元法中，与之相对应地分别有弹塑性有限元法和刚塑性有限元法。

弹塑性有限元法同时考虑金属材料的弹性变形和塑性变形，弹性区采用广义胡克（Hooke）定律，塑性区采用普朗特-罗伊斯（Prandtl-Reuss）应力应变方程和米泽斯（Mises）屈服准则，求解未知量是节点的位移增量。弹塑性有限元法既可以分析塑性成形的加载过程，又能计算分析卸载过程，包括工件变形后内部的残余应力、应变、工件的回弹以及与模具的相互作用等。

由于在很多金属塑性成形工艺中，塑性变形量远远大于弹性变形量，若忽略变形的弹性部分，就可以采用刚塑性有限元法。该方法是在 20 世纪 70 年代初期由 Lee 和 Kobayashi 等人提出的，他们使用拉格朗日（Lagrange）乘子法采用的变分原理处理体积不可压缩条件，使应力计算成为可能。该方法采用莱维-米泽斯（Levy-Mises）方程和米泽斯屈服准则，求解的未知量是节点的位移速度。刚塑性有限元法通常采用率方程，变形后的构形可通过在离散空间上对速度积分而获得，简化了几何非线性问题，因而解法相对比较简单，易于编程实现，求解效率高，求解精度可以满足工程要求。由于体积成形中金属材料会呈现出刚塑性硬化材料和刚黏塑性材料两种典型特性，其中与刚塑性硬化材料模型对应的有限元法是刚塑性有限元法，它适用于冷、温态体积成形问题。与刚黏塑性材料模型对应的则为刚黏塑性有限元法，它适用于热态体积成形问题，并且可以进行变形与传热的热力耦合分析，可方便地用于分析稳态和非稳态大塑性变形问题，也成为一些商品软件（如 DEFORM）的核心算法，得到了广泛应用。刚塑性有限元法由于忽略了弹性变形，所以仅适合于塑性变形区的分析，不能处理卸载问题和计算相应的残余应力和残余应变。当变形量很小时，刚塑性有限元分析精度较差，但是随着变形增大，弹性变形占比例很小时，采用刚塑性有限元法是合理的。

本章主要介绍刚塑性有限元法的基本原理、计算公式和应用方法，关于弹塑性有限元法的内容请参考有关书籍。

3.2 刚塑性材料变形的变分原理

刚塑性材料的变分原理是刚塑性有限元法的理论基础，它以能量积分的形式把塑性问题的偏微分方程组的求解问题转化为泛函极值问题。通过这种转化，建立起刚塑性有限元法的基本方程。

3.2.1 刚塑性变形的边值问题

塑性变形问题其实就是数学物理方程中的边值问题：设刚塑性体的体积为 V、边界表面为 S，在给定表面力 p_i 的作用下整个变形体处于塑性状态，表面积 S 又分为 S_p 和 S_V 两部分，其中 S_p 上作用着表面力 $\bar{p}_i$，S_V 上给定速度 $\bar{v}_i^0$（见图3-1）。该问题称为刚塑性边值问题，由下列塑性方程和边界条件来定义，即

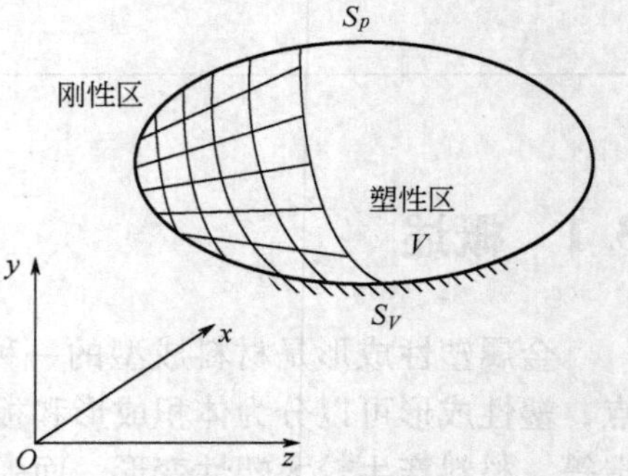

图3-1 任意刚塑性变形体

（1）应力平衡方程

$$\sigma_{ij,j} = 0 \tag{3-1}$$

（2）几何方程

$$\dot{\varepsilon}_{ij} = \frac{1}{2}(v_{i,j} + v_{j,i}) \tag{3-2}$$

（3）本构方程

$$\dot{\varepsilon}_{ij} = \frac{3}{2}\frac{\dot{\bar{\varepsilon}}}{\bar{\sigma}}\sigma'_{ij} \tag{3-3}$$

（4）米泽斯屈服准则

$$\bar{\sigma} = \sqrt{3J'_2} = Y \tag{3-4}$$

式中，J'_2 表示偏应力第二不变量，Y 表示材料的屈服应力，其值为

$$Y = \begin{cases} \sigma_S, \text{理想刚塑性材料} \\ f(\bar{\varepsilon}), \text{刚塑性硬化材料} \end{cases}$$

（5）体积不变条件

$$\dot{\varepsilon}_V = \dot{\varepsilon}_{ij}\delta_{ij} = 0 \tag{3-5}$$

（6）边界条件　包括应力边界条件和速度边界条件，分别表示为

$$\sigma_{ij}n_j = p_i^0 \quad (S \in S_p) \tag{3-6}$$

$$v_i = v_i^0 \quad (S \in S_V) \tag{3-7}$$

式中，n_j 为 S_p 表面上任一点处单位外法线矢量的分量。

3.2.2 刚塑性变形的马尔可夫（Markov）变分原理

马尔可夫变分原理是刚塑性材料的变分原理，其表述为：对于刚塑性边值问题，在满足变形几何方程式（3-2）、体积不变条件式（3-5）及速度边界条件式（3-7）的所有运动许可

的速度场 v_i^* 中，使泛函

$$\Pi = \int_V \bar{\sigma}\, \dot{\bar{\varepsilon}} \mathrm{d}V - \int_{S_p} p_i v_i \mathrm{d}S \tag{3-8}$$

取驻值 $\delta\Pi = 0$ 的 v_i 是本问题的精确解。

下面给出马尔可夫变分原理的证明。

设精确解的应力、应变速率和位移速度分别为 σ_{ij}、$\dot{\varepsilon}_{ij}$ 和 v_i，而满足运动许可条件的解分别表示为 σ_{ij}^*、$\dot{\varepsilon}_{ij}^*$ 和 v_i^*。

精确解满足刚塑性边值问题全部基本方程式(3-1) ~式（3-5）和边界条件式（3-6）、式（3-7）。而运动许可条件解只要求满足几何条件式（3-2），体积不变条件式（3-5）和速度边界条件式（3-7），但是应力 σ_{ij}^* 不一定满足应力平衡方程式（3-1）。因此，σ_{ij}^*、$\dot{\varepsilon}_{ij}^*$ 和 v_i^* 是假想解。另外，无论是精确解还是假想解都应该满足本构方程式（3-3），所以，$\sigma_{ij}'^*$ 和 $\dot{\varepsilon}_{ij}^*$ 有相同的主轴，即互相平行。根据等向强化米泽斯（Mises）材料的正交流动法则，应变速率 $\dot{\varepsilon}_{ij}$ 和 $\dot{\varepsilon}_{ij}^*$ 均垂直于外凸的加载表面(在主应力空间中加载面为圆柱面)。若主应力空间和主应变空间的坐标轴重合，则应力、应变率和加载曲面在 π 平面中的投影如图3-2所示。

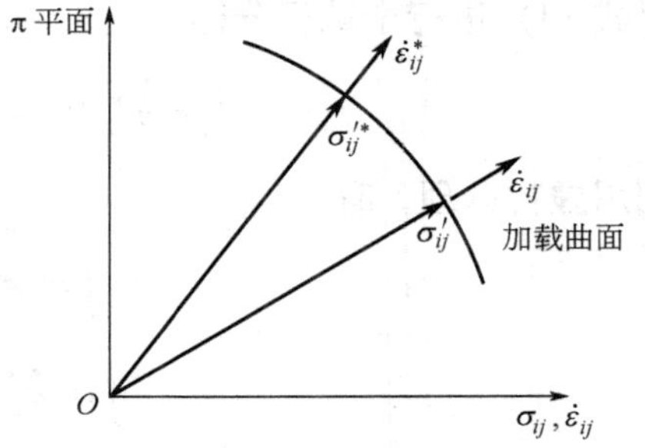

图3-2　应力、应变率和加载曲面的关系

根据体积不变条件，有

$$\begin{cases} \dot{\varepsilon}_V = \delta_{ij}\dot{\varepsilon}_{ij} = \dot{\varepsilon}_{ii} = 0 \\ \dot{\varepsilon}_V^* = \delta_{ij}\dot{\varepsilon}_{ij}^* = \dot{\varepsilon}_{ii}^* = 0 \end{cases} \tag{a}$$

所以

$$\begin{cases} \dot{\varepsilon}_{ij}' = \dot{\varepsilon}_{ij} - \dfrac{1}{3}\delta_{ij}\dot{\varepsilon}_V = \dot{\varepsilon}_{ij} \\ \dot{\varepsilon}_{ij}^* = \dot{\varepsilon}_{ij} - \dfrac{1}{3}\delta_{ij}\dot{\varepsilon}_V^* = \dot{\varepsilon}_{ij}^* \end{cases} \tag{b}$$

由于

$$\sigma_{ij} = \sigma_{ij}' + \delta_{ij}\sigma_m$$

故

$$\begin{cases} \sigma_{ij}\dot{\varepsilon}_{ij} = \sigma_{ij}'\dot{\varepsilon}_{ij} + \delta_{ij}\dot{\varepsilon}_{ij}\sigma_m = \sigma_{ij}'\dot{\varepsilon}_{ij} \\ \sigma_{ij}\dot{\varepsilon}_{ij}^* = \sigma_{ij}'\dot{\varepsilon}_{ij}^* + \delta_{ij}\dot{\varepsilon}_{ij}^*\sigma_m = \sigma_{ij}'\dot{\varepsilon}_{ij}^* \end{cases} \tag{c}$$

由图3-2可看出，σ_{ij}' 与 $\dot{\varepsilon}_{ij}$ 为平行矢量，$\sigma_{ij}'^*$ 与 $\dot{\varepsilon}_{ij}^*$ 为平行矢量，则

$$\begin{cases} \sigma_{ij}\dot{\varepsilon}_{ij} = |\sigma_{ij}'||\dot{\varepsilon}_{ij}| = \sqrt{\sigma_{ij}'\sigma_{ij}'} \cdot \sqrt{\dot{\varepsilon}_{ij}\dot{\varepsilon}_{ij}} = \bar{\sigma}\,\dot{\bar{\varepsilon}} \\ \sigma_{ij}'^*\,\dot{\varepsilon}_{ij}^* = |\sigma_{ij}'^*|\,|\dot{\varepsilon}_{ij}^*| = \sqrt{\sigma_{ij}'^*\sigma_{ij}'^*} \cdot \sqrt{\dot{\varepsilon}_{ij}^*\,\dot{\varepsilon}_{ij}^*} = \bar{\sigma}^*\,\dot{\bar{\varepsilon}}^* \end{cases} \tag{d}$$

而 σ_{ij}' 与 $\dot{\varepsilon}_{ij}^*$ 不平行，由施瓦茨（Schwarz）不等式可知

$$\sigma'_{ij}\dot{\varepsilon}_{ij}^{*} \leqslant \sqrt{\sigma'_{ij}\sigma'_{ij}} \cdot \sqrt{\dot{\varepsilon}_{ij}^{*}\dot{\varepsilon}_{ij}^{*}} = \bar{\sigma}\dot{\bar{\varepsilon}}^{*} \tag{e}$$

由式（c）~式（e）可得

$$\sigma_{ij}\dot{\varepsilon}_{ij} = \bar{\sigma}\dot{\bar{\varepsilon}}$$

$$\sigma_{ij}\dot{\varepsilon}_{ij}^{*} \leqslant \bar{\sigma}\dot{\bar{\varepsilon}}^{*}$$

将以上两式相减，可得到

$$\bar{\sigma}\dot{\bar{\varepsilon}}^{*} - \bar{\sigma}\dot{\bar{\varepsilon}} \geqslant \sigma_{ij}\dot{\varepsilon}_{ij}^{*} - \sigma_{ij}\dot{\varepsilon}_{ij}$$

或

$$\bar{\sigma}\dot{\bar{\varepsilon}}^{*} - \sigma_{ij}\dot{\varepsilon}_{ij}^{*} \geqslant \bar{\sigma}\dot{\bar{\varepsilon}} - \sigma_{ij}\dot{\varepsilon}_{ij} \tag{f}$$

对式（f）进行全域积分得

$$\int_V \bar{\sigma}\dot{\bar{\varepsilon}}^{*}\mathrm{d}V - \int_V \sigma_{ij}\dot{\varepsilon}_{ij}^{*}\mathrm{d}V \geqslant \int_V \bar{\sigma}\dot{\bar{\varepsilon}}\mathrm{d}V - \int_V \sigma_{ij}\dot{\varepsilon}_{ij}\mathrm{d}V \tag{g}$$

利用虚功原理，有

$$\int_V \sigma_{ij}\dot{\varepsilon}_{ij}\mathrm{d}V = \int_{S_p} p_i v_i \mathrm{d}S + \int_{S_V} p_i v_i \mathrm{d}S \tag{h}$$

$$\int_V \sigma_{ij}\dot{\varepsilon}_{ij}^{*}\mathrm{d}V = \int_{S_p} p_i v_i^{*} \mathrm{d}S + \int_{S_V} p_i v_i^{*} \mathrm{d}S \tag{i}$$

由于在 S_V 边界上，有

$$v_i = v_i^{*} = v_i^{0} \tag{j}$$

将式（j）代到式（h），再把式（h）与式（i）相减，得到

$$\int_V \sigma_{ij}\dot{\varepsilon}_{ij}\mathrm{d}V - \int_V \sigma_{ij}\dot{\varepsilon}_{ij}^{*}\mathrm{d}V = \int_{S_p} \bar{p}_i v_i \mathrm{d}S - \int_{S_p} \bar{p}_i v_i^{*} \mathrm{d}S \tag{k}$$

将式（k）代入式（g），整理后得

$$\int_V \bar{\sigma}\dot{\bar{\varepsilon}}^{*}\mathrm{d}V - \int_{S_p} p_i v_i^{*} \mathrm{d}S \geqslant \int_V \bar{\sigma}\dot{\bar{\varepsilon}}\mathrm{d}V - \int_{S_p} p_i v_i \mathrm{d}S \tag{3-9}$$

证明完毕。

式（3-9）表明，在所有运动许可速度场 v_i^{*} 中，真实速度场 v_i 使总能量率取最小值。最小值为

$$\int_V \bar{\sigma}\dot{\bar{\varepsilon}}\mathrm{d}V - \int_{S_p} p_i v_i \mathrm{d}S$$

取精确解的条件为

$$\delta \Pi = 0$$

即

$$\int_V \bar{\sigma}\delta\dot{\bar{\varepsilon}}\mathrm{d}V - \int_{S_p} p_i \delta v_i \mathrm{d}S = 0 \tag{3-10}$$

马尔可夫变分原理将式（3-1）~式（3-7）所描述的刚塑性材料的边值问题归结为能量泛函对位移速度场 v_i 的极值问题，避开了偏微分方程的求解困难，一旦求得速度场的精确解后，就可以利用几何方程式（3-2）求出应变速率场 $\dot{\varepsilon}_{ij}$，再由本构方程式（3-3）求出变形体瞬时的应力场 σ'_{ij}。

马尔可夫变分原理是塑性力学极限分析中上限定理的另一种表达形式。它的物理意义是刚塑性变形体的总能耗率：泛函 Π 的第一项表示变形体内部的塑性变形功率，第二项表示变形体表面的外力功率。

3.2.3　刚塑性变形的广义变分原理

应用马尔可夫变分原理的关键就是如何正确地构造运动许可速度场。一般来讲，该速度场应满足的几何方程和速度边界条件易于实现，而体积不变条件则非常困难。另外，由于刚塑性材料模型不考虑弹性变形，采用体积不变条件难以确定静水压力 σ_m，因而无法求出变形体内的应力分布 σ_{ij}。

针对上述问题，可假定运动许可速度场只需同时满足的几何方程和速度边界条件、而体积不变条件则作为总能耗率泛函极值问题的外加约束条件，该约束条件在对泛函求变分的过程中得到满足，从而使运动许可速度场的设定更加容易。将体积不变条件作为约束条件引入后，变分原理的表述也要有相应的变化，统称为广义变分原理。典型的广义变分原理有拉格朗日乘子法和罚函数法。

1. 拉格朗日（Lagrange）乘子法

刚塑性有限元法中的拉格朗日乘子法的数学基础是多元函数的条件极值理论，若求目标函数

$$\Phi = \Phi(v_1, v_2, \cdots, v_{n-1}, v_n)$$

在约束函数

$$g_j = g_j(v_1, v_2, \cdots, v_{n-1}, v_n) = 0 \quad (j = 1, 2, \cdots, m)$$

的条件下的极值，可构造如下修正函数：

$$F = \Phi(v_1, v_2, \cdots, v_{n-1}, v_n) + \sum_{j=1}^{m} \lambda_j g_j(v_1, v_2, \cdots, v_{n-1}, v_n)$$

并令其一阶偏导数为零，即

$$\frac{\partial F}{\partial v_i} = 0 \qquad (i = 1, 2, \cdots, n)$$

$$\frac{\partial F}{\partial \lambda_j} = 0 \qquad (j = 1, 2, \cdots, m)$$

这里的 λ_j 称为拉格朗日乘子，数值待定。上式共有（$n+m$）个方程，恰好能解出 v_1，$v_2, \cdots, v_n$ 和 $\lambda_1, \lambda_2, \cdots, \lambda_m$，共$(n+m)$个未知数。

将上述方法用于马尔可夫变分原理，将体积不变条件式（3-5）用拉格朗日乘子 λ 引入到泛函式（3-8）中，构造出新的泛函：

$$\Pi_1 = \int_V \bar{\sigma}\, \dot{\bar{\varepsilon}} \mathrm{d}V + \int_V \lambda \dot{\varepsilon}_V \mathrm{d}V - \int_{S_p} p_i v_i \mathrm{d}S \tag{3-11}$$

对于一切满足几何方程和速度边界条件的运动许可速度场，其精确解使式（3-11）取极值，即满足

$$\delta\Pi_1 = \int_V \bar{\sigma} \delta\, \dot{\bar{\varepsilon}} \mathrm{d}V + \int_V \lambda \delta \dot{\varepsilon}_V \mathrm{d}V - \int_{S_p} p_i v_i \mathrm{d}S = 0 \tag{3-12}$$

当式（3-12）成立时，满足几何方程和速度边界条件的速度场能够自动满足边值问题的所有基本方程，这个速度场就是真实解。

拉格朗日乘子 λ 代表着一定的物理意义，即当速度场为真解时，乘子 λ 等于静水压力 σ_m，证明如下：

当速度场为真解时，体积应变率为零

$$\dot{\varepsilon}_V = \delta_{ij}\dot{\varepsilon}_{ij} = 0 \tag{i}$$

式（3-12）右端第一项中的单位体积应变能率为

$$\bar{\sigma}\delta\dot{\bar{\varepsilon}} = \sigma_{ij}\delta\dot{\varepsilon}_{ij} = (\sigma'_{ij} + \delta_{ij}\sigma_m)\delta\varepsilon_{ij} = \sigma'_{ij}\delta\dot{\varepsilon}_{ij} \tag{ii}$$

在速度边界 S_V 上，速度场必须满足边界条件，即 $\delta v_i = 0$，所以

$$\int_{S_p} p_i\delta v_i \mathrm{d}S = \int_{S_p} p_i\delta v_i \mathrm{d}S + \int_{S_V} p_i\delta v_i \mathrm{d}S = \int_S p_i\delta v_i \mathrm{d}S \tag{iii}$$

将式（i）~式（iii）代入式（3-12），整理后得到

$$\int_V (\sigma'_{ij} + \lambda\delta_{ij})\delta\dot{\varepsilon}_{ij}\mathrm{d}V = \int_S p_i\delta v_i \mathrm{d}S \tag{3-13}$$

由虚功原理，有

$$\int_V \sigma_{ij}\delta\dot{\varepsilon}_{ij}\mathrm{d}V = \int_S p_i\delta v_i \mathrm{d}S \tag{3-14}$$

将式（3-13）和式（3-14）进行比较，可得出

$$\sigma_{ij} = \sigma'_{ij} + \lambda\delta_{ij}$$

所以

$$\lambda = \sigma_m \tag{3-15}$$

由此可见，通过拉格朗日乘子引入体积不变条件而建立的修正泛函 Π_1，取该泛函的驻值，既可求得速度场 v_i 的真实解，又能求出静水压力 σ_m，进而能求出变形体内的应力分布 σ_{ij}，从而得到了问题的全解。

2. 罚函数法

罚函数法的基本思想是用一个足够大的正数 α 将体积不变条件引入到泛函式（3-8）中，构造出一个新的泛函：

$$\Pi_2 = \int_V \bar{\sigma}\dot{\bar{\varepsilon}}\mathrm{d}V + \frac{\alpha}{2}\int_V \dot{\varepsilon}_V^2\mathrm{d}V - \int_{S_p} p_i v_i \mathrm{d}S \tag{3-16}$$

对于一切满足几何方程和速度边界条件的运动许可速度场，其精确解使式（3-16）取极值，即满足

$$\delta\Pi_2 = \int_V \bar{\sigma}\delta\dot{\bar{\varepsilon}}\mathrm{dV} + \alpha\int_V \dot{\varepsilon}_V\delta\dot{\varepsilon}_V\mathrm{d}V - \int_{S_p} p_i\delta v_i \mathrm{d}S = 0 \tag{3-17}$$

这里的罚函数法来源于最优化原理中的罚函数法，具有数值解法的特征。它的作用原理是：当速度场 v_i 远离真实解时，惩罚项的值很大，相当于对速度解违反约束条件施加一种“惩罚”作用；而随着速度场 v_i 接近真实解，惩罚项的作用也随之降低。需要指出的是，对于罚函数法，只有当 α 趋于无穷大时，$\dot{\varepsilon}_V$ 才趋于零。但在实际应用中 α 不可能取无穷大。实践表明，α 的取值大小对解有很大影响：若 α 的取值太小，则体积不变条件施加不当，降低计算精度；若 α 的取值过大，则有限元刚度方程会出现病态，甚至不能求解。因此，α 的取值应适当，通常 α 取10^5 ~ 10^7 较好。

当速度场 v_i 为真实解时，拉格朗日乘子法和罚函数法的泛函驻值点应相同，比较式（3-12）和式（3-17），可以得出罚函数法中静水压力 σ_m 为

$$\sigma_m = \alpha\dot{\varepsilon}_V \tag{3-18}$$

泛函式（3-16）惩罚项的被积函数采用 $\dot{\varepsilon}_V^2$ 形式，它要求 $|\dot{\varepsilon}_V|$ 在可行域内处处满足体积

不变条件，才能保证惩罚项总值很小。而实际应用中发现这样的约束条件过于严格而不易达到，可通过适当放宽约束条件来处理。常用的方法有简化积分法和修正罚函数法。

（1）简化积分法 简化积分法是减少惩罚项 $\int_V \dot{\varepsilon}_V^2 \mathrm{d}V$ 在数值积分时的高斯积分点数，即将多点高斯积分简化为单元形心一点处的积分运算。因此，只要求单元形心点 $|\dot{\varepsilon}_V|$ 很小，其他点不做要求。对于平面问题，简化积分值与积分原值相同。所以，这种简化积分反映了单元内部体积变化的平均效应，即只需单元整体满足体积不变条件即可。但是，对于轴对称问题二者不相等。尽管如此，简化积分法仍可以用于处理轴对称问题。

（2）修正罚函数法 修正罚函数法是通过对惩罚项构造形式的修改来达到放宽约束的目的，修改惩罚项后的泛函表示为

$$\Pi_3 = \int_V \bar{\sigma}\,\dot{\bar{\varepsilon}}\,\mathrm{d}V + \frac{\alpha}{2V}\left(\int_V \dot{\varepsilon}_V \mathrm{d}V\right)^2 - \int_{S_p} p_i v_i \mathrm{d}S \tag{3-19}$$

式中，第二项即为修改后的惩罚项，它的直观意义是要求单元体积变化的平均值很小。因此，尽管修正的惩罚项与前者在形式上不同，但它们的内涵是一致的。

同理，对于泛函式（3-19），当 v_i 为真实解时，可以得出修正罚函数法中的静水压力 σ_m 为

$$\sigma_m = \frac{\alpha}{V}\int_V \dot{\varepsilon}_V \mathrm{d}V \tag{3-20}$$

实际应用时，两种放宽约束的方法都能够达到同样的目的。对于修正罚函数法，各体积积分运算是在同一数值积分格式下进行的，因此可适当简化程序。而对于简化积分法，由于减少了积分点，因而降低了运算次数，提高了计算效率。

3. 两种方法的比较

1）拉格朗日乘子法引入附加未知数 λ，使有限元刚度方程数（未知量）及刚度矩阵半带宽增大。如对于二维或轴对称问题的四节点单元，当离散单元数较大时，单元数与节点数相近，从而使未知量增加近 50%。所以，与罚函数法相比，同样要大大增加问题的计算时间。

2）两种方法有限元刚度矩阵都是对称、稀疏的，但拉格朗日乘子法的刚度矩阵非零元素分布形态不呈带状，罚函数法为明显带状分布。故拉格朗日乘子法会增加计算机存储空间，降低计算效率。

3）拉格朗日乘子法中的 λ 具有明确的物理意义，即 $\lambda = \sigma_m$。对于罚函数法，只有当惩罚因子 α 取无穷大时才能满足体积不变条件，得出正确的静水压力值，而实际计算时，α 只能取有限值，因而对解的精度尤其是静水压力 σ_m 产生影响。因此，拉格朗日乘子法计算精度高些。

4）罚函数法对初始速度场要求比较严格，若初始速度场构造不当（指远离其解或与基本规律不符），则由于 $\alpha\dot{\varepsilon}_V$ 值很大，会使方程组出现病态，可能得不到收敛解。使用合适的初始速度场构造方法可避免这种情况的出现。

3.3 塑性边界条件及泛函

金属塑性成形过程中，工件是在与模具接触状态下进行塑性变形的，也就是模具通过与

工件的接触表面，把力和速度的作用施加到工件上，使之产生塑性变形。这种作用状态随着成形过程的进行而不断发生变化，直至变形过程结束为止。因此，边界条件在模拟分析中具有重要的作用。

3.3.1 边界条件

按照模具与工件的作用情况，可以将工件的外表面分为自由表面和接触表面（见图3-3）。自由表面是与模具没有接触的工件表面，在自由表面上既没有外力作用，也没有位移和速度约束，实质上属于应力边界表面 $p_i^0=0$ 时的 S_p。这种零应力边界条件对工件的变形没有任何作用，因此可以不予考虑。接触表面则是在变形过程中瞬时工件与模具相互接触的那部分表面。如图3-3所示，设模具运动速度矢量为 $\boldsymbol{v}_d$，在工件和模具的接触表面上，位于工件上任意一点 M，对应在模具上为点 M_d，假定该点处模具轮廓的切向与法向单位矢量分别为 $\boldsymbol{s}$ 和 $\boldsymbol{n}$（矢量 $\boldsymbol{n}$ 方向定义为从工件指向模具，并且与 $\boldsymbol{s}$ 构成右手坐标系）。在点 M 处，模具的作用力为 $\boldsymbol{P}$，将 $\boldsymbol{P}$ 分解为切向力 $\boldsymbol{P}_s$ 和法向力 $\boldsymbol{P}_n$。而 $\boldsymbol{P}_s$ 就是点 M 所受的摩擦力，$\boldsymbol{P}_s$ 可根据假定摩擦力计算条件确定，法向分量 $\boldsymbol{P}_n$ 则未知。设点 M 的速度矢量为 $\boldsymbol{v}$，可分解为切向速度分量 $\boldsymbol{v}_s$ 和法向速度分量 $\boldsymbol{v}_n$。法向速度分量 $\boldsymbol{v}_n$ 满足下式

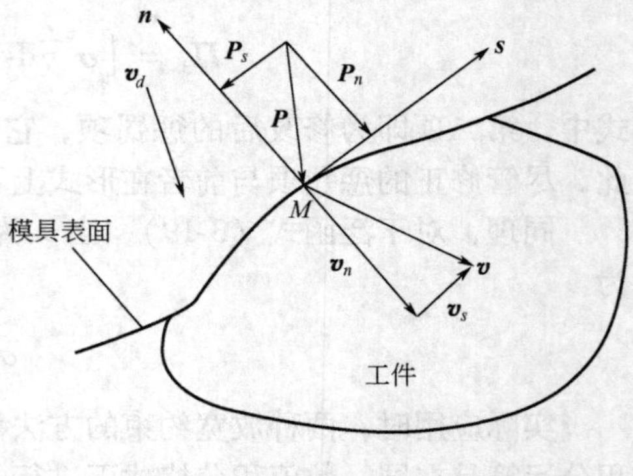

图3-3 工件表面与边界条件

$$\boldsymbol{v}_n=\boldsymbol{v}_d\cdot\boldsymbol{n} \tag{3-21}$$

而切向速度分量 $\boldsymbol{v}_s$ 的数值和方向都是未知的。因此，接触表面是应力和速度混合的边界表面，在该表面上，外力部分已知，速度也是部分给定。

上述分析可以归纳如下。

自由表面： $\boldsymbol{P}_i=0 \quad (S\in S_p)$

接触表面： $\begin{cases}\boldsymbol{P}_s=\boldsymbol{f}\\ \boldsymbol{v}_n=\boldsymbol{v}_d\cdot\boldsymbol{n}\end{cases} \quad (S\in S_f)$

式中，$\boldsymbol{f}$ 为摩擦力；S_f 为接触表面。

3.3.2 摩擦力计算模型

工件变形时在与模具接触面上受到的摩擦力，对金属材料流动模式、工件几何尺寸及内部缺陷、模具受力状态和总载荷、总能量都有很大的影响。同时，塑性加工中的摩擦是在高压、高温条件下发生的，并且伴随着工件的塑性变形，因此其机制十分复杂，影响因素很多，如接触面上的润滑条件、模具表面状态、变形温度以及材料化学成分、性能等。如何正确地处理摩擦边界条件，选择合理的摩擦力计算模型将直接影响到有限元计算结果的准确性。目前，还没有一个公认的理论公式能使塑性加工过程中接触面上的摩擦计算问题得到圆满解决，需根据具体情况，采用不同的摩擦应力模型对摩擦功率项进行处理。下面介绍几种通常采用的摩擦应力模型。

1. 库仑摩擦模型

库仑摩擦模型不考虑接触面上的黏合现象，认为摩擦符合库仑定律，即摩擦应力与接触面上的正压应力成正比。该模型假定摩擦系数μ为一恒定的常数，当接触正压应力为σ_n时，摩擦应力τ_f为

$$\tau_f = \mu\sigma_n \tag{3-22}$$

式中，μ为摩擦系数；τ_f为摩擦应力；σ_n为接触正压应力。

摩擦系数μ根据实验来确定。应用库仑摩擦条件时，除了要知道摩擦系数外，还要知道正压应力在接触面上的分布，采用库仑摩擦条件进行有限元计算时，每个迭代步中都要利用得到的应力场对摩擦应力进行修正。

在使用式（3-22）时应注意，摩擦应力τ_f不能随正压应力σ_n的增大而无限制地增大。根据屈服准则，当$\tau_f=\tau_{\max}=k$（k为工件材料的剪切屈服强度）时，工件材料的接触表面将要产生塑性流动，因此，$\tau_f \leqslant k$。此时σ_n等于或大于工件材料的屈服强度Y；而k与Y之间应满足下列关系$k=\left(\frac{1}{2}\sim\frac{1}{\sqrt{3}}\right)Y$。由此并根据式（3-22）可确定摩擦系数$\mu$的极限值为0.5～0.577。

2. 剪切摩擦模型

剪切摩擦模型认为接触面上的摩擦应力τ_f与工件材料的剪切屈服强度k成正比。该模型假设摩擦表面上摩擦因子为常数，摩擦应力τ_f表示为

$$\tau_f = mk \tag{3-23}$$

式中，m为摩擦因子，$0 \leqslant m \leqslant 1$。当$m=1$时，即$\tau_f=\tau_{\max}=k$，称为最大摩擦力条件。

在热塑性成形时，常采用最大摩擦力条件。由于剪切摩擦条件不需要知道接触面上的正压应力分布情况，而且在程序处理上非常简单，因而在刚塑性有限元法中经常采用。

3. 反正切摩擦模型

反正切摩擦模型是假设摩擦应力为接触面上相对滑动速度v_r的反正切函数，即

$$\tau_f = -mk\left[\frac{2}{\pi}\arctan\left(\frac{v_r}{v_0}\right)\right] \tag{3-24}$$

式中，v_0为一小正数。

该模型表示摩擦应力与相对滑动速度方向相反，摩擦应力的大小，除与材料的剪切屈服强度和相对滑动速度有关外，还与v_r/v_0有关。v_0值的大小对有限元求解精度和收敛情况的影响很大，一般取$v_0 = 10^{-3} \sim 10^{-5}$为宜。这种摩擦条件特别适合变形材料中存在相对滑动速度为零的中性点或中性区的加工过程模拟。

反正切摩擦模型是对剪切摩擦模型的修正。同理，可给出库仑摩擦模型的相应计算公式

$$\tau_f = -\mu\sigma_n\left[\frac{2}{\pi}\arctan\left(\frac{v_r}{v_0}\right)\right] \tag{3-25}$$

塑性力学研究表明，剪切摩擦模型可以用来描述体积成形工艺中的摩擦条件，而库仑摩擦模型比较适合板料成形，也适用于相对滑动速度较慢的刚性区部分。

3.3.3 摩擦功率公式

通过以上分析可知，外力功率即为外力分量功率之和，具体来说就是法向面力p_n和切

向面力 p_s 功率之和，因此可写为

$$\Pi_P = -\left[\int_{S_P}(p_n v_n + p_s v_s)\mathrm{d}S\right] \tag{3-26}$$

式中，积分号内第一项表示法向面力 p_n 所做功率，但由于有限元基本方程是泛函的一阶变分式，而且接触面上法向速度 v_n 给定，因而 v_n 的一阶变分 $\delta v_n = 0$，这样法向力对外力功率的贡献在有限元基本方程中为零，可以不再进行讨论，我们只需考虑切向面力即摩擦应力功率。

令 Π_f 表示摩擦应力功率，用近似模型式（3-24）表示为

$$\Pi_f = \int_{S_P}\left[\int_0^{v_r} mk\frac{2}{\pi}\arctan\left(\frac{v_r}{v_0}\right)\mathrm{d}v_r\right]\mathrm{d}S \tag{3-27}$$

对式（3-27）取一阶变分

$$\delta\Pi_f = \int_{S_P}\frac{2}{\pi}mk\arctan\left(\frac{v_r}{v_0}\right)\delta v_r\mathrm{d}S \tag{3-28}$$

显然有

$$\delta\Pi_P = \delta\Pi_f \tag{3-29}$$

3.4 刚性区的处理

刚塑性有限元法是建立在刚塑性变分原理基础上的，而刚塑性变分原理只适用于塑性变形区。在实际塑性成形过程中，由于变形极不均匀，存在不发生塑性变形的刚性区和变形很小的区域，如挤压工艺远离模具入口端和出口端区域，自由锻时远离模具作用的区域等。这些区域材料变形不符合塑性本构关系，因而刚塑性变分原理也不适用。

如果在刚性区内使用刚塑性变分原理，因为刚性区内的应变速率接近零或者等于零，在计算过程中会引起泛函变分的奇异，造成计算结果的溢出，因此要区分塑性区与刚性区。但在有限元计算时，很难准确地确定塑性变形区与刚性变形区的交界面，为了解决这个问题，常采用下面的方法进行处理。

首先，将塑性区域假定为一个较大的范围，取得计算结果后，引入等效应变速率的一个限定值 $\dot{\bar{\varepsilon}}_0$，当某单元的等效应变速率 $\dot{\bar{\varepsilon}} \leqslant \dot{\bar{\varepsilon}}_0$ 时为刚性区，否则为塑性区。对于刚性区单元取 $\dot{\bar{\varepsilon}} = \dot{\bar{\varepsilon}}_0$，并认为该区域的应力与应变关系呈线性，即

$$\sigma'_{ij} = \frac{2\bar{\sigma}}{3\dot{\bar{\varepsilon}}_0}\dot{\varepsilon}_{ij} \tag{3-30}$$

则相应的泛函式为

$$\Pi = \int_V \frac{1}{2}\bar{\sigma}\dot{\bar{\varepsilon}}\mathrm{d}V - \int_{S_p} p_i v_i \mathrm{d}S, \dot{\bar{\varepsilon}} \leqslant \dot{\bar{\varepsilon}}_0 \tag{3-31}$$

其他泛函式也采用相同的处理方法。

等效应变速率限定值 $\dot{\bar{\varepsilon}}_0$ 的大小对有限元计算结果的精度和计算过程的收敛性都有一定的影响，$\dot{\bar{\varepsilon}}_0$ 过小，收敛性变差；$\dot{\bar{\varepsilon}}_0$ 过大，计算精度降低。因此，在确定 $\dot{\bar{\varepsilon}}_0$ 的大小时，应遵

循在保证收敛的前提下，尽量提高计算精度的原则。一般 $\dot{\bar{\varepsilon}}_0$ 取10^{-3} ~ 10^{-4}，变形大时取大值，变形小时取小值。

思 考 题

1. 试写出刚塑性变形边值问题的基本方程和边界条件。
2. 简述马尔可夫变分原理及推导过程。
3. 试写出拉格朗日乘子法修正泛函 Π，并说明拉格朗日乘子 λ 的物理意义。
4. 试分析拉格朗日乘子法和罚函数法的特点。
5. 在刚塑性有限元计算中，常用的摩擦力计算模型有哪些？
6. 在刚塑性有限元中，刚性区是如何处理的？

第 4 章　平面应变问题

4.1　概述

刚塑性有限元法采用变分原理建立有限元方程，就是把塑性成形问题归结为从运动许可速度场中求出满足塑性功率泛函驻值的真实速度场问题。塑性功率泛函的一阶变分为零就是刚塑性有限元的基本方程，基本未知量是变形体内的速度场 v_i，一旦解出速度场，就可利用相应塑性方程求出应变速率场、应力场，并通过积分求得应变场、位移场等，最终可获得塑性加工问题的全解。在平面变形问题中，习惯上采用直角坐标系 (x,y) 进行研究，在一个给定平面应变问题的有限元分析中，首先要针对求解区域和基本场函数 v_i 选择适当的单元和形函数（插值函数）进行离散化，将场函数的总体泛函数看成是单元泛函的集合。通常，单元形状的选择依赖于总体求解域的几何特点和求解精度等因素，而形函数则取决于单元的形状、节点的数目和类型等因素。

在二维问题中采用的单元主要有：①三节点三角形单元；②四节点矩形单元；③四边形单元；④六节点三角形单元；⑤八节点矩形单元；⑥八节点四边形单元等（见图 4-1）。由于塑性变形过程的复杂性，考虑到求解精度和计算效率等因素，刚塑性有限元模拟通常选用形状较为简单的单元，如三角形单元和四边形单元。

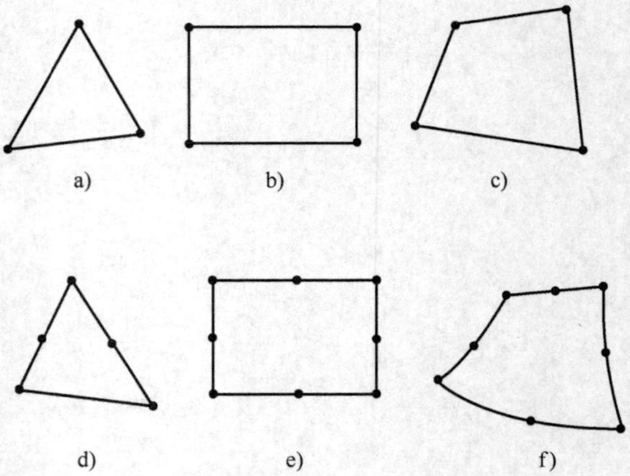

图 4-1　常用二维单元

4.2　四节点四边形单元

4.2.1　四节点四边形单元的形函数

首先，研究一个边长为 2 的正方形单元，如图 4-2 所示。在其形心处设置一个局部坐标系 $O\xi\eta$，单元各节点的坐标 (ξ_i,η_i) 分别为 ±1，对单元内任一点选取如下速度模式

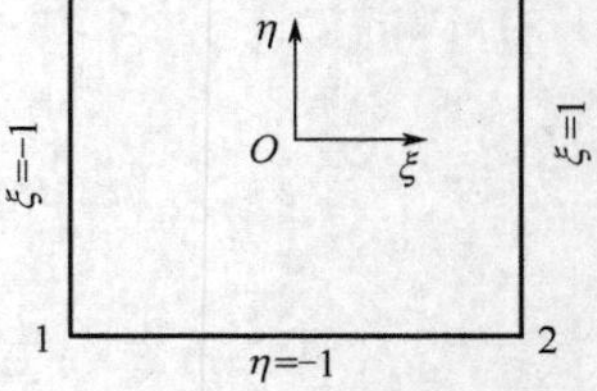

图 4-2　四节点正方形母单元

$$\dot{u}_x = a_1 + a_2\xi + a_3\eta + a_4\xi\eta$$

$$\dot{u}_y = a_5 + a_6\xi + a_7\eta + a_8\xi\eta$$

将 4 个节点的局部坐标 (ξ_i, η_i) 分别代入上式，通过联立求解线性方程组，可以得到 4 个节点的速度表达式中的待定系数 $a_i(i = 1,2,\cdots,8)$。这样，得到以下的速度插值公式：

$$\begin{cases} \dot{u}_x = \sum_{i=1}^{4} N_i \dot{u}_{ix} \\ \dot{u}_y = \sum_{i=1}^{4} N_i \dot{u}_{iy} \end{cases} \tag{4-1}$$

其中，形函数 N_i 是局部坐标 (ξ, η) 的函数，

$$\begin{cases} N_1 = \frac{1}{4}(1-\xi)(1-\eta) \\ N_2 = \frac{1}{4}(1+\xi)(1-\eta) \\ N_3 = \frac{1}{4}(1+\xi)(1+\eta) \\ N_4 = \frac{1}{4}(1-\xi)(1+\eta) \end{cases} \tag{4-2}$$

通常将以上 4 个形函数合并用统一公式写成

$$N_i = \frac{1}{4}(1+\xi\xi_i)(1+\eta\eta_i) \qquad (i = 1,2,3,4) \tag{4-3}$$

形函数 $N_i(\xi, \eta)$ 以参数形式定义，定义域为 $-1 \leqslant \xi \leqslant 1$，$-1 \leqslant \eta \leqslant 1$；$O\xi\eta$ 称为自然或局部坐标系。并且形函数 $N_i(\xi, \eta)$ 具有一般形函数的性质，即

1）$N_i(\xi_i, \eta_j) = \begin{cases} 1, i = j \\ 0, i \neq j \end{cases}$

2）对单元内任一点有 $\sum_{i=1}^{4} N_i(\xi, \eta) = 1$。

3）单元某一边界上的速度场可由该边上两个节点速度的线性插值唯一确定，保证了相邻单元在公共边界上速度的连续性。

这个形状规则的正方形单元本身并没有多大的实用价值，但通过式（4-4）的坐标变换可以把图 4-2 中 $\xi O\eta$ 平面中的正方形单元映射成图 4-3 中 xOy 平面中的一个任意四边形。4 个节点的坐标是 (x_i, y_i) 其中，$i = 1,2,3,4$。

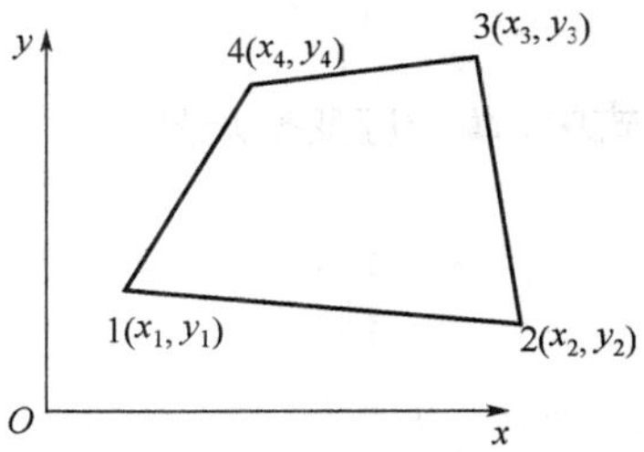

图 4-3 4 节点四边形单元

$$\begin{cases} x = \sum_{i=1}^{4} N_i x_i \\ y = \sum_{i=1}^{4} N_i y_i \end{cases} \tag{4-4}$$

反过来，在整体坐标系中 xOy 平面上的所有任意四边形单元都可以利用式（4-4）变换为图 4-2 所示 $\xi O\eta$ 平面上的正方形单元。通常称 $\xi O\eta$ 平面上的正方形单元为母单元。这种速

度模式和坐标变换式采用相同形函数的单元，称之为等参数单元，此处即采用等参数单元。

将式（4-1）写成矩阵形式

$$\dot{\boldsymbol{u}} = \boldsymbol{N}\dot{\boldsymbol{u}}^e \tag{4-5}$$

式中，$\boldsymbol{N}$ 为形函数矩阵；$\dot{\boldsymbol{u}}^e$ 为单元节点速度。分别表示如下

$$\boldsymbol{N} = \begin{pmatrix} N_1 & 0 & N_2 & 0 & N_3 & 0 & N_4 & 0 \\ 0 & N_1 & 0 & N_2 & 0 & N_3 & 0 & N_4 \end{pmatrix} = (\boldsymbol{I}N_1, \boldsymbol{I}N_2, \boldsymbol{I}N_3, \boldsymbol{I}N_4) \tag{4-6}$$

$$\dot{\boldsymbol{u}}^e = (\dot{u}_{1x}, \dot{u}_{1y}, \dot{u}_{2x}, \dot{u}_{2y}, \dot{u}_{3x}, \dot{u}_{3y}, \dot{u}_{4x}, \dot{u}_{4y})^{\mathrm{T}} \tag{4-7}$$

式中，$\boldsymbol{I}$ 为单位矩阵。

4.2.2 单元应变率矩阵

前面我们通过建立形函数确定了平面二维单元的速度模式，同样的，采用几何方程也可以推导出单元内应变率与节点速度之间的关系。

平面变形问题的应变率矢量定义为

$$\dot{\boldsymbol{\varepsilon}} = \begin{pmatrix} \dot{\varepsilon}_x \\ \dot{\varepsilon}_y \\ \dot{\gamma}_{xy} \end{pmatrix} = \begin{pmatrix} \dfrac{\partial \dot{u}_x}{\partial x} \\ \dfrac{\partial \dot{u}_y}{\partial y} \\ \dfrac{\partial \dot{u}_y}{\partial x} + \dfrac{\partial \dot{u}_x}{\partial y} \end{pmatrix} \tag{4-8}$$

式中，$\dot{\boldsymbol{\varepsilon}}$ 为应变率矢量，其中剪应变率分量为工程形式。

由单元的速度模式，单元内任一点的应变率可以表示为

$$\dot{\boldsymbol{\varepsilon}} = \boldsymbol{B}\dot{\boldsymbol{u}}^e \tag{4-9}$$

式中，$\boldsymbol{B}$ 为应变率矩阵，

$$\boldsymbol{B} = \boldsymbol{L}\boldsymbol{N}$$

$$\boldsymbol{L} = \begin{pmatrix} \dfrac{\partial}{\partial x} & 0 \\ 0 & \dfrac{\partial}{\partial y} \\ \dfrac{\partial}{\partial y} & \dfrac{\partial}{\partial x} \end{pmatrix} \tag{4-10}$$

应变率矩阵 $\boldsymbol{B}$ 反映了单元内任一点的应变率与节点速度之间的关系。矩阵 $\boldsymbol{B}$ 的行数和列数分别等于应变率矢量分量数和单元的自由度数，其具体形式与问题类型和所选用单元相关。将式（4-6）代入式（4-9）得到四节点四边形单元的应变率矩阵，记为

$$\boldsymbol{B} = (\boldsymbol{B}_1, \boldsymbol{B}_2, \boldsymbol{B}_3) \tag{4-11}$$

式中，

$$B_i = \begin{pmatrix} N_{i,x} & 0 \\ 0 & N_{i,y} \\ N_{i,y} & N_{i,x} \end{pmatrix}$$

其中，$N_{i,x} = \dfrac{\partial N_i}{\partial x}$，$N_{i,y} = \dfrac{\partial N_i}{\partial y}$。

由式（4-11）可知，确定应变率矩阵 $\boldsymbol{B}$ 时，需要求形函数 N_i 对整体坐标的偏导数。利用复合函数求导法则，有

$$\begin{pmatrix} N_{i,\xi} \\ N_{i,\eta} \end{pmatrix} = \begin{pmatrix} x_{,\xi} & y_{,\xi} \\ x_{,\eta} & y_{,\eta} \end{pmatrix} \begin{pmatrix} N_{i,x} \\ N_{i,y} \end{pmatrix} \tag{4-12}$$

式中，

$$N_{i,\xi} = \frac{\partial N_i}{\partial \xi},\ N_{i,\eta} = \frac{\partial N_i}{\partial \eta}$$

$$x_{,\xi} = \frac{\partial x}{\partial \xi},\ x_{,\eta} = \frac{\partial x}{\partial \eta}$$

$$y_{,\xi} = \frac{\partial y}{\partial \xi}, y_{,\eta} = \frac{\partial y}{\partial \eta}$$

而矩阵

$$\boldsymbol{J} = \begin{pmatrix} x_{,\xi} & y_{,\xi} \\ x_{,\eta} & y_{,\eta} \end{pmatrix} \tag{4-13}$$

就是整体坐标 (x,y) 与局部坐标 (ξ,η) 的雅可比（Jacobian）变换矩阵，由式（4-12）和式（4-13）容易得到

$$\begin{pmatrix} N_{i,x} \\ N_{i,y} \end{pmatrix} = \boldsymbol{J}^{-1} \begin{pmatrix} N_{i,\xi} \\ N_{i,\eta} \end{pmatrix} \tag{4-14a}$$

$$\boldsymbol{J}^{-1} = \frac{1}{|\boldsymbol{J}|} \begin{pmatrix} y_{,\eta} & -y_{,\xi} \\ -x_{,\eta} & x_{,\xi} \end{pmatrix} \tag{4-14b}$$

式中，$|\boldsymbol{J}|$ 是雅可比矩阵的行列式，它可以用下式计算

$$|\boldsymbol{J}| = x_{,\xi} y_{,\eta} - x_{,\eta} y_{,\xi} \tag{4-14c}$$

式中，

$$x_{,\xi} = \sum_{i=1}^{4} N_{i,\xi} x_i, x_{,\eta} = \sum_{i=1}^{4} N_{i,\eta} x_i, y_{,\xi} = \sum_{i=1}^{4} N_{i,\xi} y_i, y_{,\eta} = \sum_{i=1}^{4} N_{i,\eta} y_i \tag{4-15}$$

按照式（4-3）计算，得到

$$N_{i,\xi} = \frac{1}{4}\xi_i(1 + \eta\eta_i), N_{i,\eta} = \frac{1}{4}(1 + \xi\xi_i)\eta_i \tag{4-16}$$

将式（4-15）和式（4-16）代入式（4-14）各式中，经过整理可以得到

$$\begin{pmatrix} N_{1,x} \\ N_{2,x} \\ N_{3,x} \\ N_{4,x} \end{pmatrix} = \frac{1}{8|\boldsymbol{J}|} \begin{pmatrix} y_{24} - y_{34}\xi - y_{23}\eta \\ -y_{13} + y_{34}\xi + y_{14}\eta \\ -y_{24} + y_{12}\xi - y_{14}\eta \\ y_{13} - y_{12}\xi + y_{23}\eta \end{pmatrix}$$

$$\begin{pmatrix} N_{1,y} \\ N_{2,y} \\ N_{3,y} \\ N_{4,y} \end{pmatrix} = \frac{1}{8|\boldsymbol{J}|}\begin{pmatrix} -x_{24} + x_{34}\xi + x_{23}\eta \\ x_{13} - x_{34}\xi - x_{14}\eta \\ x_{24} - x_{12}\xi + x_{14}\eta \\ -x_{13} + x_{12}\xi - x_{23}\eta \end{pmatrix} \tag{4-17}$$

$$|\boldsymbol{J}| = \frac{1}{8}[(x_{13}y_{24} - x_{24}y_{13}) + (x_{34}y_{12} - x_{12}y_{34})\xi + (x_{23}y_{14} - x_{14}y_{23})\eta]$$

以上各式中，$x_{ij} = x_i - x_j, y_{ij} = y_i - y_j$。

由等效应变率公式，单元的等效应变率和体积应变率矩阵形式可以表示为

$$\dot{\bar{\varepsilon}} = \left(\frac{2}{3}\dot{\varepsilon}_{ij}\dot{\varepsilon}_{ij}\right)^{\frac{1}{2}}$$

对照应变率矢量公式（4-8），容易将等效应变率 $\dot{\bar{\varepsilon}}$ 以应变率矢量形式给出，即

$$\dot{\bar{\varepsilon}} = (\dot{\boldsymbol{\varepsilon}}^{\mathrm{T}}\boldsymbol{D}\dot{\boldsymbol{\varepsilon}})^{\frac{1}{2}} \tag{4-18}$$

式中，矩阵 $\boldsymbol{D}$ 为对角阵，对角元素值取 $\frac{2}{3}$ 或 $\frac{1}{3}$，分别对应于应变率矢量 $\dot{\boldsymbol{\varepsilon}}$ 中的正应变率和剪应变率分量，其阶数与 $\dot{\boldsymbol{\varepsilon}}$ 中分量个数相同，对于平面变形问题具体形式为

$$\boldsymbol{D} = \begin{pmatrix} \frac{2}{3} & 0 & 0 \\ 0 & \frac{2}{3} & 0 \\ 0 & 0 & \frac{1}{3} \end{pmatrix} \tag{4-19}$$

将式（4-9）代入式（4-16），可得等效应变率的离散形式，即

$$\dot{\bar{\varepsilon}} = [(\dot{\boldsymbol{u}}^e)^{\mathrm{T}}\boldsymbol{B}^{\mathrm{T}}\boldsymbol{D}\boldsymbol{B}\dot{\boldsymbol{u}}]^{\frac{1}{2}} = [(\dot{\boldsymbol{u}}^e)^{\mathrm{T}}\boldsymbol{A}\dot{\boldsymbol{u}}^e]^{\frac{1}{2}} \tag{4-20}$$

式中，$\dot{\boldsymbol{u}}^e$ 为单元的节点速度矢量，矩阵 $\boldsymbol{A}$ 定义为

$$\boldsymbol{A} = \boldsymbol{B}^{\mathrm{T}}\boldsymbol{D}\boldsymbol{B} \tag{4-21}$$

由体积应变率公式，得

$$\dot{\varepsilon}_V = \boldsymbol{c}^{\mathrm{T}}\dot{\boldsymbol{\varepsilon}}$$

因而

$$\dot{\varepsilon}_V = \boldsymbol{c}^{\mathrm{T}}\boldsymbol{B}\dot{\boldsymbol{u}}^e = \boldsymbol{C}^{\mathrm{T}}\dot{\boldsymbol{u}}^e \tag{4-22}$$

式中，

$$\boldsymbol{C}^{\mathrm{T}} = \boldsymbol{c}^{\mathrm{T}}\boldsymbol{B}$$

其中，$\boldsymbol{c}$ 是克罗内克尔符号的矩阵表示，对于平面变形问题

$$\boldsymbol{c} = (1,1,0)^{\mathrm{T}} \tag{4-23}$$

4.3 刚塑性有限元列式

经过上述离散化后，就能够对单元特性做进一步分析，以确定单元刚度方程，即单元刚

度矩阵和列向量，进而对所有单元集成得到总体刚度方程。

4.3.1　单元刚度方程

1. 罚函数法

（1）基本求解公式　塑性变形体被划分单元后，罚函数法基本方程式离散化后的形式为

$$\delta\Pi_2 = \delta\Pi_2(\dot{\boldsymbol{u}}) = \sum_e \delta\Pi_2^e(\dot{\boldsymbol{u}}^e) = 0 \tag{4-24}$$

式中，$\dot{\boldsymbol{u}}^e$ 和 $\dot{\boldsymbol{u}}$ 分别为单元节点速度矢量和整体节点速度矢量，$\dot{\boldsymbol{u}}$ 定义为

$$\dot{\boldsymbol{u}} = (\dot{u}_1, \dot{u}_2, \cdots, \dot{u}_n) \tag{4-25}$$

其中，n = 节点总数×每个节点的自由度，即系统的总自由度。

将式（4-24）写成对整体节点速度矢量的变分，得

$$\delta\Pi_2 = \frac{\partial \Pi_2}{\partial \dot{\boldsymbol{u}}}\delta\dot{\boldsymbol{u}} = 0$$

由于 $\delta\dot{\boldsymbol{u}}$ 的任意性，显然上式成立的条件是

$$\frac{\partial \Pi_2}{\partial \dot{\boldsymbol{u}}} = \sum_e \frac{\partial \Pi_2^e}{\partial \dot{\boldsymbol{u}}^e} = 0 \tag{4-26}$$

其中

$$\frac{\partial \Pi_2^e}{\partial \dot{\boldsymbol{u}}^e} = \frac{\partial \Pi_E^e}{\partial \dot{\boldsymbol{u}}^e} + \frac{\partial \Pi_\alpha^e}{\partial \dot{\boldsymbol{u}}^e} + \frac{\partial \Pi_p^e}{\partial \dot{\boldsymbol{u}}^e} \tag{4-27}$$

$$\begin{cases} \dfrac{\partial \Pi_E^e}{\partial \dot{\boldsymbol{u}}^e} = \displaystyle\int_{V^e} \bar{\sigma} \frac{\partial \dot{\bar{\varepsilon}}}{\partial \dot{\boldsymbol{u}}^e} \mathrm{d}V \\ \dfrac{\partial \Pi_\alpha^e}{\partial \dot{\boldsymbol{u}}^e} = \displaystyle\int_{V^e} \alpha \dot{\varepsilon}_V \frac{\partial \dot{\varepsilon}_V}{\partial \dot{\boldsymbol{u}}^e} \mathrm{d}V \\ \dfrac{\partial \Pi_p^e}{\partial \dot{\boldsymbol{u}}^e} = \displaystyle\int_{S_p^e} \frac{2}{\pi} mk \arctan\left(\frac{v_r}{v_0}\right) \frac{\partial v_r}{\partial \dot{\boldsymbol{u}}^e} \mathrm{d}S \end{cases} \tag{4-28}$$

式中，V^e 为单元 e 的体积，S_p^e 表示该单元与模具的接触表面积。

下面分别推导出式（4-28）中各式的具体形式。由式（4-20）

$$\frac{\partial \dot{\bar{\varepsilon}}}{\partial \dot{\boldsymbol{u}}^e} = \frac{\partial}{\partial \dot{\boldsymbol{u}}^e}[(\dot{\boldsymbol{u}}^e)^{\mathrm{T}} \boldsymbol{A} \dot{\boldsymbol{u}}^e]^{\frac{1}{2}} = [(\dot{\boldsymbol{u}}^e)^{\mathrm{T}} \boldsymbol{A} \dot{\boldsymbol{u}}^e]^{-\frac{1}{2}} \cdot \boldsymbol{A}\dot{\boldsymbol{u}}^e = \frac{1}{\dot{\bar{\varepsilon}}} \boldsymbol{A}\dot{\boldsymbol{u}}^e$$

代入式（4-28）中的第一式得

$$\frac{\partial \Pi_E^e}{\partial \dot{\boldsymbol{u}}^e} = \int_{V^e} \frac{\bar{\sigma}}{\dot{\bar{\varepsilon}}} \boldsymbol{A}\dot{\boldsymbol{u}}^e \mathrm{d}V = \int_{V^e} \frac{\bar{\sigma}}{\dot{\bar{\varepsilon}}} \boldsymbol{b} \mathrm{d}V \tag{4-29}$$

其中

$$\boldsymbol{b} = \boldsymbol{A}\dot{\boldsymbol{u}}^e \tag{4-30}$$

将式（4-22），即 $\dot{\varepsilon}_V = \boldsymbol{C}^{\mathrm{T}}\dot{\boldsymbol{u}}^{e}$，代入式（4-28）中的第二式可得

$$\begin{aligned}\frac{\partial \Pi_{\alpha}^{e}}{\partial \dot{\boldsymbol{u}}^{e}} &= \alpha\int_{V^e}\frac{\partial \dot{\varepsilon}_V}{\partial \dot{\boldsymbol{u}}^{e}}(\boldsymbol{C}^{\mathrm{T}}\dot{\boldsymbol{u}}^{e})\mathrm{d}V \\ &= \alpha\int_{V^e}\boldsymbol{C}\boldsymbol{C}^{\mathrm{T}}\dot{\boldsymbol{u}}^{e}\mathrm{d}V\end{aligned} \tag{4-31}$$

对于式（4-28）中第三式摩擦功率项，由于二维与三维问题之间差异较大，所以该项的一阶导数和二阶导数将在后续章节专门推导。

至此，单元基本方程中的各项全部推导完毕，对所有单元依次进行计算，然后组装得到整体有限元方程，即

$$\boldsymbol{K}_{\dot{u}}\dot{\boldsymbol{u}} = \boldsymbol{P} \tag{4-32}$$

其中，整体矩阵表示为

$$K_{\dot{u}} = \sum_{e}\left(\int_{V^e}\frac{\bar{\sigma}}{\dot{\bar{\varepsilon}}}\boldsymbol{A}\mathrm{d}V + \alpha\int_{V^e}\boldsymbol{C}\boldsymbol{C}^{\mathrm{T}}\mathrm{d}V\right) \tag{4-33}$$

（2）刚度方程的线性化　由式（4-32）和式（4-33）看出，整体有限元方程是一个关于节点速度矢量 $\dot{\boldsymbol{u}}$ 的非线性方程组，即矩阵 $\boldsymbol{K}_{\dot{u}}$ 与 $\dot{\boldsymbol{u}}$ 有关。通常采用牛顿-拉弗森迭代法线性化后迭代求解，对于式（4-32），其迭代递推公式如下

$$\begin{cases}\left\{\dfrac{\partial^2 \Pi_2}{\partial \dot{\boldsymbol{u}}\,(\partial \dot{\boldsymbol{u}})^{\mathrm{T}}}\right\}_n \cdot \Delta\dot{\boldsymbol{u}}_n = -\left\{\dfrac{\partial \Pi_2}{\partial \dot{\boldsymbol{u}}}\right\}_n \\ \dot{\boldsymbol{u}}_{n+1} = \dot{\boldsymbol{u}}_n + \beta\Delta\dot{\boldsymbol{u}}_n\end{cases} \tag{4-34}$$

式中，n 表示迭代次数；β 称为减速系数或阻尼因子（$0<\beta\leqslant 1$）。β 的作用在于提高牛顿-拉弗森迭代法的收敛性，但会降低其收敛速度，亦即增加迭代次数。若要同时兼顾迭代求解的收敛及速度，通常在迭代初期 β 值应小些，随着求解过程的进行 β 值逐渐增大直至收敛为止。

式（4-34）中泛函 Π_2 的一阶导数已经求出，下面推导其二阶导数部分。

$$\frac{\partial^2 \Pi_2}{\partial \dot{\boldsymbol{u}}\partial(\dot{\boldsymbol{u}})^{\mathrm{T}}} = \sum_{e}\frac{\partial^2 \Pi_2^{e}}{\partial \dot{\boldsymbol{u}}^{e}\partial(\dot{\boldsymbol{u}}^{e})^{\mathrm{T}}}$$

而

$$\frac{\partial^2 \Pi_2^{e}}{\partial \dot{\boldsymbol{u}}^{e}\partial(\dot{\boldsymbol{u}}^{e})^{\mathrm{T}}} = \frac{\partial^2 \Pi_E^{e}}{\partial \dot{\boldsymbol{u}}^{e}\partial(\dot{\boldsymbol{u}}^{e})^{\mathrm{T}}} + \frac{\partial^2 \Pi_{\alpha}^{e}}{\partial \dot{\boldsymbol{u}}^{e}\partial(\dot{\boldsymbol{u}}^{e})^{\mathrm{T}}} + \frac{\partial^2 \Pi_p^{e}}{\partial \dot{\boldsymbol{u}}^{e}\partial(\dot{\boldsymbol{u}}^{e})^{\mathrm{T}}}$$

$$\begin{aligned}\frac{\partial^2 \Pi_E^{e}}{\partial \dot{\boldsymbol{u}}^{e}\partial(\dot{\boldsymbol{u}}^{e})^{\mathrm{T}}} &= \int_{V^e}\left[\frac{\bar{\sigma}}{\dot{\bar{\varepsilon}}}\boldsymbol{A} + \left(\frac{1}{\dot{\bar{\varepsilon}}}\frac{\partial\bar{\sigma}}{\partial\dot{\bar{\varepsilon}}} - \frac{\bar{\sigma}}{\dot{\bar{\varepsilon}}^2}\right)\boldsymbol{b}\frac{\partial\dot{\bar{\varepsilon}}}{\partial(\dot{\boldsymbol{u}}^{e})^{\mathrm{T}}}\right]\mathrm{d}V \\ &= \int_{V^e}\left[\frac{\bar{\sigma}}{\dot{\bar{\varepsilon}}}\boldsymbol{A} + \left(\frac{1}{\dot{\bar{\varepsilon}}}\frac{\partial\bar{\sigma}}{\partial\dot{\bar{\varepsilon}}} - \frac{\bar{\sigma}}{\dot{\bar{\varepsilon}}^2}\right)\frac{1}{\dot{\bar{\varepsilon}}}\boldsymbol{b}\boldsymbol{b}^{\mathrm{T}}\right]\mathrm{d}V\end{aligned}$$

$$= \int_{V^e} \frac{1}{\dot{\bar{\varepsilon}}} \left[\bar{\sigma} \boldsymbol{A} + \left(\frac{\partial \bar{\sigma}}{\partial \dot{\bar{\varepsilon}}} - \frac{\bar{\sigma}}{\dot{\bar{\varepsilon}}} \right) \frac{1}{\dot{\bar{\varepsilon}}} \boldsymbol{b} \boldsymbol{b}^{\mathrm{T}} \right] \mathrm{d}V \tag{4-35}$$

应当注意，式（4-35）中对于刚塑性材料 $\frac{\partial \bar{\sigma}}{\partial \dot{\bar{\varepsilon}}} = 0$，而刚黏塑性材料则应根据所采用的材料模型公式来确定该项导数。

根据式（4-31），得到

$$\frac{\partial^2 \Pi_\alpha^e}{\partial \dot{\boldsymbol{u}}^e \partial (\dot{\boldsymbol{u}}^e)^{\mathrm{T}}} = \alpha \int_{V^e} \boldsymbol{C} \boldsymbol{C}^{\mathrm{T}} \mathrm{d}V \tag{4-36}$$

最后，得到经过线性化的总刚度方程，即

$$\boldsymbol{K} \Delta \dot{\boldsymbol{u}} = \boldsymbol{R} \tag{4-37}$$

式中，$\boldsymbol{K}$ 表示整体刚度矩阵；$\boldsymbol{R}$ 称为节点不平衡力矢量。分别表示为

$$\boldsymbol{K} = \boldsymbol{K}_E + \boldsymbol{K}_\alpha + \boldsymbol{K}_p \tag{4-38}$$

$$\begin{cases} \boldsymbol{K}_E = \sum\limits_e \int_{V^e} \frac{1}{\dot{\bar{\varepsilon}}} \left[\bar{\sigma} \boldsymbol{A} + \left(\frac{\partial \bar{\sigma}}{\partial \dot{\bar{\varepsilon}}} - \frac{\bar{\sigma}}{\dot{\bar{\varepsilon}}} \right) \frac{1}{\dot{\bar{\varepsilon}}} \boldsymbol{b} \boldsymbol{b}^{\mathrm{T}} \right] \mathrm{d}V \\ \boldsymbol{K}_\alpha = \sum\limits_e \alpha \int_{V^e} \boldsymbol{C} \boldsymbol{C}^{\mathrm{T}} \mathrm{d}V \\ \boldsymbol{K}_p = \sum\limits_e \frac{\partial^2 \Pi_P^e}{\partial \dot{\boldsymbol{u}}^e \partial (\dot{\boldsymbol{u}}^e)^{\mathrm{T}}} \end{cases} \tag{4-39}$$

$$\boldsymbol{R} = \boldsymbol{P}_E + \boldsymbol{P}_\alpha + \boldsymbol{P} \tag{4-40}$$

$$\begin{cases} \boldsymbol{P}_E = -\sum\limits_e \int_{V^e} \frac{\bar{\sigma}}{\dot{\bar{\varepsilon}}} \boldsymbol{A} \dot{\boldsymbol{u}}^e \mathrm{d}V \\ \boldsymbol{P}_\alpha = -\sum\limits_e \alpha \int_{V^e} \boldsymbol{C} \boldsymbol{C}^{\mathrm{T}} \dot{\boldsymbol{u}}^e \mathrm{d}V \\ \boldsymbol{P} = -\sum\limits_e \frac{\partial \Pi_P^e}{\partial \dot{\boldsymbol{u}}^e} \end{cases} \tag{4-41}$$

经过上述推导，得到了刚塑性/刚黏塑性有限元中罚函数法的全部求解公式。

2. 拉格朗日乘子法

（1）基本求解公式　将拉格朗日乘子法的基本方程式离散化后，可得

$$\delta \Pi_1 = \delta \Pi_1 (\dot{\boldsymbol{u}}, \boldsymbol{\lambda}) = \sum_e \delta \Pi_1^e (\dot{\boldsymbol{u}}^e, \boldsymbol{\lambda}^e) = 0$$

式中，$\dot{\boldsymbol{u}}$ 为整体节点速度矢量；$\boldsymbol{\lambda}$ 为所有单元的拉格朗日乘子矢量。

$$\boldsymbol{\lambda} = (\lambda^1, \lambda^2, \cdots, \lambda^m)^{\mathrm{T}}$$

将 $\delta \Pi_1$ 写成对整体节点速度矢量和拉格朗日乘子矢量的变分，得

$$\delta \Pi_1 = \frac{\partial \Pi_1}{\partial \dot{\boldsymbol{u}}} \delta \dot{\boldsymbol{u}} + \frac{\partial \Pi_1}{\partial \boldsymbol{\lambda}} \delta \lambda = 0$$

由于变分 $\delta\dot{\boldsymbol{u}}$ 和 $\delta\boldsymbol{\lambda}$ 的任意性，要满足一阶变分为零的条件，则必须有下列联立方程组成立

$$\begin{cases}\dfrac{\partial \Pi_1}{\partial \dot{\boldsymbol{u}}} = \sum\limits_e \dfrac{\partial \Pi_1^e}{\partial \dot{\boldsymbol{u}}^e} = 0 \\ \dfrac{\partial \Pi_1}{\partial \boldsymbol{\lambda}} = \sum\limits_e \dfrac{\partial \Pi_1^e}{\partial \boldsymbol{\lambda}^e} = 0\end{cases} \tag{4-42}$$

仿照罚函数法的推导，得

$$\frac{\partial \Pi_1^e}{\partial \dot{\boldsymbol{u}}^e} = \frac{\partial \Pi_E^e}{\partial \dot{\boldsymbol{u}}^e} + \frac{\partial \Pi_\lambda^e}{\partial \dot{\boldsymbol{u}}^e} + \frac{\partial \Pi_p^e}{\partial \dot{\boldsymbol{u}}^e}$$

由于

$$\frac{\partial \Pi_\lambda^e}{\partial \dot{\boldsymbol{u}}^e} = \int_{V^e} \boldsymbol{\lambda}^e \boldsymbol{C} \mathrm{d}V \tag{4-43}$$

利用式（4-29），得

$$\frac{\partial \Pi_1^e}{\partial \dot{\boldsymbol{u}}^e} = \int_{V^e} \frac{\bar{\sigma}}{\dot{\bar{\varepsilon}}} \boldsymbol{A} \dot{\boldsymbol{u}}^e \mathrm{d}V + \int_{V^e} \boldsymbol{\lambda} \boldsymbol{C} \mathrm{d}V + \int_{S_p^e} \frac{2}{\pi} mk \arctan\left(\frac{v_r}{v_0}\right) \frac{\partial v_r}{\partial \dot{\boldsymbol{u}}^e} \mathrm{d}S \tag{4-44}$$

而

$$\frac{\partial \Pi_1^e}{\partial \boldsymbol{\lambda}^e} = \frac{\partial \Pi_\lambda^e}{\partial \boldsymbol{\lambda}^e} = \int_{V^e} \boldsymbol{C}^{\mathrm{T}} \dot{\boldsymbol{u}}^e \mathrm{d}V \tag{4-45}$$

将各式代入到式（4-42），得到的仍是关于整体节点速度 $\dot{\boldsymbol{u}}$ 的非线性方程组。

（2）刚度方程的线性化　同样采用牛顿-拉弗森迭代法求解，迭代公式为

$$\begin{cases}\left\{\dfrac{\partial^2 \Pi_1}{\partial \dot{\boldsymbol{u}} \partial (\dot{\boldsymbol{u}})^{\mathrm{T}}}\right\}_n \cdot \Delta \dot{\boldsymbol{u}}_n = -\left\{\dfrac{\partial \Pi_1}{\partial \dot{\boldsymbol{u}}}\right\}_n \\ \left\{\dfrac{\partial^2 \Pi_1}{\partial \boldsymbol{\lambda} \partial (\dot{\boldsymbol{u}})^{\mathrm{T}}}\right\}_n \cdot \Delta \dot{\boldsymbol{u}}_n = -\left\{\dfrac{\partial \Pi_1}{\partial \dot{\boldsymbol{\lambda}}}\right\}_n\end{cases} \tag{4-46}$$

或者

$$\begin{cases}\left\{\sum\limits_e \dfrac{\partial^2 \Pi_1^e}{\partial \dot{\boldsymbol{u}}^e \partial (\dot{\boldsymbol{u}}^e)^{\mathrm{T}}}\right\}_n \cdot \sum\limits_e \Delta \dot{\boldsymbol{u}}_n^e = -\left\{\sum\limits_e \dfrac{\partial \Pi_1^e}{\partial \dot{\boldsymbol{u}}^e}\right\}_n \\ \left\{\sum\limits_e \dfrac{\partial^2 \Pi_1^e}{\partial \boldsymbol{\lambda}^e \partial (\dot{\boldsymbol{u}}^e)^{\mathrm{T}}}\right\}_n \cdot \sum\limits_e \Delta \dot{\boldsymbol{u}}_n^e = -\left\{\sum\limits_e \dfrac{\partial \Pi_1^e}{\partial \boldsymbol{\lambda}^e}\right\}_n\end{cases}$$

其中，

$$\frac{\partial^2 \Pi_1^e}{\partial \dot{\boldsymbol{u}}^e \partial (\dot{\boldsymbol{u}}^e)^{\mathrm{T}}} = \frac{\partial^2 \Pi_E^e}{\partial \dot{\boldsymbol{u}}^e \partial (\dot{\boldsymbol{u}}^e)^{\mathrm{T}}} + \frac{\partial^2 \Pi_\lambda^e}{\partial \dot{\boldsymbol{u}}^e \partial (\dot{\boldsymbol{u}}^e)^{\mathrm{T}}} + \frac{\partial^2 \Pi_p^e}{\partial \dot{\boldsymbol{u}}^e \partial (\dot{\boldsymbol{u}}^e)^{\mathrm{T}}}$$

而

$$\frac{\partial^2 \Pi_\lambda^e}{\partial \dot{\boldsymbol{u}}^e \partial (\dot{\boldsymbol{u}}^e)^{\mathrm{T}}} = 0$$

所以

$$\frac{\partial^2 \Pi_1}{\partial \dot{\boldsymbol{u}} \partial (\dot{\boldsymbol{u}})^{\mathrm{T}}} = \sum_e \frac{\partial^2 \Pi_E^e}{\partial \dot{\boldsymbol{u}}^e \partial (\dot{\boldsymbol{u}}^e)^{\mathrm{T}}} + \sum_e \frac{\partial^2 \Pi_p^e}{\partial \dot{\boldsymbol{u}}^e \partial (\dot{\boldsymbol{u}}^e)^{\mathrm{T}}} = \boldsymbol{K}_E + \boldsymbol{K}_p \tag{4-47}$$

将式（4-45）求导，得

$$\frac{\partial^2 \Pi_1^e}{\partial \boldsymbol{\lambda}^e \partial(\dot{\boldsymbol{u}}^e)^{\mathrm{T}}} = \frac{\partial^2 \Pi_\lambda^e}{\partial \boldsymbol{\lambda}^e \partial(\dot{\boldsymbol{u}}^e)^{\mathrm{T}}} = \int_{V^e} \boldsymbol{C}^{\mathrm{T}} \mathrm{d}V$$

$$\frac{\partial^2 \Pi_1}{\partial \boldsymbol{\lambda} \partial(\dot{\boldsymbol{u}})^{\mathrm{T}}} = \sum_e \frac{\partial^2 \Pi_\lambda^e}{\partial \boldsymbol{\lambda}^e \partial(\dot{\boldsymbol{u}}^e)^{\mathrm{T}}} = \boldsymbol{Q}^{\mathrm{T}} \tag{4-48}$$

其中，$\boldsymbol{Q}^{\mathrm{T}} = \sum_e \int_{V^e} \boldsymbol{C}^{\mathrm{T}} \mathrm{d}V$ 为 $m \times n$ 阶矩阵；m 代表单元总数；n 代表问题总自由度数。

将式（4-47）、式（4-48）以及前述有关各式代入式（4-46），可得

$$\begin{cases} (\boldsymbol{K}_E + \boldsymbol{K}_p)\Delta\dot{\boldsymbol{u}} + \boldsymbol{Q}\boldsymbol{\lambda} = \boldsymbol{P}_E + \boldsymbol{P} \\ \boldsymbol{Q}^{\mathrm{T}}\Delta\dot{\boldsymbol{u}} = \boldsymbol{P}_\lambda \end{cases} \tag{4-49}$$

或

$$\begin{pmatrix} \boldsymbol{K}_E + \boldsymbol{K}_p & \boldsymbol{Q} \\ \boldsymbol{Q}^{\mathrm{T}} & \boldsymbol{0} \end{pmatrix} \begin{pmatrix} \Delta\dot{\boldsymbol{u}} \\ \boldsymbol{\lambda} \end{pmatrix} = \begin{pmatrix} \boldsymbol{P}_E + \boldsymbol{P} \\ \boldsymbol{P}_\lambda \end{pmatrix} \tag{4-50}$$

式中，$\boldsymbol{K}_E$，$\boldsymbol{K}_p$，$\boldsymbol{P}_E$，$\boldsymbol{P}$ 与罚函数法相关公式相同，分别见式（4-39）和式（4-41）

$$\boldsymbol{P}_\lambda = -\sum_e \int_{V^e} \boldsymbol{C}^{\mathrm{T}} \dot{\boldsymbol{u}}^e \mathrm{d}V \tag{4-51}$$

应当注意，拉格朗日乘子法迭代公式（4-50）说明，泛函一阶变分方程仅是 $\dot{\boldsymbol{u}}$ 的非线性方程组，它关于 $\boldsymbol{\lambda}$ 是线性的，因此迭代时 $\dot{\boldsymbol{u}}$ 进行逐步修正计算，而 $\boldsymbol{\lambda}$ 则伴随求解。

3. 收敛准则

严格来讲，采用牛顿-拉弗森迭代法得到的只能是满足某种精度要求的近似解。对于一个收敛的计算过程来说，随着迭代求解过程的进行，解出的速度修正量 $\Delta\dot{\boldsymbol{u}}_n$ 将趋于零，同时泛函的一阶变分或不平衡力矢量也将趋于零。但是当泛函 Π 在极值点 $\dot{\boldsymbol{u}}^*$ 邻域内的形态不同时，$\dot{\boldsymbol{u}}$ 与 Π 的变化量亦不同。如图4-4a所示，若 $\dot{\boldsymbol{u}}$ 附近 Π 的梯度较大，即使 $\Delta\dot{\boldsymbol{u}}_n$ 已很小，也不一定很接近极值点；反之，当 $\dot{\boldsymbol{u}}$ 附近（见图4-4b）Π 的变化很平缓时，即使 $\boldsymbol{R}$ 很小，$\dot{\boldsymbol{u}}$ 仍不一定接近真解。为此，刚塑性有限元求解常常采用以下两个收敛判据联合判断。

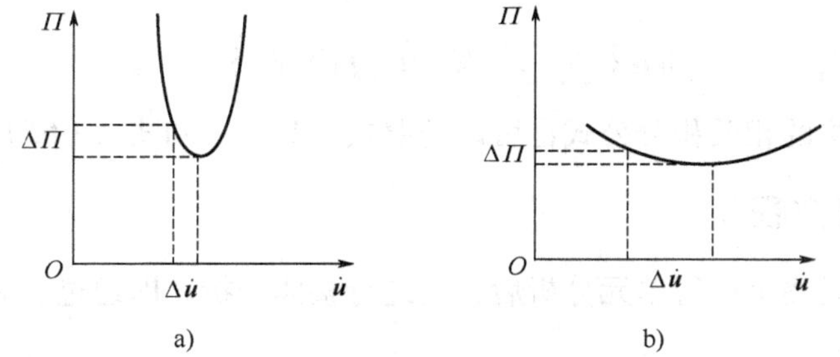

图4-4　泛函 Π 在极值点附近的两种典型变化形态

a）急剧变化　b）平缓变化

（1）节点速度相对误差判据

$$\frac{\|\Delta \dot{\boldsymbol{u}}_n\|}{\|\dot{\boldsymbol{u}}_n\|} \leqslant \varepsilon_{\dot{u}} \tag{4-52}$$

式中，$\|\Delta \dot{\boldsymbol{u}}_n\|$ 和 $\|\dot{\boldsymbol{u}}_n\|$ 分别为 $\Delta \dot{\boldsymbol{u}}_n$ 和 $\dot{\boldsymbol{u}}_n$ 的欧氏范数，即

$$\|\Delta \dot{\boldsymbol{u}}_n\| = (\Delta \dot{\boldsymbol{u}}_n^{\mathrm{T}} \Delta \dot{\boldsymbol{u}}_n)^{\frac{1}{2}}$$

$\varepsilon_{\dot{u}}$ 为一小正数，即精度值，一般取 $10^{-5} \sim 10^{-4}$。

（2）节点不平衡力相对误差判据

$$\frac{\|\boldsymbol{P}\|}{\|\boldsymbol{R}\|} \leqslant \varepsilon_P \tag{4-53}$$

式中，$\|\boldsymbol{P}\|$ 与 $\|\boldsymbol{R}\|$ 分别为节点不平衡力和节点力的欧氏范数。同样，ε_P 为一小正数，取 $\varepsilon_P = 10^{-5} \sim 10^{-4}$。一般来讲，迭代初期节点速度相对误差变化较大，而在迭代后期不平衡力误差减少较快。

4.3.2 体积积分公式

首先应介绍数值积分和等参单元积分的基本概念，给出常用积分方案的积分点坐标及权系数，面积微元的表示方法，然后再给出刚度矩阵和载荷矢量的积分公式。

单元的体积积分公式与单元在空间的形状有关。平面变形问题在（x，y）平面上为四节点四边形单元，但在三维空间中为四棱柱体。如果单元 e 内的体积积分为 $\int_{V^e} \Phi \mathrm{d}V$，则对于平面变形问题体积微分 $\mathrm{d}V = W\mathrm{d}x\mathrm{d}y$，$W$ 为平面变形时单元 z 向长度尺寸，则

$$\int_{V^e} \Phi \mathrm{d}V = W \sum_i \sum_j \Phi(\xi_i, \eta_j) \,|\boldsymbol{J}|\, W_i W_j \tag{4-54}$$

平面变形的各体积积分公式为

$$\begin{cases} \boldsymbol{K}_E = \sum\limits_e W \left\{ \sum\limits_i \sum\limits_j \dfrac{1}{\dot{\bar{\varepsilon}}} \left[\bar{\sigma} A + \left(\dfrac{\partial \bar{\sigma}}{\partial \dot{\bar{\varepsilon}}} - \dfrac{\bar{\sigma}}{\dot{\bar{\varepsilon}}} \right) \dfrac{1}{\dot{\bar{\varepsilon}}} \boldsymbol{b}\boldsymbol{b}^{\mathrm{T}} \right] |\boldsymbol{J}| W_i W_j \right\} \\ \boldsymbol{K}_\alpha = \sum\limits_e W\alpha \left\{ \sum\limits_i \sum\limits_j \boldsymbol{C}\boldsymbol{C}^{\mathrm{T}} |\boldsymbol{J}| W_i W_j \right\} \\ \boldsymbol{P}_E = -\sum\limits_e W \left\{ \sum\limits_i \sum\limits_j \dfrac{\bar{\sigma}}{\dot{\bar{\varepsilon}}} \boldsymbol{A} \dot{\boldsymbol{u}}^e |\boldsymbol{J}| W_i W_j \right\} \\ \boldsymbol{P}_\alpha = -\sum\limits_e W\alpha \left\{ \sum\limits_i \sum\limits_j \boldsymbol{C}\boldsymbol{C}^{\mathrm{T}} \dot{\boldsymbol{u}}^e |\boldsymbol{J}| W_i W_j \right\} \end{cases} \tag{4-55}$$

拉格朗日乘子法的相关积分公式也可以仿照式（4-54）和式（4-55）的形式写出。

4.3.3 整体刚度方程

对变形体的单元逐个进行单元分析后，要进行整体分析，即通过所有单元刚度方程组合得到整体刚度方程。

1. 整体刚度方程的集成

假设变形体被划分为 m 个单元和 n 个节点，经过单元分析后，则得到 m 组单元刚度方

程，把这些方程集合起来，便可以得到表征整个变形体平衡的表达式，即整体刚度方程。对于罚函数法，可以表示为

$$\boldsymbol{K}\Delta\dot{\boldsymbol{u}} = \boldsymbol{R} \tag{4-56}$$

式中，$\boldsymbol{K}$ 称为整体刚度矩阵；$\Delta\dot{\boldsymbol{u}}$ 为整体节点速度矢量增量；$\boldsymbol{R}$ 为整体节点残余力矢量。由于整体节点速度 $\dot{\boldsymbol{u}}$ 的求解采用迭代法，所以当获得其收敛解时，残余力矢量 $\boldsymbol{R}$ 逼近于零，节点速度增量 $\Delta\dot{\boldsymbol{u}}$ 也同时趋于零。矩阵 $\boldsymbol{K}$、矢量 $\boldsymbol{R}$ 和 $\Delta\dot{\boldsymbol{u}}$ 分别为

$$\boldsymbol{K} = \sum_{e=1}^{m} \frac{\partial^2 \Pi^e}{\partial \dot{\boldsymbol{u}}^e \partial (\dot{\boldsymbol{u}}^e)^{\mathrm{T}}} = \sum_{e=1}^{m} \boldsymbol{K}^e$$

$$\boldsymbol{R} = -\sum_{e=1}^{m} \frac{\partial \Pi^e}{\partial \dot{\boldsymbol{u}}^e} = \sum_{e=1}^{m} \boldsymbol{R}^e$$

$$\Delta\dot{\boldsymbol{u}} = (\Delta\dot{u}_1, \Delta\dot{u}_2, \cdots, \Delta\dot{u}_{2n-1}, \Delta\dot{u}_{2n}) \tag{4-57}$$

对于二维问题，若采用罚函数法和可压缩特性法，整体刚度方程是包含有关节点速度增量的 $2n$ 个线性方程；而拉格朗日乘子法则是关于节点速度增量和所有单元拉格朗日乘子的 $(2n+m)$ 个方程。

整体刚度方程集成的基本概念是：

1）整体节点速度分量与相应单元的节点速度分量一致。

2）整体节点残余力等于单元节点残余力之和。事实上整体刚度方程式（4-56）中的任何一个方程都可以表示某一给定整体自由度的平衡关系，而这个整体自由度则取决于节点的整体编号。因此，整体刚度方程集成原则是按整体自由度集合，即属于同一整体自由度的各个单元有关项数求和。它包括两方面内容，其一是将各单元刚度矩阵集合成整体刚度矩阵；其二是把各单元残余力矢量集合成整体残余力矢量。

整体刚度方程的集合过程涉及比较繁冗的数据管理工作。为了便于在计算机上实现，通常在划分有限元网格时，把节点和单元按一定顺序编号，如图 4-5 所示。图中的有限元网格共有 30 个节点和 19 个四节点等参单元，节点按照从上到下、从左到右的顺序编号，其编码称为节点的整体号码。单元内各节点可按图 4-2 中的顺序编号，图 4-5 中 8 号单元的 4 个节点顺序应为（11，17，16，10）。这种单元内节点的记录顺序号称为节点在单元内的局部号码，而记录的内容则为该节点的整体号码。如 8 号单元局部号为 1 的节点整体号是 11。习惯上把这个记录称为单元与节点的关联关系，它反映了单元内任一节点的局部号码与整体号码的对应关系。

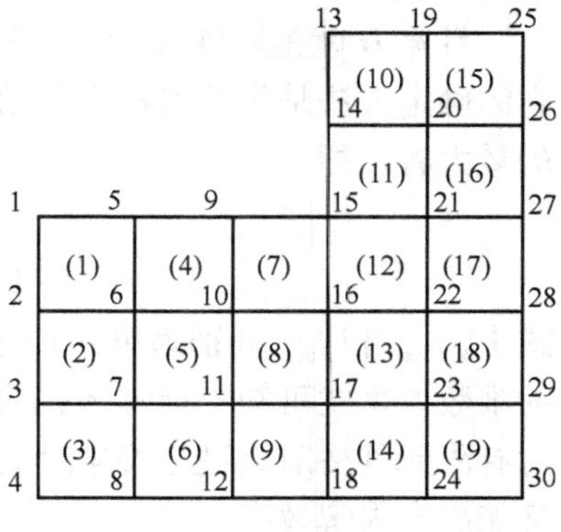

图 4-5 单元与节点编号

由以上叙述可知，整体刚度方程是按节点整体号码，即整体自由度顺序排列的，而单元的刚度矩阵和方程则是根据节点局部号码或局部自由度的顺序排列的。因此，集成时是利用上述的关联关系，将单元刚度矩阵或列向量中的任一元素放在整体刚度矩阵或列向量中的对应位置进行叠加，对所有单元进行这样的操作，就可完成整体刚度方程的集成。

这种叠加关系表明，任一节点的速度变化只会直接影响到它所在单元的速度场。例如，图 4-5 中节点 10 的某一速度分量发生变化，那么单元 4、5、7 和 8 都要受到直接影响。根据式（4-57），节点 10 的整体刚度方程为

$$\sum_e \left(\frac{\partial^2 \Pi^e}{\partial \dot{\boldsymbol{u}}_i \partial (\dot{\boldsymbol{u}}^e)^{\mathrm{T}}} \Delta \dot{\boldsymbol{u}}^e \right) = - \sum_e \frac{\partial \Pi^e}{\partial \dot{\boldsymbol{u}}_i} \quad (e = 4,5,7,8) \tag{4-58}$$

式中，i 表示 10 号节点在单元 e 的局部号码，$\dot{\boldsymbol{u}}_i = (\dot{u}_{ix}, \dot{u}_{iy})^{\mathrm{T}}$ 或 $\dot{\boldsymbol{u}}_i = (\dot{u}_{ir}, \dot{u}_{iz})^{\mathrm{T}}$（对于轴对称问题）。由式（4-58）可知，10 号节点的整体刚度方程只与该节点周围单元的对应节点有关。因此整体刚度矩阵中不属于上述单元节点的整体自由度位置上的元素均不受影响。所以整体刚度矩阵是一个稀疏矩阵，这正是节点速度局部影响的反映。同时整体刚度矩阵还具有对称性，当未引入速度约束条件时它还是奇异的。

2. 整体刚度矩阵的存储

整体刚度矩阵即总刚度矩阵是对称的，因此在编写程序时可以只存储一个上三角（或下三角）矩阵。但是由于矩阵 $\boldsymbol{K}$ 的稀疏性，仍然会发生零元素占绝大多数的情况。同时，若节点编号适当，非零元素的分布呈带状特点（见图 4-6a），因而矩阵 $\boldsymbol{K}$ 的存储一般采用二维等带宽存储和一维变带宽存储。

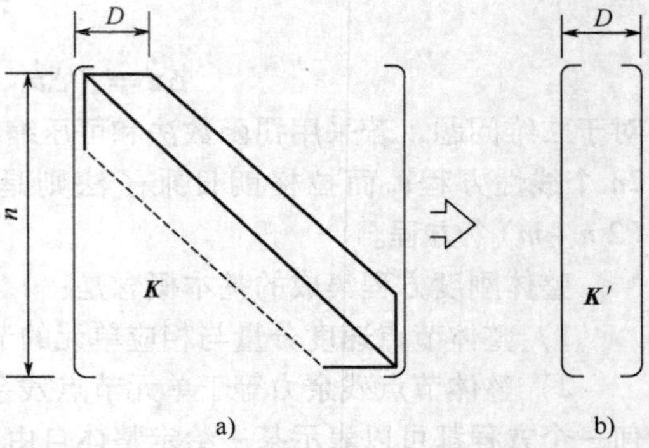

图 4-6　矩阵 $\boldsymbol{K}$ 的带状分布

（1）二维等带宽存储　设 $\boldsymbol{K}$ 为 n 阶矩阵，若取最大半带宽 D 为带宽，则上三角阵中的全部非零元素都将包括在这条以主对角元素为一边的等宽带中，如图 4-6a 所示。二维等带宽存储就是将这样一条带中的元素，以图 4-6b 的二维数组的形式存储在计算机中，即将原来的 n 阶刚度矩阵 $\boldsymbol{K}$ 变成新的 $n \times D(D < n)$ 矩阵 $\boldsymbol{K}'$。

带宽 D 就是矩阵 $\boldsymbol{K}$ 中每一行从主对角元素到最后一个非零元素的元素个数中的最大值，它的确定方法是先求出各个单元刚度矩阵装入整体刚度矩阵后的带宽，然后再取所有单元中的最大者，即

$$D_e = (I_{\max} - I_{\min} + 1)p$$

$$D = \max\{D_e\} \ (e = 1,2,\cdots,m) \tag{4-59}$$

式中，$I_{\max}$ 和 $I_{\min}$ 分别为单元 e 内节点最大整体号和最小整体号；p 是节点自由度数，即问题的维数。由式可知，矩阵 $\boldsymbol{K}$ 的带宽 D 取决于所有单元中节点整体号码的最大差值。因此在对有限元网格节点进行编号时应注意减小带宽 D，这样既可以节省刚度矩阵 $\boldsymbol{K}$ 的存储空间，又能提高求解效率。

图 4-7a 为一个假定的 8×8 刚度矩阵 $\boldsymbol{K}$，设带宽 D 为 4 。取二维数组的界宽是 8×4，将每行在带宽内的元素按行置于该二维数组中，图 4-7b 所示是原刚度矩阵 $\boldsymbol{K}$ 在二维数组中的实际位置，图 4-7c 则表示元素在二维数组中的编号。可以看到，由于对角元素都排在数组中的第一列，因此二维数组中元素的列数都较原来的列数有所移动，而行号则保持不变。若把元素原来的行号、列号分别记为 i 和 j，它们在二维数组中新的行号、列号分别记为 i' 和 j'，则有

$$\begin{cases} i' = i \\ j' = j - i + 1 \end{cases} \tag{4-60}$$

如原刚度矩阵元素 K_{67}，在二维等带宽存储中应是 K'_{62}。

采用二维等带宽存储，消除了最大带宽以外的全部零元素，较之于存储全部上三角阵大大节省了内存。但是由于取最大带宽为存储范围，因此它不能排除在带宽范围内的零元素。当刚度矩阵 $\boldsymbol{K}$ 各处的带宽变化不大时，采用该方法存储是合适的，求解也较方便。但当局部带宽特别大时，采用二维等带宽存储时将由于局部带宽大而使矩阵 $\boldsymbol{K}$ 的存储大大增加，这时可采用一维变带宽存储。

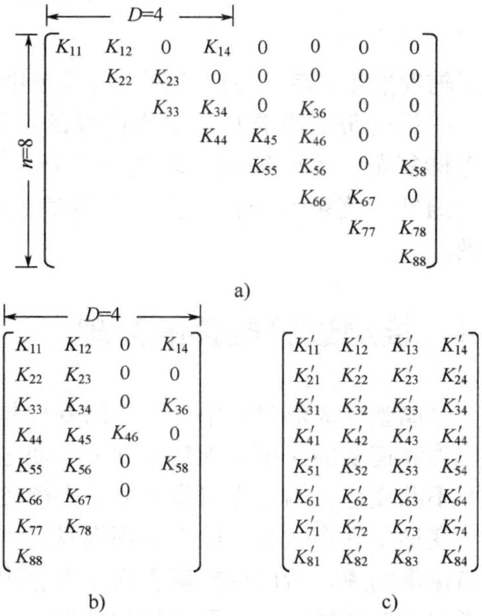

图 4-7　二维等带宽存储示意图

（2）一维变带宽存储　一维变带宽存储就是把变化的带宽内的元素按一定顺序存储在一维数组中。由于它不按最大带宽存储，因此较二维等带宽存储更能节省内存，按照不同解法可将其分为按行或按列一维变带宽存储。现在仍利用图 4-7a 中的刚度矩阵 $\boldsymbol{K}$，进行按列的一维变带宽存储。

按列一维变带宽存储是按列依次存储元素，每列应从主对角元素至最高的非零元素，即该列中行号最小的非零元素为止。由图 4-7a 可知这种存储较二维等带宽存储少存了一些零元素，但是对夹在非零元素内的零元素，如 K_{24}、K_{68} 等则必须存储。图 4-8 中表示这些元素按列在一维数组中的排列。把刚度矩阵中的元素紧凑地存储在一维数组中，必须要有辅助数组帮助记录原矩阵 $\boldsymbol{K}$ 的形状，例如，对角元素的位置，每列元素的个数等。辅助数组 $I(n+1)$，用于记录主对角元素在一维数组中的位置。对于图 4-8 中的一维数组，它的 $I(8+1)$ 数组是

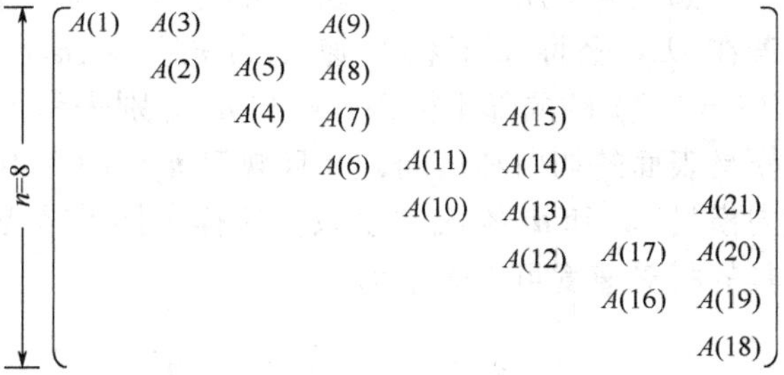

图 4-8　一维变带宽存储方法示意

$$I:(1,2,4,6,10,12,16,18,22)$$

前 n 个数依次记录主对角元素的位置，最后一个数是一维数组长度加 1。

利用辅助数组 I，除了可以获得各主对角元素在一维数组中的位置外，还可以计算每列元素的列高 N_i，即每列元素的个数，以及每列元素的起始行号 m_i

$$\begin{cases} N_i = I(i+1) - I(i) \\ m_i = i - N_i + 1 \end{cases} \tag{4-61}$$

例如，求第 4 列元素个数 N_4

$$N_4 = I(5) - I(4) = 10 - 6 = 4$$

求第 6 列元素的个数 N_6 及非零元素的起始行号 m_6

$$N_6 = I(7) - I(6) = 16 - 12 = 4$$
$$m_6 = 6 - 4 + 1 = 3$$

有了辅助数组 I 后，可以找到一维数组中相应的元素进行方程组求解。

一维变带宽存储是最节省内存的一种存储方法，但由于其在寻找元素方面较二维等带宽存储复杂，因此编程亦较复杂。所以，在选用存储方式时要权衡二者的利弊，通盘考虑。通常，当带宽变化不大并且计算机内存允许的情况下，采用二维等带宽存储还是合适的。

4.4 接触边界条件的处理

金属塑性成形过程中，工件的变形是在与模具的接触状态下发生的，模具通过该接触表面把力和速度的作用施加到工件上，使之产生塑性变形。这种作用状态会随着成形过程的进行而不断变化，因此它对模拟分析有着极其重要的影响。

变形工件在接触表面上受到模具产生的给定外力和速度的约束作用，即切向摩擦应力和法向速度约束，所以说接触表面是混合边界条件表面。本节将分析平面变形问题中四节点四边形单元的接触应力边界条件的处理，亦即有限元公式中摩擦功率相关部分的推导，接触边界的速度边界条件。

4.4.1 接触边界的离散化

如图 4-9 所示，设单元 e 的边 1-2 为接触边界，若在 Oxy 坐标系下模具速度为 v_d，(s_i, n_i) 为节点 $i(i=1,2)$ 的局部坐标系。s_i 和 n_i 分别表示节点 i 处模具表面的切向和法向，并且规定 $\boldsymbol{n}_i$ 正向为由单元指向模具，$\boldsymbol{s}_i$ 和 $\boldsymbol{n}_i$ 构成右手系。这样，接触节点 i 与模具的相对速度可以表示为

$$v_r = \sum_{i=1}^{2} N_i \dot{u}_r^i = N^{\mathrm{T}} \dot{\boldsymbol{u}}_r^e \qquad (4\text{-}62)$$

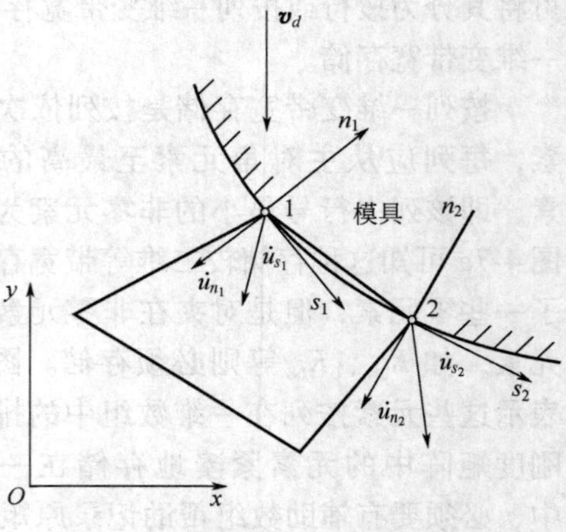

图 4-9 二维接触单元

其中，$\dot{\boldsymbol{u}}_r^e$ 为该接触边界上的节点相对滑动速度矢量，表示为

$$\dot{\boldsymbol{u}}_r^e = (\dot{u}_r^1, \dot{u}_r^2)^{\mathrm{T}} = \dot{\boldsymbol{u}}_s^e - \boldsymbol{S}\boldsymbol{v}_d \qquad (4\text{-}63)$$

式中，$\boldsymbol{v}_d$ 为模具运动速度矢量，$\boldsymbol{v}_d = (v_{dx}, v_{dy})^{\mathrm{T}}$；$\dot{\boldsymbol{u}}_s^e$ 为节点切向速度矢量，$\dot{\boldsymbol{u}}_s^e = (\dot{u}_{s_1}, \dot{u}_{s_2})^{\mathrm{T}}$；$\boldsymbol{S}$ 为该条接触边界的切向方向余弦，$\boldsymbol{S} = \begin{pmatrix} s_{1x} & s_{2x} \\ s_{1y} & s_{2y} \end{pmatrix}$。

形函数矢量 $\boldsymbol{N}$ 表示为

$$\boldsymbol{N} = (N_1, N_2)^{\mathrm{T}} \qquad (4\text{-}64)$$

若该边界上 $\eta = \pm 1$，则由式（4-2）得

$$N_i = \frac{1}{2}(1 + \xi_i \xi) \qquad (i = 1,2) \qquad (4\text{-}65)$$

同理，该边界上整体坐标与局部坐标的映射关系为

$$\begin{cases} x = \sum_{i=1}^{2} N_i x_i \\ y = \sum_{i=1}^{2} N_i y_i \end{cases}$$

4.4.2 摩擦功率的有限元公式

通过以上推导可知，分析单元的接触边界上摩擦功率对单元刚度矩阵和列向量的贡献时，只需考虑该边界上节点的切向速度，而它们的法向速度及单元内其他节点速度均与之无关。由式（4-28），可得任一接触边界对单元列向量中摩擦功率的贡献

$$\frac{\partial \Pi_p^e}{\partial \dot{\boldsymbol{u}}_s^e} = \int_{S_p^e} \frac{2}{\pi} mk \arctan\left(\frac{\boldsymbol{v}_r}{\boldsymbol{v}_0}\right) \boldsymbol{N} \mathrm{d}S \tag{4-66}$$

在式（4-66）的基础上，可得任一接触边界对单元刚度矩阵的贡献

$$\frac{\partial^2 \Pi_p^e}{\partial \dot{\boldsymbol{u}}_s^e \partial (\dot{\boldsymbol{u}}_s^e)^{\mathrm{T}}} = \int_{S_p^e} \frac{2}{\pi} mk \frac{\boldsymbol{v}_0}{\boldsymbol{v}_0^2 + \boldsymbol{v}_r^2} \boldsymbol{N}\boldsymbol{N}^{\mathrm{T}} \mathrm{d}S \tag{4-67}$$

设单元厚度为 h，则式（4-66）和式（4-67）中的面积微元 $\mathrm{d}S = h\frac{l_{1\text{-}2}}{2}\mathrm{d}\xi$，其中，$l_{1\text{-}2}$ 即单元1-2边的长度，为 $l_{1\text{-}2} = \sqrt{(x_2 - x_1)^2 + (y_2 - y_1)^2}$，得平面变形时的公式如下

$$\begin{aligned} \frac{\partial \Pi_p^e}{\partial \dot{\boldsymbol{u}}_s^e} &= -\sum_e \sum_j \left(\int_{-1}^{1} \frac{2}{\pi} mk \arctan\left(\frac{\boldsymbol{v}_r}{\boldsymbol{v}_0}\right) \boldsymbol{N} h \frac{l_{1\text{-}2}}{2} \mathrm{d}\xi \right) \\ \frac{\partial^2 \Pi_p^e}{\partial \dot{\boldsymbol{u}}_s^e \partial (\dot{\boldsymbol{u}}_s^e)^{\mathrm{T}}} &= \sum_e \sum_j \left(\int_{-1}^{1} \frac{2}{\pi} mk \frac{\boldsymbol{v}_0}{\boldsymbol{v}_0^2 + \boldsymbol{v}_r^2} \boldsymbol{N}\boldsymbol{N}^{\mathrm{T}} h \frac{l_{1\text{-}2}}{2} \mathrm{d}\xi \right) \end{aligned} \tag{4-68}$$

式中，j 表示接触单元 e 的第 j 条边界。上式可以采用一维高斯积分公式计算。

4.4.3 速度约束条件的引入

如前所述，整体刚度矩阵 $\boldsymbol{K}$ 组合后是一个奇异矩阵，即 $\boldsymbol{K}$ 矩阵的行列式 $|\boldsymbol{K}| = 0$。由于 $\boldsymbol{K}$ 矩阵的奇异性，则对应的逆矩阵 $\boldsymbol{K}^{-1}$ 不存在，因而整体刚度方程不能求解。它反映了此时刚度方程所定义的解中含有任意刚体运动，必须引入速度约束条件消除它，方能进行求解。

速度约束条件亦即变形体 S_v 表面上的速度边界条件。显然速度边界表面 S_v 就是变形体与模具的接触表面，即摩擦应力作用表面 S_p，这种接触状态的边界条件表现为该表面上任一点的法向运动速度给定。如图 4-10 所示，经离散化后 S_v 上的速度边界条件只对该表面上的节点产生约束作用，而其他点则由节点值插值自动满足。

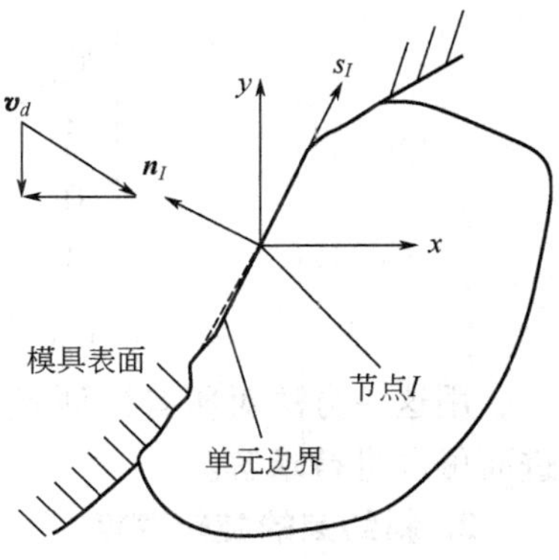

图 4-10 局部切法向坐标系

对于 S_v 上整体节点号码为 I 的接触节点，速度约束条件定义为

$$(\dot{\boldsymbol{u}}_n)_I = \boldsymbol{v}_d^{\mathrm{T}} \cdot \boldsymbol{n}_I \tag{4-69}$$

式中，$\boldsymbol{n}_I$表示接触节点I处模具表面的单位外法向矢量；$(\dot{\boldsymbol{u}}_n)_I$是该节点的法向速度分量；$\boldsymbol{v}_d$为模具运动速度矢量。由于速度场求解采用牛顿-拉弗森迭代法，则整体刚度方程中与该自由度对应的方程变为

$$(\Delta\dot{u}_n)_I = 0 \tag{4-70}$$

若接触节点I处所定义的局部切法向坐标系与整体坐标系重合，则可以将式（4-70）表示的速度约束条件直接引入到整体刚度方程式（4-56）中。但通常局部切法向坐标系与整体坐标系不重合，习惯上称为斜约束，这时需要先对刚度方程进行旋转变换，然后才能处理约束条件。

为明确起见，先讨论二者重合时速度约束条件的处理方法。

1. 速度约束条件的处理

以二维平面变形问题为例，若变形工件接触面上节点的局部切法向坐标系(s,n)与整体坐标系(x,y)重合，这时式（4-70）可以改写为

$$(\Delta\dot{u}_y)_I = 0 \tag{4-71}$$

约束条件的处理方法主要有对角元素置1法和对角元素乘大数法，这两种方法都可以在保证刚度矩阵$\boldsymbol{K}$形态不变的情况下引入约束条件。对角元素乘大数法的基本思想与罚函数法类似，其大数的选择对方程的求解精度和求解过程有一定的影响。而对角元素置1法则很精确，并且处理也很方便。下面就介绍对角元素置1法的具体处理过程。

设式（4-71）确定的速度约束条件所对应的整体自由度为l。对角元素置1法的具体方法是：令刚度矩阵$\boldsymbol{K}$中的第l个对角元素为1，并且第l行和第l列的其余元素置零。而右端列向量$\boldsymbol{R}$的第l个元素置零，即

$$\begin{cases} K_{lj} = K_{jl} = 0 \quad (j = 1,2,\cdots,n \text{ 且 } j \neq l) \\ K_{ll} = 1 \\ R_l = 0 \end{cases} \tag{4-72}$$

这样，原刚度方程$\boldsymbol{K}\Delta\dot{\boldsymbol{u}} = \boldsymbol{R}$变为

$$\begin{pmatrix} K_{11} & K_{12} & \cdots & 0 & \cdots & K_{1n} \\ K_{21} & K_{22} & \cdots & 0 & \cdots & K_{2n} \\ \vdots & \vdots & & \vdots & & \vdots \\ 0 & 0 & \cdots & 1 & \cdots & 0 \\ \vdots & \vdots & & \vdots & & \vdots \\ K_{n1} & K_{n2} & \cdots & 0 & \cdots & K_{nn} \end{pmatrix} \begin{pmatrix} \Delta\dot{u}_1 \\ \Delta\dot{u}_2 \\ \vdots \\ 0 \\ \vdots \\ \Delta\dot{u}_n \end{pmatrix} = \begin{pmatrix} R_1 \\ R_2 \\ \vdots \\ 0 \\ \vdots \\ R_n \end{pmatrix} \tag{4-73}$$

用这一方法对所有接触节点依次进行上述处理，就得到了消去奇异性的整体刚度方程，进而可以进行求解。

2. 斜约束的旋转变换

塑性成形中模具工作表面通常是由各种曲面（包括平面）光滑连接而成，在变形工件加工过程中工作表面与模具的接触在不断变化，其接触节点处模具表面的切向和法向一般不

与整体坐标方向重合，这时速度约束条件不能直接使用。

仍以二维问题进行讨论。对于接触节点 I，设 $\dot{\boldsymbol{u}}_I$ 和 $\dot{\boldsymbol{u}}'_I$ 分别为该节点 I 在整体坐标系 (x,y) 和局部切法向坐标系 (s,n) 下的速度矢量，则两矢量存在着旋转变换关系，即

$$\dot{\boldsymbol{u}}'_I = \boldsymbol{T}_I \dot{\boldsymbol{u}}_I \tag{4-74}$$

式中，$\dot{\boldsymbol{u}}_I = (\dot{u}_{Ix}, \dot{u}_{Iy})^{\mathrm{T}}$；$\dot{\boldsymbol{u}}'_I = (\dot{u}_{Is}, \dot{u}_{In})^{\mathrm{T}}$；$\boldsymbol{T}_I$ 为旋转变换矩阵，表示为

$$\boldsymbol{T}_I = \begin{pmatrix} \cos(s_I, x) & \cos(s_I, y) \\ \cos(n_I, x) & \cos(n_I, y) \end{pmatrix} \tag{4-75}$$

如图 4-11 所示，若 θ_I 表示节点 I 处模具表面切向 s_I 与 x 轴正向夹角，并且规定以 x 轴正向起逆时针转到 s_I 正向时 θ_I 为正，反之 θ_I 为负。则二维旋转变换矩阵 $\boldsymbol{T}_I$ 可以进一步表示为

$$\boldsymbol{T}_I = \begin{pmatrix} \cos\theta_I & \sin\theta_I \\ -\sin\theta_I & \cos\theta_I \end{pmatrix} \tag{4-76}$$

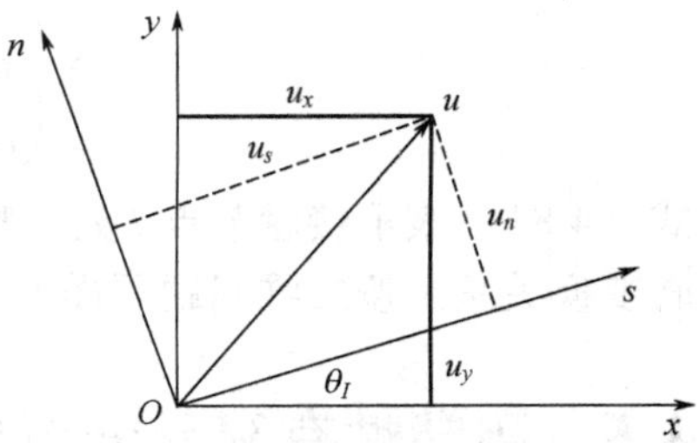

图 4-11　旋转变换示意图

旋转变换矩阵 $\boldsymbol{T}_I$ 具有 $\boldsymbol{T}_I^{-1} = \boldsymbol{T}_I^{\mathrm{T}}$ 的性质，因此式（4-74）也可以写成

$$\dot{\boldsymbol{u}}_I = \boldsymbol{T}_I^{-1} \dot{\boldsymbol{u}}'_I = \boldsymbol{T}_I^{\mathrm{T}} \dot{\boldsymbol{u}}'_I \tag{4-77}$$

若整体节点速度增量在整体坐标系 (x,y) 和局部切法向坐标系 (s,n) 下分别以 $\Delta\dot{\boldsymbol{u}}$ 和 $\Delta\dot{\boldsymbol{u}}'$ 表示，依照上式，则有

$$\Delta\dot{\boldsymbol{u}} = \boldsymbol{T}^{\mathrm{T}} \Delta\dot{\boldsymbol{u}}' \tag{4-78}$$

式中，$\boldsymbol{T}$ 为整体旋转变换矩阵，其形式为

$$\boldsymbol{T} = \begin{pmatrix} \boldsymbol{T}_1 & & & 0 \\ & \boldsymbol{T}_2 & & \\ & & \ddots & \\ 0 & & & \boldsymbol{T}_n \end{pmatrix} \tag{4-79}$$

其中，n 为节点总数。$\boldsymbol{T}$ 中任一子阵 $\boldsymbol{T}_I$ 由式（4-76）定义。显然，对于变形工件内部节点和表面自由节点，由于它们不受速度边界条件的约束，故可不必进行上述变换。另外，亦可认为这些点处切法向坐标系 (s,n) 与整体坐标系 (x,y) 重合，即 $\theta = 0$，由此得出它们所对应的变换子阵为单位矩阵。

将式（4-78）代入整体刚度方程（4-56），可得

$$\boldsymbol{K}\boldsymbol{T}^{\mathrm{T}} \Delta\dot{\boldsymbol{u}}' = \boldsymbol{R}$$

上式两边同乘以矩阵 $\boldsymbol{T}$，并利用旋转变换矩阵 $\boldsymbol{T}$ 的性质，可得

$$\boldsymbol{K}' \Delta\dot{\boldsymbol{u}}' = \boldsymbol{R}' \tag{4-80}$$

式中，$\Delta\dot{\boldsymbol{u}}'$ 和 $\boldsymbol{R}'$ 分别为动切法向坐标系下的节点速度误差和节点不平衡力向量；$\boldsymbol{K}'$ 为对应的

刚度矩阵，

$$K' = TKT^{\mathrm{T}} \tag{4-81}$$

$$R' = TR \tag{4-82}$$

式（4-81）说明，矩阵 $\boldsymbol{K}'$依然是对称矩阵。通过上述变换，原整体坐标下的刚度方程变成了关于局部动切法向坐标系下的刚度方程。式（4-80）反映了节点在动切法向坐标系下力的平衡关系。这样就实现了刚度方程与速度约束条件坐标系的一致性，即可按照前述方法进行约束条件的处理。

对于三维问题，其接触节点 I 的旋转变换子矩阵为

$$\boldsymbol{T}_I = \begin{pmatrix} \cos(s_I,x) & \cos(s_I,y) & \cos(s_I,z) \\ \cos(t_I,x) & \cos(t_I,y) & \cos(t_I,z) \\ \cos(n_I,x) & \cos(n_I,y) & \cos(n_I,z) \end{pmatrix} \tag{4-83}$$

式（4-83）表示接触节点 I 处，整体坐标系（x,y,z）与局部切法向坐标系(s, t ,n) 之间的旋转变换关系。按二维问题同样方法完成刚度方程变换，则可将速度约束条件进行处理。

4.5 刚塑性有限元分析求解步骤

4.5.1 刚塑性有限元分析方法

前面给出的基于变分原理的刚塑性有限元方程，采用牛顿-拉弗森迭代法求解的是塑性成形过程的某一瞬时的解。在变形过程中，相对空间坐标而言，塑性区的大小、形状及其内部的场变量（如速度、应力、应变、温度等）一般都随变形过程的进行和时间而变化，所以是非稳态过程。因此，要实现对整个金属成形过程的模拟，求得变形过程的全解，就需要采用增量变形分析方法。

增量变形分析方法，简称增量法，其基本要点如下：

1）首先把整个塑性成形过程分为若干个增量变形（或增量加载）区间，假设每个增量变形区间的变形为稳态过程，即在任一增量变形区间内，变形工件的速度场、应变速率场、材料性能以及边界条件等都保持不变。简言之，就是把整个非稳态变形过程近似地看做若干个稳态变形阶段之和。

2）设第 m 步增量变形区间表示为 $[t_{m-1},t_m]$，其增量步长 $\Delta t_m - t_m - t_{m-1}$。采用牛顿-拉弗森迭代法求解出该区间收敛的位移速度场后，利用几何方程求得应变速率场，再由塑性本构方程得到应力场，并同时更新变形工件的构形（节点坐标）、变形分布（应变场）、材料性能和边界条件等，为下一步增量计算进行准备。

变形体的构形，即有限元网格中各节点的坐标，可以表示为

$$\boldsymbol{x}_m = \boldsymbol{x}_{m-1} + \Delta t_m \dot{\boldsymbol{u}}_m \tag{4-84}$$

式中，$\boldsymbol{x}$ 为任一节点的坐标矢量；$\dot{\boldsymbol{u}}$ 为对应节点的位移速度收敛解。

变形体的应变场可以表示为

$$\boldsymbol{\varepsilon}_m = \boldsymbol{\varepsilon}_{m-1} + \Delta t_m \dot{\boldsymbol{\varepsilon}}_m \tag{4-85}$$

式中，$\boldsymbol{\varepsilon}$ 和 $\dot{\boldsymbol{\varepsilon}}$ 分别为有限元网格任一单元的应变和应变速率矢量。新的应变场 $\boldsymbol{\varepsilon}_m$ 确定后，就可以根据材料的屈服应力公式更新材料性能。

随着工件变形的进行，接触边界会发生以下两方面的变化：一是原来的自由表面节点可能与模具接触变为接触节点，使得接触表面增大；二是原来的接触节点可能脱离模具而变为自由表面节点，使接触表面减少。在工件边界条件更新时，要考虑到接触边界的这种动态变化，对于第一种情况，可以通过自由节点与模具在空间的相对运动关系确定是否接触模具；对于第二种情况，可以根据节点是否受拉应力进行判定，详见第7章第4节有关内容。

3）对于任一增量变形区间的求解，都以上一增量步计算更新的工件构形作为参考构形，以更新的变形分布、材料性能和边界条件等作为计算条件。因而，该增量变形区间的计算结果就是变形过程进行到该区间终了时的总结果。不断进行上述过程，就可得到变形过程各个阶段以及最终的模拟结果。

可以看出，增量法实际上是以增量近似代替微分，把非稳态的连续变形过程离散成若干个稳态变形阶段来进行模拟分析的。因而，增量步长的大小，将影响到计算结果的精度和求解效率。确定增量步长要综合考虑下面几个因素：

① 工件自由表面节点与模具接触的最短时间；

② 应变增量与位移增量满足线性几何关系（小变形条件）所限定的时间步长；

③ 满足计算所需精度的允许最大时间步长。从理论上讲，增量步长应当取上面三个限定值的最小者，然而由于它们往往是事后检测的，因此难以给出一个理想的方法。通常是先根据计算经验设定一个平均步长，然后在进行增量变形计算时，根据自由节点接触模具的时间等因素予以确定。

4.5.2 刚塑性有限元分析步骤

利用增量变形分析方法进行刚塑性有限元分析的一般步骤：

1）建立有限元模型，包括工件网格划分、材料模型、模具型腔几何信息及其运动和边界条件等各方面信息的输入。

2）构造或生成初始速度场。采用牛顿-拉弗森迭代法求解刚塑性有限元法的非线性方程组时，需要设定一个初始速度场作为求解的起始点。

3）根据相关方程计算各单元的刚度矩阵和节点力矢量，并进行斜约束处理。

4）形成整体刚度矩阵 $\boldsymbol{K}$ 和节点不平衡力矢量 $\boldsymbol{R}$，并引入速度约束条件消除整体刚度方程的奇异性。

5）利用牛顿-拉弗森迭代法求解整体刚度方程，得到节点位移速度增量 $\Delta\dot{\boldsymbol{u}}$ 修正节点速度向量 $\dot{\boldsymbol{u}}$，并检查收敛情况，若收敛转入步骤6，反之重复3）~5）步。

6）由几何方程和塑性本构方程求出应变速率和应力场。

7）确定增量变形时间步长 Δt_m，并对工件构形、应变场和材料性能进行更新，同时检查工件接触边界并更新。

8）若预定变形未完成，则重复3）~7）步，直到变形结束。

思 考 题

1. 平面问题中常用的单元有哪些？
2. 试写出四节点四边形单元的形函数及单元应变率矩阵。
3. 试写出刚塑性有限元法中，速度收敛准则和不平衡力收敛准则。
4. 整体刚度方程集成的基本概念和原则是什么？
5. 试分析平面变形问题的接触边界是如何处理的？
6. 试说明刚塑性非稳态变形有限元模拟分析中，增量变形分析方法的要点。
7. 简述刚塑性有限元法模拟分析的一般解题步骤。

第 5 章　轴对称问题与空间问题

5.1　概述

塑性成形中大部分产品由于几何形状复杂，所以其塑性变形具有明显的三维特征，即为三维空间变形问题。因此，实现对三维塑性成形问题的真实模拟，是模拟技术实用化的关键所在。

与传统的模拟分析相比，塑性有限元法是实现塑性成形真实三维模拟的有力工具。由于早期计算机硬件运行速度和内存量的局限以及模拟相关技术的不完善，有限元数值模拟在金属塑性成形方面的应用主要集中于二维问题，并且为避免大的计算量和分析问题的复杂性，有时也将三维问题简化为二维问题。因此，所能解决问题的范围有限，同时问题的简化必然会带来误差。这样就使有限元模拟技术的实际应用受到很大影响。相对于二维问题的模拟，三维模拟处理问题的复杂程度大大增加，主要表现为：三维复杂型腔的几何信息描述、动态接触边界的自动处理、大变形网格自动重分以及模拟结果的可视化与分析等。这些也正是三维塑性有限元技术发展相对滞后的重要原因。

5.2　形函数与单元刚度方程

5.2.1　轴对称单元

许多机械零件和结构的几何形状、约束条件以及作用的载荷都对称于某一对称轴，在这种条件下的物体中的位移、应变和应力也对称于此轴。这种问题称为轴对称问题。例如，受内压作用的厚壁圆筒，以及轴对称工件成形过程中模具的受力和变形等，都可作为轴对称问题进行分析。

对于轴对称问题，通常采用柱坐标（r,θ,z）。以对称轴作为 z 轴，所有应力、应变和位移都不随 θ 坐标变化，仅是坐标 r 和 z 的函数，任一点的位移只有两个方向的分量，即沿 r 方向的径向位移 u 和沿 z 方向的轴向位移 w。由于 θ 方向的位移 v 等于零，因此轴对称问题可作为二维问题处理。

离散轴对称物体时，采用的单元是一些圆环。这些圆环单元与 θ 平面（称为子午面）正交的截面可以有不同的形状，例如三节点三角形等。截面内单元的节点实际上代表一个圆环，各单元在 rOz 平面内形成网格。如图 5-1 所示。

对轴对称问题进行计算时，只需在 rOz 平面进行网格划分和分析，但应注意到单元是圆环状的，所有的节点载荷都应理解为均匀地分布在单元节点所代表的整个圆周上。

本节主要以三节点三角形轴对称环状单元为例进行讨论。它具有与平面三角形单元同样的特点。它是一种常用的简单的单元（其他单元的有限元格式可依同样的方法建立）。

如图 5-1 所示，以单元的三个顶点作为节点，节点编号依次为 1，2，3，按右手法则排列。节点的坐标分别为 $(r_i, z_i)(i = 1,2,3)$。

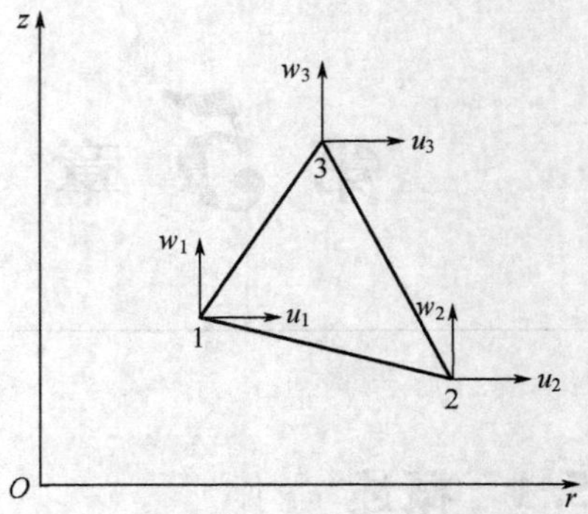

图 5-1　三节点三角形轴对称单元

与平面问题一样，用多项式来表示单元的速度模式。设单元内任一点的速度 (v_r, v_z) 是坐标 (r,z) 的线性函数，其中

$$\begin{cases} v_r = a_1 + a_2 r + a_3 z \\ v_z = a_4 + a_5 r + a_6 z \end{cases} \tag{a}$$

式中，$a_1, a_2, \cdots, a_6$ 是待定系数。由于三节点轴对称单元每个节点上只有两个速度分量是独立的，共有 2×3 =6 个自由度，因而速度模式中只能有 6 个待定系数。与平面问题一样，待定系数可以由节点速度的值来确定。再经过与平面问题相似的运算后，即可得出单元速度场的插值函数

$$\begin{cases} v_r = N_1 \dot{u}_{1r} + N_2 \dot{u}_{2r} + N_3 \dot{u}_{3r} \\ v_z = N_1 \dot{u}_{1z} + N_2 \dot{u}_{2z} + N_3 \dot{u}_{3z} \end{cases} \tag{b}$$

式中，$N_i (i = 1,2,3)$ 是三节点轴对称单元的形状函数，可统一写为

$$N_i = \frac{1}{2\Delta}(a_i + b_i r + c_i z) \qquad (i = 1,2,3) \tag{5-1}$$

其中，Δ 是三节点轴对称单元的截面积，

$$\Delta = \frac{1}{2}\begin{vmatrix} 1 & r_1 & z_1 \\ 1 & r_2 & z_2 \\ 1 & r_3 & z_3 \end{vmatrix}$$

a_i, b_i, c_i 是常数，表示如下

$$a_1 = r_2 z_3 - r_3 z_2, b_1 = z_2 - z_3, c_1 = -(r_2 - r_3)$$

其余的 a_i, b_i, c_i 可由下标 1，2，3 轮换得到。

把式（b）写成矩阵形式，

$$\boldsymbol{v} = \boldsymbol{N}^{\mathrm{T}} \dot{\boldsymbol{u}}^e \tag{5-2}$$

式中，

$$\boldsymbol{v} = (v_r, v_z)^{\mathrm{T}}$$

$$\boldsymbol{N}^{\mathrm{T}} = \begin{pmatrix} N_1 & 0 & N_2 & 0 & N_3 & 0 \\ 0 & N_1 & 0 & N_2 & 0 & N_3 \end{pmatrix}$$

$$\dot{\boldsymbol{u}}^e = (\dot{u}_{1r}, \dot{u}_{1z}, \dot{u}_{2r}, \dot{u}_{2z}, \dot{u}_{3r}, \dot{u}_{3z})^{\mathrm{T}}$$

5.2.2　四面体单元

如图 5-2 所示，设在直角坐标系（右手系）中有一四面体单元，以四面体单元的 4 个顶点作为节点，节点编号依次为 1，2，3，4，按右螺旋法则排列。所谓右螺旋法则，是指沿节点 1，2，3 的排列次序旋转时，右手拇指指向节点 4。节点的坐标分别为 $(x_i, y_i, z_i)(i = 1,2,3,4)$。

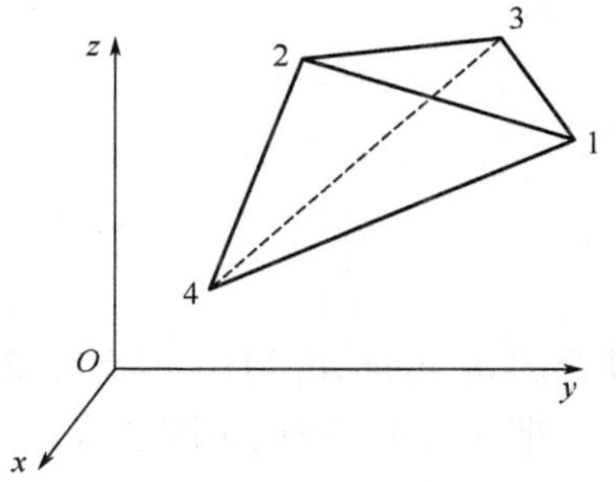

图 5-2　四面体单元

与平面问题一样，用多项式来表示单元的速度模式。设单元内任一点的速度 (v_x, v_y, v_z) 是坐标 (x, y, z) 的线性函数。

$$\begin{cases} v_x = a_1 + a_2 x + a_3 y + a_4 z \\ v_y = a_5 + a_6 x + a_7 y + a_8 z \\ v_z = a_9 + a_{10} x + a_{11} y + a_{12} z \end{cases} \tag{c}$$

式中，$a_1, a_2, \cdots, a_{12}$ 是待定系数。由于四面体单元有 4 个节点，每个节点上有 3 个速度分量，共有 $4 \times 3 = 12$ 个自由度，因而速度模式中只能有 12 个待定系数。待定系数可以由节点速度的值来确定。再经过与三角形单元相似的运算后，即可得出单元速度场的插值函数

$$\begin{cases} v_x = N_1 \dot{u}_{1x} + N_2 \dot{u}_{2x} + N_3 \dot{u}_{3x} + N_4 \dot{u}_{4x} \\ v_y = N_1 \dot{u}_{1y} + N_2 \dot{u}_{2y} + N_3 \dot{u}_{3y} + N_4 \dot{u}_{y4} \\ v_z = N_1 \dot{u}_{1z} + N_2 \dot{u}_{2z} + N_3 \dot{u}_{3z} + N_4 \dot{u}_{4z} \end{cases} \tag{d}$$

式中，$N_i(i = 1,2,3,4)$ 是四面体单元的形状函数，

$$\begin{cases} N_1 = \dfrac{1}{6V}(a_1 + b_1 x + c_1 y + d_1 z) \\ N_2 = \dfrac{1}{6V}(a_2 + b_2 x + c_2 y + d_2 z) \\ N_3 = \dfrac{1}{6V}(a_3 + b_3 x + c_3 y + d_3 z) \\ N_4 = \dfrac{1}{6V}(a_4 + b_4 x + c_4 y + d_4 z) \end{cases}$$

可统一写为

$$N_i = \frac{1}{6V}(a_i + b_i x + c_i y + d_i z) \qquad (i = 1,2,3,4) \tag{5-3}$$

V 是四面体的体积，

$$V = \frac{1}{6}\begin{vmatrix} 1 & x_1 & y_1 & z_1 \\ 1 & x_2 & y_2 & z_2 \\ 1 & x_3 & y_3 & z_3 \\ 1 & x_4 & y_4 & z_4 \end{vmatrix}$$

a_i, b_i, c_i, d_i 是常数，表示如下

$$a_1 = \begin{vmatrix} x_2 & y_2 & z_2 \\ x_3 & y_3 & z_3 \\ x_4 & y_4 & z_4 \end{vmatrix}, b_1 = -\begin{vmatrix} 1 & y_2 & z_2 \\ 1 & y_3 & z_3 \\ 1 & y_4 & z_4 \end{vmatrix}$$

$$c_1 = -\begin{vmatrix} x_2 & 1 & z_2 \\ x_3 & 1 & z_3 \\ x_4 & 1 & z_4 \end{vmatrix}, d_1 = -\begin{vmatrix} x_2 & y_2 & 1 \\ x_3 & y_3 & 1 \\ x_4 & y_4 & 1 \end{vmatrix}$$

其余的 a_i, b_i, c_i, d_i 可由下标 1，2，3，4 轮换得到。

把式（d）写成矩阵形式，

$$\boldsymbol{v} = \boldsymbol{N}^{\mathrm{T}} \dot{\boldsymbol{u}}^e \tag{5-4}$$

式中，

$$\boldsymbol{v} = (v_x, v_y, v_z)^{\mathrm{T}}$$

$$\boldsymbol{N}^{\mathrm{T}} = \begin{pmatrix} N_1 & 0 & 0 & N_2 & 0 & 0 & N_3 & 0 & 0 & N_4 & 0 & 0 \\ 0 & N_1 & 0 & 0 & N_2 & 0 & 0 & N_3 & 0 & 0 & N_4 & 0 \\ 0 & 0 & N_1 & 0 & 0 & N_2 & 0 & 0 & N_3 & 0 & 0 & N_4 \end{pmatrix}$$

$$\dot{\boldsymbol{u}}^e = (\dot{u}_{1x}, \dot{u}_{1y}, \dot{u}_{z1}, \dot{u}_{2x}, \dot{u}_{2y}, \dot{u}_{2z}, \dot{u}_{3x}, \dot{u}_{3y}, \dot{u}_{3z}, \dot{u}_{4x}, \dot{u}_{4y}, \dot{u}_{4z})^{\mathrm{T}}$$

5.2.3 八节点六面体单元

对于八节点六面体单元（见图 5-3），它的位移函数、插值函数和形状函数可以用与四面体单元相同的处理方法得到。为了更符合斜面边界和曲面边界的形状要求，通常采用图 5-3 所示的任意六面体单元。这种任意六面体单元，可以采用无因次的参数坐标 (ξ, η, ζ) 作为局部坐标系，通过相应的坐标变换而得到。像平面问题中任意四边形等参数单元一样，这种任意六面体单元为空间问题的等参数单元。

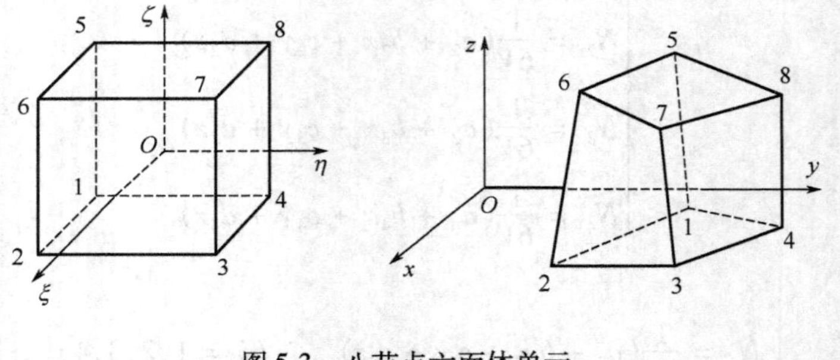

图 5-3　八节点六面体单元

八节点六面体单元亦称三维线性块状单元，它是二维线性单元的自然扩展。其形函数定义域为 $-1 \leqslant \xi \leqslant 1$、$-1 \leqslant \eta \leqslant 1$、和 $-1 \leqslant \xi \leqslant 1$，表达式如下

$$N_i(\xi, \eta, \zeta) = \frac{1}{8}(1 + \xi_i \xi)(1 + \eta_i \eta)(1 + \zeta_i \zeta) \tag{5-5}$$

即

$$
\begin{cases}
N_1 = \frac{1}{8}(1-\xi)(1-\eta)(1-\zeta) \\
N_2 = \frac{1}{8}(1+\xi)(1-\eta)(1-\zeta) \\
N_3 = \frac{1}{8}(1+\xi)(1+\eta)(1-\zeta) \\
N_4 = \frac{1}{8}(1-\xi)(1+\eta)(1-\zeta) \\
N_5 = \frac{1}{8}(1-\xi)(1-\eta)(1+\zeta) \\
N_6 = \frac{1}{8}(1+\xi)(1-\eta)(1+\zeta) \\
N_7 = \frac{1}{8}(1+\xi)(1+\eta)(1+\zeta) \\
N_8 = \frac{1}{8}(1-\xi)(1+\eta)(1+\zeta)
\end{cases} \tag{5-6}
$$

单元速度场表示为

$$
\begin{cases}
\boldsymbol{v}_x(\xi,\eta,\zeta) = \sum\limits_i N_i(\xi,\eta,\zeta)\dot{\boldsymbol{u}}_{ix} \\
\boldsymbol{v}_y(\xi,\eta,\zeta) = \sum\limits_i N_i(\xi,\eta,\zeta)\dot{\boldsymbol{u}}_{iy} \\
\boldsymbol{v}_z(\xi,\eta,\zeta) = \sum\limits_i N_i(\xi,\eta,\zeta)\dot{\boldsymbol{u}}_{iz}
\end{cases} \tag{5-7}
$$

式中，$(\dot{\boldsymbol{u}}_{ix},\dot{\boldsymbol{u}}_{iy},\dot{\boldsymbol{u}}_{iz})$ 是节点 i 的速度。其坐标变换用相同形式，即

$$
\begin{cases}
x(\xi,\eta,\zeta) = \sum\limits_i N_i(\xi,\eta,\zeta)x_i \\
y(\xi,\eta,\zeta) = \sum\limits_i N_i(\xi,\eta,\zeta)y_i \\
z(\xi,\eta,\zeta) = \sum\limits_i N_i(\xi,\eta,\zeta)z_i
\end{cases} \tag{5-8}
$$

式中，(x_i,y_i,z_i) 表示节点 i 的整体坐标。

将式（5-7）写为矩阵形式

$$
\boldsymbol{v} = \boldsymbol{N}^{\mathrm{T}}\dot{\boldsymbol{u}}^e \tag{5-9}
$$

式中，

$$
\boldsymbol{v} = (\dot{u}_x,\dot{u}_y,\dot{u}_z)^{\mathrm{T}}
$$

$$
\dot{\boldsymbol{u}}^e = (\dot{u}_{1x},\dot{u}_{1y},\dot{u}_{1z},\cdots,\dot{u}_{8x},\dot{u}_{8y},\dot{u}_{8z})^{\mathrm{T}}
$$

$$
N^{\mathrm{T}} = \begin{pmatrix}
N_1 & 0 & 0 & N_2 & 0 & 0 & \cdots & N_8 & 0 & 0 \\
0 & N_1 & 0 & 0 & N_2 & 0 & \cdots & 0 & N_8 & 0 \\
0 & 0 & N_1 & 0 & 0 & N_2 & \cdots & 0 & 0 & N_8
\end{pmatrix}
$$

5.2.4 轴对称单元的有限元公式

1. 轴对称单元的应变率矩阵

轴对称问题的应变率矢量定义为

$$\dot{\boldsymbol{\varepsilon}} = \begin{pmatrix} \dot{\varepsilon}_r \\ \dot{\varepsilon}_z \\ \dot{\varepsilon}_\theta \\ \dot{v}_{rz} \end{pmatrix} = \begin{pmatrix} \dfrac{\partial \dot{u}_r}{\partial r} \\ \dfrac{\partial \dot{u}_z}{\partial z} \\ \dfrac{\dot{u}_r}{r} \\ \dfrac{1}{\sqrt{2}}\left(\dfrac{\partial \dot{u}_z}{\partial r} + \dfrac{\partial \dot{u}_r}{\partial z}\right) \end{pmatrix} = \boldsymbol{B}\dot{\boldsymbol{u}}^e \tag{5-10}$$

式中，$\boldsymbol{B}$ 为应变矩阵，即

$$\boldsymbol{B} = \boldsymbol{LN}$$

$$\boldsymbol{L} = \begin{pmatrix} \dfrac{\partial}{\partial r} & 0 \\ 0 & \dfrac{\partial}{\partial z} \\ \dfrac{1}{r} & 0 \\ \dfrac{\partial}{\partial z} & \dfrac{\partial}{\partial r} \end{pmatrix} \tag{5-11}$$

应变率矩阵 $\boldsymbol{B}$ 可以记为

$$\boldsymbol{B} = (\boldsymbol{B}_1, \boldsymbol{B}_2, \boldsymbol{B}_3, \boldsymbol{B}_4) \tag{5-12}$$

其中，

$$\boldsymbol{B}_i = \begin{pmatrix} N_{i,r} & 0 \\ 0 & N_{i,z} \\ \dfrac{N_i}{r} & 0 \\ N_{i,z} & N_{i,r} \end{pmatrix}$$

这里记号 $N_{i,r} = \dfrac{\partial N_i}{\partial r}$，$N_{i,z} = \dfrac{\partial N_i}{\partial z}$。

三节点三角形轴对称单元的应变率矩阵 $\boldsymbol{B}$ 可以直接计算。而四节点四边形轴对称单元应变率矩阵 $\boldsymbol{B}$ 的计算则要复杂一些。这时，需要求形函数 N_i 对整体坐标的偏导数，可采用与第 4 章中四节点四边形平面应变单元相同的方法，利用复合函数求导法则进行计算，只是需要将四边形平面应变单元公式中的坐标 x、y 分别替换成轴对称单元中的坐标 r、z。相应的公式如下：

$$\begin{pmatrix} N_{i,\xi} \\ N_{i,\eta} \end{pmatrix} = \begin{pmatrix} r_{,\xi} & z_{,\xi} \\ r_{,\eta} & z_{,\eta} \end{pmatrix} \begin{pmatrix} N_{i,r} \\ N_{i,z} \end{pmatrix} \tag{5-13}$$

式中，

$$N_{i,\xi} = \frac{\partial N_i}{\partial \xi}, N_{i,\eta} = \frac{\partial N_i}{\partial \eta}$$

$$r_{,\xi} = \frac{\partial r}{\partial \xi}, r_{,\eta} = \frac{\partial r}{\partial \eta}$$

$$z_{,\xi} = \frac{\partial z}{\partial \xi}, z_{,\eta} = \frac{\partial z}{\partial \eta}$$

而矩阵

$$\boldsymbol{J} = \begin{pmatrix} r_{,\xi} & z_{,\xi} \\ r_{,\eta} & z_{,\eta} \end{pmatrix} \tag{5-14}$$

就是整体坐标（r,z）与局部坐标（ξ,η）的雅可比变换矩阵，由式（5-13）和式（5-14）容易得到

$$\begin{pmatrix} N_{i,r} \\ N_{i,z} \end{pmatrix} = \boldsymbol{J}^{-1} \begin{pmatrix} N_{i,\xi} \\ N_{i,\eta} \end{pmatrix} \tag{5-15}$$

其中，

$$\boldsymbol{J}^{-1} = \frac{1}{|\boldsymbol{J}|} \begin{pmatrix} z_{,\eta} & -z_{,\xi} \\ -r_{,\eta} & r_{,\xi} \end{pmatrix}$$

$$|\boldsymbol{J}| = r_{,\xi} z_{,\eta} - r_{,\eta} z_{,\xi}$$

$$\begin{cases} r_{,\xi} = \sum_{i=1}^{4} N_{i,\xi} r_i \\ r_{,\eta} = \sum_{i=1}^{4} N_{i,\eta} r_i \\ z_{,\xi} = \sum_{i=1}^{4} N_{i,\xi} z_i \\ z_{,\eta} = \sum_{i=1}^{4} N_{i,\eta} z_i \end{cases} \tag{5-16}$$

$$\begin{cases} N_{i,\xi} = \dfrac{1}{4} \xi_i (1 + \eta \eta_i) \\ N_{i,\eta} = \dfrac{1}{4} (1 + \xi \xi_i) \eta_i \end{cases} \tag{5-17}$$

将式（5-16）和式（5-17）代入式（5-15）中，经过整理可以得到

$$\begin{pmatrix} N_{1,r} \\ N_{2,r} \\ N_{3,r} \\ N_{4,r} \end{pmatrix} = \frac{1}{8|\boldsymbol{J}|} \begin{pmatrix} z_{24} - z_{34}\xi - z_{23}\eta \\ -z_{13} + z_{34}\xi + z_{14}\eta \\ -z_{24} + z_{12}\xi - z_{14}\eta \\ z_{13} - z_{12}\xi + z_{23}\eta \end{pmatrix}$$

$$\begin{pmatrix} N_{1,z} \\ N_{2,z} \\ N_{3,z} \\ N_{4,z} \end{pmatrix} = \frac{1}{8|\boldsymbol{J}|} \begin{pmatrix} -r_{24} + r_{34}\xi + r_{23}\eta \\ r_{13} - r_{34}\xi - r_{14}\eta \\ r_{24} - r_{12}\xi + r_{14}\eta \\ -r_{13} + r_{12}\xi - r_{23}\eta \end{pmatrix} \tag{5-18}$$

$$|\boldsymbol{J}| = \frac{1}{8}[(r_{13}z_{24} - r_{24}z_{13}) + (r_{34}z_{12} - r_{12}z_{34})\xi + (r_{23}z_{14} - r_{14}z_{23})\eta]$$

以上各式中，$r_{ij} = r_i - r_j, z_{ij} = z_i - z_j$。

2. 体积积分公式

当进行刚度矩阵和节点载荷计算时，需要对各个单元进行体积积分。（由于前面介绍了常用的三角形单元，所以最好对三角形单元的积分略作说明。）下面仍以四节点四边形轴对称单元为例，说明体积积分的计算方法。单元 e 内被积函数 Φ 的体积积分为 $\int_{V^e}\Phi \mathrm{d}V$，对于轴对称问题而言，$\mathrm{d}V = r\mathrm{d}r\mathrm{d}\theta\mathrm{d}z$，考虑到被积函数与 θ 无关，则

$$\int_{V^e}\Phi \mathrm{d}V = 2\pi\int_r\int_z \Phi r\mathrm{d}r\mathrm{d}z \tag{5-19}$$

式（5-19）将单元 V^e 内的体积积分表示为在子平面 (r,z) 内的面积积分。采用与第4章中四节点四边形平面应变单元相同的数值积分方法，先将 (r,z) 平面上的任意四边形映射为局部坐标系 (ξ,η) 上的正方形，然后应用高斯积分公式。则式（5-19）变为

$$\int_{V^e}\Phi \mathrm{d}V = 2\pi\int_{-1}^{1}\int_{-1}^{1}\Phi|\boldsymbol{J}|r\mathrm{d}\xi\mathrm{d}\eta \tag{5-20}$$

应用二维高斯积分公式

$$\int_{-1}^{1}\int_{-1}^{1} f(\xi,\eta)\mathrm{d}\xi\mathrm{d}\eta = \sum_i^m\sum_j^n f(\xi_i,\eta_j)W_iW_j$$

则式（5-20）的积分可写为

$$\int_{V^e}\Phi \mathrm{d}V = 2\pi\sum_i^m\sum_j^n \Phi(\xi_i,\eta_j)|\boldsymbol{J}(\xi_i,\eta_j)|r(\xi_i,\eta_j)W_iW_j \tag{5-21}$$

式中，$|\boldsymbol{J}|$ 由式（5-18）计算；i 和 j 表示高斯积分点，一般取 $m=n=2$，即 2×2 高斯积分；W_i 和 W_j 为积分点权因子。

按照式（5-21）的方法，可以得到罚函数法中刚度矩阵和列向量公式中有关的体积积分公式的高斯积分形式，即

$$\begin{aligned}
\boldsymbol{K}_E &= \sum_e 2\pi\left\{\sum_i\sum_j \frac{1}{\dot{\varepsilon}}\left[\bar{\sigma}\boldsymbol{A} + \left(\frac{\partial\bar{\sigma}}{\partial\dot{\varepsilon}} - \frac{\bar{\sigma}}{\dot{\varepsilon}}\right)\frac{1}{\dot{\varepsilon}}\boldsymbol{b}\boldsymbol{b}^{\mathrm{T}}\right]|\boldsymbol{J}|rW_iW_j\right\} \\
\boldsymbol{K}_\alpha &= \sum_e 2\pi\alpha\left\{\sum_i\sum_j \boldsymbol{C}\boldsymbol{C}^{\mathrm{T}}|\boldsymbol{J}|rW_iW_j\right\} \\
\boldsymbol{P}_E &= -\sum_e 2\pi\left\{\sum_i\sum_j \frac{\bar{\sigma}}{\dot{\varepsilon}}\boldsymbol{A}\dot{\boldsymbol{u}}^e|\boldsymbol{J}|rW_iW_j\right\} \\
\boldsymbol{P}_\alpha &= -\sum_e 2\pi\alpha\left\{\sum_i\sum_j \boldsymbol{C}\boldsymbol{C}^{\mathrm{T}}\dot{\boldsymbol{u}}^e|\boldsymbol{J}|rW_iW_j\right\}
\end{aligned} \tag{5-22}$$

5.2.5　六面体单元的有限元公式

1. 六面体单元的应变率矩阵

在直角坐标系下，三维问题的应变率矢量定义为

$$\dot{\boldsymbol{\varepsilon}} = \begin{pmatrix} \dfrac{\partial v_x}{\partial x} \\ \dfrac{\partial v_y}{\partial y} \\ \dfrac{\partial v_z}{\partial z} \\ \dfrac{\partial v_x}{\partial y} + \dfrac{\partial v_y}{\partial x} \\ \dfrac{\partial v_y}{\partial z} + \dfrac{\partial v_z}{\partial y} \\ \dfrac{\partial v_z}{\partial x} + \dfrac{\partial v_x}{\partial z} \end{pmatrix} \tag{5-23}$$

把上式改写成矩阵形式，即

$$\dot{\boldsymbol{\varepsilon}} = \boldsymbol{L}\boldsymbol{v} \tag{5-24}$$

式中，$\boldsymbol{L}$ 为三维微分算子矩阵

$$\boldsymbol{L} = \begin{pmatrix} \dfrac{\partial}{\partial x} & 0 & 0 \\ 0 & \dfrac{\partial}{\partial y} & 0 \\ 0 & 0 & \dfrac{\partial}{\partial z} \\ \dfrac{\partial}{\partial y} & \dfrac{\partial}{\partial x} & 0 \\ 0 & \dfrac{\partial}{\partial z} & \dfrac{\partial}{\partial y} \\ \dfrac{\partial}{\partial z} & 0 & \dfrac{\partial}{\partial x} \end{pmatrix} \tag{5-25}$$

将式（5-9）代入式（5-24），得

$$\dot{\boldsymbol{\varepsilon}} = \boldsymbol{B}\dot{\boldsymbol{u}}^e \tag{5-26}$$

式中，$\dot{\boldsymbol{u}}^e$ 为三维六面体单元节点速度矢量，由式（5-9）定义，应变率矩阵 $\boldsymbol{B}$ 为

$$\boldsymbol{B} = \boldsymbol{L}\boldsymbol{N}^{\mathrm{T}} = (\boldsymbol{B}_1, \boldsymbol{B}_2, \boldsymbol{B}_3, \cdots, \boldsymbol{B}_8)$$

$$\boldsymbol{B}_i = \begin{pmatrix} X_i & 0 & 0 \\ 0 & Y_i & 0 \\ 0 & 0 & Z_i \\ Y_i & X_i & 0 \\ 0 & Z_i & Y_i \\ Z_i & 0 & X_i \end{pmatrix} \tag{5-27}$$

式中，

$$\begin{pmatrix} X_i \\ \\ Y_i \\ \\ Z_i \end{pmatrix} \begin{matrix} = \\ \\ = \\ \\ = \end{matrix} \begin{pmatrix} \dfrac{\partial N_i}{\partial x} \\ \dfrac{\partial N_i}{\partial y} \\ \dfrac{\partial N_i}{\partial z} \end{pmatrix} \tag{5-28}$$

四节点四面体单元的应变率矩阵 $\boldsymbol{B}$ 可以直接计算。而八节点六面体单元应变率矩阵 $\boldsymbol{B}$ 的计算则要复杂一些。可采用与第 4 章中四节点四边形平面应变单元相似的方法，利用复合函数求导法则进行计算。相应的公式如下：

$$\begin{pmatrix} X_i \\ Y_i \\ Z_i \end{pmatrix} = \boldsymbol{J}^{-1} \begin{pmatrix} \dfrac{\partial N_i}{\partial \xi} \\ \dfrac{\partial N_i}{\partial \eta} \\ \dfrac{\partial N_i}{\partial \zeta} \end{pmatrix} \tag{5-29}$$

三维雅可比变换矩阵 $\boldsymbol{J}$、逆矩阵$\boldsymbol{J}^{-1}$及$|\boldsymbol{J}|$分别为

$$\boldsymbol{J} = \begin{pmatrix} \dfrac{\partial x}{\partial \xi} & \dfrac{\partial y}{\partial \xi} & \dfrac{\partial z}{\partial \xi} \\ \dfrac{\partial x}{\partial \eta} & \dfrac{\partial y}{\partial \eta} & \dfrac{\partial z}{\partial \eta} \\ \dfrac{\partial x}{\partial \zeta} & \dfrac{\partial y}{\partial \zeta} & \dfrac{\partial z}{\partial \zeta} \end{pmatrix} \tag{5-30}$$

$$\boldsymbol{J}^{-1} = \frac{1}{|\boldsymbol{J}|} \begin{pmatrix} \dfrac{\partial y}{\partial \eta}\dfrac{\partial z}{\partial \zeta} - \dfrac{\partial y}{\partial \zeta}\dfrac{\partial z}{\partial \eta} & -\dfrac{\partial y}{\partial \xi}\dfrac{\partial z}{\partial \zeta} + \dfrac{\partial y}{\partial \zeta}\dfrac{\partial z}{\partial \xi} & \dfrac{\partial y}{\partial \xi}\dfrac{\partial z}{\partial \eta} - \dfrac{\partial y}{\partial \eta}\dfrac{\partial z}{\partial \xi} \\ -\dfrac{\partial x}{\partial \eta}\dfrac{\partial z}{\partial \zeta} + \dfrac{\partial x}{\partial \zeta}\dfrac{\partial z}{\partial \eta} & \dfrac{\partial x}{\partial \xi}\dfrac{\partial z}{\partial \zeta} - \dfrac{\partial x}{\partial \zeta}\dfrac{\partial z}{\partial \xi} & -\dfrac{\partial x}{\partial \xi}\dfrac{\partial z}{\partial \eta} + \dfrac{\partial x}{\partial \eta}\dfrac{\partial z}{\partial \xi} \\ \dfrac{\partial x}{\partial \eta}\dfrac{\partial y}{\partial \zeta} - \dfrac{\partial x}{\partial \zeta}\dfrac{\partial y}{\partial \eta} & -\dfrac{\partial x}{\partial \xi}\dfrac{\partial y}{\partial \zeta} + \dfrac{\partial x}{\partial \zeta}\dfrac{\partial y}{\partial \xi} & \dfrac{\partial x}{\partial \xi}\dfrac{\partial y}{\partial \eta} - \dfrac{\partial x}{\partial \eta}\dfrac{\partial y}{\partial \xi} \end{pmatrix} \tag{5-31}$$

$$|\boldsymbol{J}| = \frac{\partial x}{\partial \xi}\frac{\partial y}{\partial \eta}\frac{\partial z}{\partial \zeta} + \frac{\partial y}{\partial \xi}\frac{\partial z}{\partial \eta}\frac{\partial x}{\partial \zeta} + \frac{\partial z}{\partial \xi}\frac{\partial x}{\partial \eta}\frac{\partial y}{\partial \zeta} - \frac{\partial x}{\partial \xi}\frac{\partial z}{\partial \eta}\frac{\partial y}{\partial \zeta} - \frac{\partial y}{\partial \xi}\frac{\partial x}{\partial \eta}\frac{\partial z}{\partial \zeta} - \frac{\partial z}{\partial \xi}\frac{\partial y}{\partial \eta}\frac{\partial x}{\partial \zeta} \tag{5-32}$$

2. 单元刚度矩阵和载荷矢量

由于前面介绍了常用的四面体单元，所以需要对四面体单元的积分略作说明。下面仍以八节点六面体单元为例，讨论单元刚度矩阵和载荷矢量中的体积积分公式。

首先确定三维体积微元在局部坐标（ξ,η,ζ）下的表达式。类似于二维面积微元，体积微元 $\mathrm{d}V$ 为

$$\begin{aligned} \mathrm{d}V &= \mathrm{d}\boldsymbol{\xi} \cdot (\mathrm{d}\boldsymbol{\eta} \times \mathrm{d}\boldsymbol{\zeta}) = \\ &\left(\frac{\partial x}{\partial \xi}\boldsymbol{i} + \frac{\partial y}{\partial \xi}\boldsymbol{j} + \frac{\partial z}{\partial \xi}\boldsymbol{k}\right)\left[\left(\frac{\partial x}{\partial \eta}\boldsymbol{i} + \frac{\partial y}{\partial \eta}\boldsymbol{j} + \frac{\partial z}{\partial \eta}\boldsymbol{k}\right) \times \left(\frac{\partial x}{\partial \zeta}\boldsymbol{i} + \frac{\partial y}{\partial \zeta}\boldsymbol{j} + \frac{\partial z}{\partial \zeta}\boldsymbol{k}\right)\right]\mathrm{d}\xi\mathrm{d}\eta\mathrm{d}\zeta \\ &= |\boldsymbol{J}|\mathrm{d}\xi\mathrm{d}\eta\mathrm{d}\zeta \end{aligned} \tag{5-33}$$

式中，$|\boldsymbol{J}|$为三维雅可比变换矩阵 $\boldsymbol{J}$ 的行列式。

应用三维高斯积分公式

$$\int_{-1}^{1}\int_{-1}^{1}\int_{-1}^{1} f(\xi,\eta,\zeta)\,\mathrm{d}\xi\mathrm{d}\eta\mathrm{d}\zeta = \sum_{k}^{l}\sum_{j}^{m}\sum_{i}^{n} f(\xi_i,\eta_j,\zeta_k)W_iW_jW_k \tag{5-34}$$

利用以上结果，若以罚函数法为例，其有关各体积积分公式可以表示如下

$$\begin{aligned}
\boldsymbol{K}_E &= \sum_e \left\{\sum_i\sum_j\sum_k \frac{1}{\dot{\bar{\varepsilon}}}\left[\bar{\sigma}\boldsymbol{A} + \left(\frac{\partial\bar{\sigma}}{\partial\dot{\bar{\varepsilon}}} - \frac{\bar{\sigma}}{\dot{\bar{\varepsilon}}}\right)\frac{1}{\dot{\bar{\varepsilon}}}\boldsymbol{b}\boldsymbol{b}^{\mathrm{T}}\right]|\boldsymbol{J}|W_iW_jW_k\right\}\\
\boldsymbol{K}_\alpha &= \sum_e \alpha\left\{\sum_i\sum_j\sum_k \boldsymbol{C}\boldsymbol{C}^{\mathrm{T}}|\boldsymbol{J}|W_iW_jW_k\right\}\\
\boldsymbol{P}_E &= -\sum_e\left\{\sum_i\sum_j\sum_k \frac{\bar{\sigma}}{\dot{\bar{\varepsilon}}}\boldsymbol{A}\dot{\boldsymbol{u}}^e|\boldsymbol{J}|W_iW_jW_k\right\}\\
\boldsymbol{P}_\alpha &= \sum_e \alpha\left\{\sum_i\sum_j\sum_k \boldsymbol{C}\boldsymbol{C}^{\mathrm{T}}\dot{\boldsymbol{u}}^e|\boldsymbol{J}|W_iW_jW_k\right\}
\end{aligned} \tag{5-35}$$

5.3　接触边界条件的处理

5.3.1　接触边界的离散化

如图5-4所示，三维单元某一表面与模具接触，以下推导仅考虑该接触面上四个节点同时接触的情况。

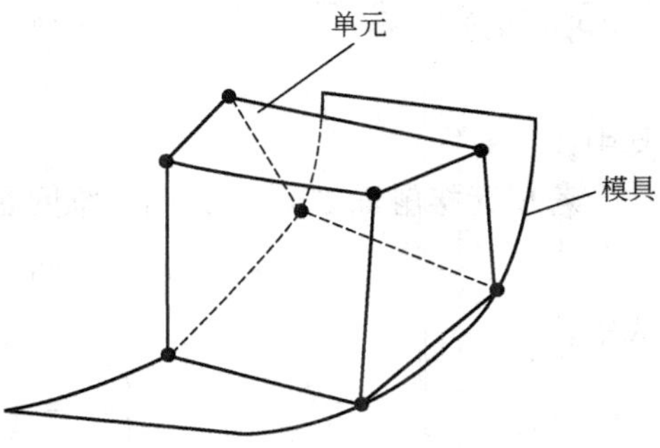

图5-4　三维接触单元

首先建立接触节点的局部切法向坐标系（$\boldsymbol{s}$，$\boldsymbol{t}$，$\boldsymbol{n}$），$\boldsymbol{s}$、$\boldsymbol{t}$ 和 $\boldsymbol{n}$ 分别表示第一切向、第二切向和法向，它们构成右手系，规定法向 $\boldsymbol{n}$ 的正向由单元指向模具。若模具运动速度为$\boldsymbol{v}_d$；则接触面上各节点的两个切向相对速度可以推导如下。

对于三维接触单元 e 上的任一接触表面，其切向相对滑动速度可由节点的对应量插值表示为

$$\boldsymbol{v}_r = \begin{pmatrix} v_{rs} \\ v_{rt} \end{pmatrix} = \boldsymbol{N}^{\mathrm{T}}\dot{\boldsymbol{u}}_r^e \tag{5-36}$$

式中，

$$\dot{\boldsymbol{u}}_r^e = (\dot{u}_{rs}^1, \dot{u}_{rt}^1, \cdots, \dot{u}_{rs}^4, \dot{u}_{rt}^4)^{\mathrm{T}}$$

$$\dot{u}_{rs}^i = \dot{u}_{is} - s^{\mathrm{T}}\boldsymbol{v}_d$$

$$\dot{u}_{rt}^i = \dot{u}_{it} - \boldsymbol{t}^{\mathrm{T}}\boldsymbol{v}_d$$

$$\boldsymbol{N}^{\mathrm{T}} = \begin{pmatrix} N_1 & 0 & N_2 & 0 & N_3 & 0 & N_4 & 0 \\ 0 & N_1 & 0 & N_2 & 0 & N_3 & 0 & N_4 \end{pmatrix}$$

式中，$\boldsymbol{v}_d$ 为模具运动速度矢量，$\boldsymbol{v}_d = (\dot{u}_{dx}, \dot{u}_{dy}, \dot{u}_{dz})^{\mathrm{T}}$；$\boldsymbol{s}$ 为该接触面的第一切向单位矢量，$\boldsymbol{s} = (s_x, s_y, s_z)^{\mathrm{T}}$；$\boldsymbol{t}$ 为该接触面的第二切向单位矢量，$\boldsymbol{t} = (t_x, t_y, t_z)^{\mathrm{T}}$。

对于形函数矩阵 N，若接触面 $\zeta=\pm1$，则由式（5-5）可得

$$N_i=\frac{1}{4}(1+\xi_i\xi)(1+\eta_i\eta)\quad(i=1,2,3,4)\tag{5-37}$$

单元 e 接触面上任一点的总切向相对速度为

$$v_r=\sqrt{\boldsymbol{v}_r^{\mathrm{T}}\boldsymbol{v}_r}=\sqrt{(\dot{\boldsymbol{u}}_r^e)^{\mathrm{T}}\boldsymbol{N}\boldsymbol{N}^{\mathrm{T}}\dot{\boldsymbol{u}}_r^e}\tag{5-38}$$

5.3.2 摩擦功率的有限元公式

对于三维问题，摩擦应力模型表示为

$$f=-\frac{2}{\pi}mk\arctan\left(\frac{v_r}{v_0}\right)\tag{5-39}$$

则单元任一接触面的摩擦功率泛函为

$$\Pi_p^e=-\int_{S_f^e}\left[\int_0^{v_r}\frac{2}{\pi}mk\arctan\left(\frac{v_r}{v_0}\right)\mathrm{d}v_r\right]\mathrm{d}S\tag{5-40}$$

由此可得该泛函对单元刚度矩阵和载荷列向量的贡献分别为

$$\frac{\partial\boldsymbol{\Pi}_p^e}{\partial\dot{\boldsymbol{u}}_r^e}=\int_{S_f^e}\frac{2}{\pi}mk\arctan\left(\frac{v_r}{v_0}\right)\frac{1}{v_r}\boldsymbol{H}\dot{\boldsymbol{u}}_r^e\mathrm{d}S$$

$$\frac{\partial^2\boldsymbol{\Pi}_p^e}{\partial\dot{\boldsymbol{u}}_r^e\partial(\dot{\boldsymbol{u}}_r^e)^{\mathrm{T}}}=\int_{S_f^e}\frac{2}{\pi}mk\frac{1}{v_r}\left\{\arctan\left(\frac{v_r}{v_0}\right)\boldsymbol{H}+\frac{1}{v_r}\left[\frac{v_0}{v_0^2+v_r^2}-\arctan\left(\frac{v_r}{v_0}\right)\frac{1}{v_r}\right]\right\}(\dot{\boldsymbol{u}}_r^e\boldsymbol{H}^{\mathrm{T}}\boldsymbol{H}(\dot{\boldsymbol{u}}_r^e)^{\mathrm{T}})\mathrm{d}S\tag{5-41}$$

其中，
$$\boldsymbol{H}=\boldsymbol{N}\boldsymbol{N}^{\mathrm{T}}$$

若单元接触面 $\zeta=\pm1$，则三维问题面积微元 $\mathrm{d}S$ 可由下式计算

$$\mathrm{d}S=\sqrt{\boldsymbol{a}_\xi\boldsymbol{a}_\eta-\boldsymbol{a}_{\xi\eta}^2}\,\mathrm{d}\xi\mathrm{d}\eta\tag{5-42}$$

式中，

$$\begin{cases}\boldsymbol{a}_\xi=\left(\dfrac{\partial x}{\partial\xi}\right)^2+\left(\dfrac{\partial y}{\partial\xi}\right)^2+\left(\dfrac{\partial z}{\partial\xi}\right)^2\\[2mm]\boldsymbol{a}_\eta=\left(\dfrac{\partial x}{\partial\eta}\right)^2+\left(\dfrac{\partial y}{\partial\eta}\right)^2+\left(\dfrac{\partial z}{\partial\eta}\right)^2\\[2mm]\boldsymbol{a}_{\eta\xi}=\dfrac{\partial x}{\partial\xi}\dfrac{\partial x}{\partial\eta}+\dfrac{\partial y}{\partial\xi}\dfrac{\partial y}{\partial\eta}+\dfrac{\partial z}{\partial\xi}\dfrac{\partial z}{\partial\eta}\end{cases}\tag{5-43}$$

将式（5-42）代入式（5-41）就可得到关于局部坐标的积分公式，然后采用二维高斯积分公式计算。

思 考 题

1. 试分别写出轴对称单元、四面体单元和八节点六面体单元的形函数。
2. 试通过轴对称问题的单元形函数及单元应变率矩阵说明它与平面变形问题的关系。
3. 试写出六面体单元的应变率矩阵。
4. 试分析三维问题的接触边界是如何处理的？

第 6 章　变形与传热的耦合分析

6.1　概述

塑性成形中有许多热成形或温成形工艺，即工件的塑性变形是在高温度或较高温度条件下进行的。此时，温度对材料的塑性变形过程影响很大。首先，变形前工件内部的温度分布就可能不均匀，变形过程中由于工件与外界环境的热交换或热损失（如对流、辐射热交换以及与模具的接触传导损失），以及工件中塑性变形功转化为热而形成的内热源，使得工件内部的温度分布不均匀。这种不均匀的温度场，往往又造成材料内部不同质点的屈服应力相差很大，最终对整个变形过程产生较大影响。同时，高温下的塑性变形还会影响到金属材料的相变、动态再结晶等过程，产生微观组织结构的变化。因此，对于这类工艺问题，必须在进行变形分析的同时分析其温度场的变化，并且考虑二者之间的相互影响。

高温下变形的另一个特点是材料的屈服对于应变速率的敏感性，亦即材料的黏性特征。这时材料的变形行为宜用黏塑性模型描述，其屈服应力既是应变又是应变率和温度的函数。因此，分析热成形或温成形工艺的要点在于：考虑材料的速率敏感性及塑性变形与传热的耦合分析，称为热黏塑性耦合分析。由前述各章可知，有限元法对这类工艺的变形分析也只是刚塑性材料向刚黏塑性材料的一种简单扩展，而变形过程中工件温度场的变化则遵循传热学理论。由此可见，热黏塑性耦合分析涉及变形分析和传热分析，它们分属不同的物理问题，基于不同的基本理论，耦合分析的关键在于将二者同时处理，以期得到较高精度的解。

6.2　塑性成形中传热问题的基本理论

塑性成形中的传热问题属于含内热源的非稳态热传导问题，本节将根据传热学的热传导基本方程，采用变分法推导其有限元公式。

6.2.1　含内热源的瞬态热传导问题

将变形过程中的塑性功能转换看成是内热源，假定材料导热各向同性，则工件中控制温度分布和热流传导的热传导方程，即能量平衡方程为

$$k\left(\frac{\partial^2 T}{\partial x^2}+\frac{\partial^2 T}{\partial y^2}+\frac{\partial^2 T}{\partial z^2}\right)+\dot{q}-\rho c\frac{\partial T}{\partial t}=0$$

或简记为

$$kT_{,ii}+\dot{q}-\rho c\dot{T}=0 \tag{6-1}$$

式中，$kT_{,ii}$ 代表热传导率，k 为材料的热导率，也称热导系数；$\rho c\dot{T}$ 为内能率，ρ、c 分别为材料密度和比热容；$\dot{q}$ 代表内热源率，即塑性变形能生热率，可以用下式表示

$$\dot{q} = k_p \bar{\sigma} \dot{\bar{\varepsilon}} \tag{6-2}$$

式中，$\bar{\sigma}$、$\dot{\bar{\varepsilon}}$ 分别为等效应力和等效应变率。k_p 代表塑性功转变为热能的比例系数，习惯上称之为塑性变形热排出率，一般取 0.9，塑性变形功率的剩余部分则消耗在材料微观变化的方面，如位错密度、晶界及相变等。

对于塑性成形中的轴对称问题，可采用热传导中柱坐标系下的控制方程，并且质点温度 T 与坐标 θ 无关，即 $T = T(r,z,t)$，因此有

$$k\left(\frac{\partial^2 T}{\partial r^2} + \frac{1}{r}\frac{\partial T}{\partial r} + \frac{\partial^2 T}{\partial z^2}\right) + \dot{q} - \rho c \frac{\partial T}{\partial t} = 0 \tag{6-3}$$

6.2.2 初始条件和边界条件

非稳态热传导问题中温度 T 与时间 t 有关，则式（6-1）或式（6-3）的定解需要有初始条件，即工件变形开始时的初始温度分布，一般表示为在控制体积 V 内

$$T(x,y,z,t = 0) = T_0(x,y,z) \tag{6-4}$$

式中，$T_0(x,y,z)$ 表示时间 t 为零（初始状态）时所规定的温度分布。

传热问题可能的边界条件有以下三种。

第一类边界条件

第一类边界条件是指某给定表面（边界）上质点的温度值在传热过程中保持不变，即温度值给定的边界条件，设该表面为 S_1，则表示为

$$T(x,y,z,t) = T_0 \quad (t > 0, S \in S_1) \tag{6-5}$$

第二类边界条件

若物体表面 S_2 上给定热流密度 q，则称之为第二类边界条件，用下式表示

$$k\frac{\partial T}{\partial n} - q = 0 \quad (t > 0, S \in S_2) \tag{6-6}$$

式中，k 为材料的热导率；n 表示表面 S_2 上任意点的外法线方向。

第三类边界条件

表面 S_3 上热损失给定，即

$$k\frac{\partial T}{\partial n} + h(T - T_\infty) = 0 \quad (t > 0, S \in S_3) \tag{6-7}$$

式中，h 为放热损失系数；T_∞ 为环境温度。

依照传热学中边界条件的分类，可以对塑性成形传热问题的边界条件进行分析和归类。如前所述，变形工件的边界（即外表面）可以分为自由表面和与模具接触表面 S_f 两部分，下面将分别给出这两种边界上的边界条件。

1. 自由表面

当发生塑性变形时，工件通过其自由表面以对流和辐射这两种方式向环境放热。根据传热学理论，对流换热可以表示为

$$q_c = h_c(T - T_\infty) \quad (S \in S_c) \tag{6-8}$$

式中，h_c称为表面传热系数，也叫对流换热系数；T_∞为环境温度。而辐射换热遵循斯忒藩-玻耳兹曼（Stefan-Boltzmann）定律，即

$$q_r = \sigma\varepsilon(T^4 - T_\infty^4) \quad (S \in S_c) \tag{6-9}$$

此处σ为斯忒藩-玻耳兹曼常量，ε表示物体表面黑度（又称辐射率），把式（6-9）稍加变换，可写成与式（6-8）相同的形式，即

$$q_r = h_r(T - T_\infty) \quad (S \in S_c) \tag{6-10}$$

式中，h_r称为辐射换热系数，表示为

$$h_r = \sigma\varepsilon(T^2 + T_\infty^2)(T + T_\infty) \tag{6-11}$$

应当指出，辐射换热系数h_r与温度成立方关系，因此它在热传递过程中变化很大，而σ为材料常数，ε是与材料及辐射形式有关的常数，可参阅传热学中有关内容。

2. 接触表面

热变形时模具与工件温差较大，所以工件在接触表面会产生热量损失。从微观上看，工件与模具接触时，仅在界面上的某些突起部位有真正接触，其余部分是空隙。空隙由液体（如冷却剂）、固体（如润滑剂和氧化皮）和气体这些间隙物质所填充。因此，界面上的热交换是通过真正接触点的导热、间隙物质导热及高温下空隙表面的辐射传热实现的，其传热机理十分复杂。工件通过接触面向模具传导热量时，由于其间存在着润滑剂，所以常用下式表示

$$q_d = h_{\mathrm{lub}}(T - T_d) \quad (S \in S_f) \tag{6-12}$$

式中，h_{lub}称为润滑剂热导率，该值需通过试验确定。

同时，工件接触表面上的质点与模具间存在着相对滑动，并伴有摩擦应力作用，这种摩擦作用会产生热量并通过该接触面作用于工件。对于接触面上摩擦产生的热流可以表示为

$$q_f = |f v_r| \quad (S \in S_f) \tag{6-13}$$

式中，f为摩擦应力；v_r为相对滑动速度。

综上所述，塑性成形中工件自由表面上为第三类边界条件，接触表面上同时存在第二类和第三类边界条件。

6.3 有限元公式与求解

6.3.1 传热问题的变分原理

求物体内温度分布问题，就是在满足边界条件，即式（6-5）~式（6-7），并在式（6-4）给出的初始条件下求解控制方程式（6-1）。这个求解问题可以等效地表达为对以下泛函I求极小值问题。

$$I = \frac{1}{2}\int_V \left\{k\left[\left(\frac{\partial T}{\partial x}\right)^2 + \left(\frac{\partial T}{\partial y}\right)^2 + \left(\frac{\partial T}{\partial z}\right)^2\right] - 2(\dot{q} - \rho c\dot{T})T\right\}\mathrm{d}V + \frac{1}{2}\int_{S_3} h(T - T_\infty)^2\mathrm{d}S - \int_{S_2} qT\mathrm{d}S \tag{6-14}$$

或
$$I = \frac{1}{2}\int_V [kT_{,i}T_{,i} - 2(\dot{q} - \rho c\dot{T})T]\mathrm{d}V + \frac{1}{2}\int_{S_3} h(T - T_\infty)^2\mathrm{d}S - \int_{S_2} qT\mathrm{d}S$$

式中，$T_{,i} = \dfrac{\partial T}{\partial x_i}(x_i = x, y, z)$。

下面证明当此泛函一阶变分为零时，与式（6-1）、式（6-6）和式（6-7）是等价的。

$$\delta I = \int_V [kT_{,i}\delta(T_{,i}) - (\dot{q} - \rho c\dot{T})\delta T]\mathrm{d}V + \int_{S_3} h(T - T_\infty)\delta T\mathrm{d}S - \int_{S_2} q\delta T\mathrm{d}S \tag{6-15}$$

因为

$$\begin{aligned}
\int_V \frac{\partial T}{\partial x}\delta\left(\frac{\partial T}{\partial x}\right)\mathrm{d}V &= \int_V \frac{\partial}{\partial x}\left(\frac{\partial T}{\partial x}\delta T\right)\mathrm{d}V - \int_V \frac{\partial^2 T}{\partial x^2}\delta T\mathrm{d}V \\
\int_V \frac{\partial T}{\partial y}\delta\left(\frac{\partial T}{\partial y}\right)\mathrm{d}V &= \int_V \frac{\partial}{\partial y}\left(\frac{\partial T}{\partial y}\delta T\right)\mathrm{d}V - \int_V \frac{\partial^2 T}{\partial y^2}\delta T\mathrm{d}V \\
\int_V \frac{\partial T}{\partial z}\delta\left(\frac{\partial T}{\partial z}\right)\mathrm{d}V &= \int_V \frac{\partial}{\partial z}\left(\frac{\partial T}{\partial z}\delta T\right)\mathrm{d}V - \int_V \frac{\partial^2 T}{\partial z^2}\delta T\mathrm{d}V
\end{aligned} \tag{6-16}$$

所以

$$\begin{aligned}
\int_V kT_{,i}\delta(T_{,i})\mathrm{d}V = &\int_V k\left[\frac{\partial}{\partial x}\left(\frac{\partial T}{\partial x}\delta T\right) + \frac{\partial}{\partial y}\left(\frac{\partial T}{\partial y}\delta T\right) + \frac{\partial}{\partial z}\left(\frac{\partial T}{\partial z}\delta T\right)\right]\mathrm{d}V - \\
&\int_V k\left(\frac{\partial^2 T}{\partial x^2} + \frac{\partial^2 T}{\partial y^2} + \frac{\partial^2 T}{\partial z^2}\right)\delta T\mathrm{d}V
\end{aligned} \tag{6-17}$$

由格林（Green）公式，式（6-17）变为

$$\int_V kT_{,i}\delta(T_{,i})\mathrm{d}V = \int_S k\frac{\partial T}{\partial n}\delta T\mathrm{d}S - \int_V kT_{,ii}\delta T\mathrm{d}V \tag{6-18}$$

把式（6-18）代入式（6-15），并注意到

$$\int_S k\frac{\partial T}{\partial n}\delta T\mathrm{d}S = \int_{S_2} k\frac{\partial T}{\partial n}\delta T\mathrm{d}S + \int_{S_3} k\frac{\partial T}{\partial n}\delta T\mathrm{d}S$$

可得

$$\begin{aligned}
\delta I = &-\int_V (kT_{,ii} + \dot{q} - \rho c\dot{T})\delta T\mathrm{d}V + \\
&\int_{S_2}\left(k\frac{\partial T}{\partial n} - q\right)\delta T\mathrm{d}S + \int_{S_3}\left[k\frac{\partial T}{\partial n} + h(T - T_\infty)\right]\delta T\mathrm{d}S
\end{aligned} \tag{6-19}$$

由于 $\delta I = 0$，并且考虑到 δT 的任意性，则由式（6-19）可以得到式（6-1）、式（6-6）和式（6-7）。于是得到以下传热问题的变分原理：

满足初始条件式（6-4）、边界条件式（6-6）和式（6-7），并能使泛函式（6-14）的一阶变分为零的温度场，必为本问题的正确解。

同理，对于柱坐标系下的轴对称问题，其泛函为

$$I_r = \frac{1}{2}\int_V [kT_{,i}T_{,i} - 2(\dot{q} - \rho c\dot{T})T]\mathrm{d}V + \frac{1}{2}\int_{S_3} h(T - T_\infty)^2\mathrm{d}S - \int_{S_2} qT\mathrm{d}S \tag{6-20}$$

式中，$T_{,i} = \dfrac{\partial T}{\partial r_i}(r_i = r, z)$。

6.3.2 有限元公式

设把待解区域分为 E 个单元，n 个节点。那么任一单元 e 内的温度分布可用节点温度表示，即

$$T = \sum_i N_i T_i = \boldsymbol{H}^{\mathrm{T}} \boldsymbol{T}^e \tag{6-21}$$

式中，N_i是形函数；T_i为单元e内节点i的温度。对于二维四节点单元

$$\begin{aligned}\boldsymbol{H}^{\mathrm{T}} &= (N_1, N_2, N_3, N_4)\\ \boldsymbol{T}^e &= (T_1, T_2, T_3, T_4)^{\mathrm{T}}\end{aligned} \tag{6-22}$$

对于三维八节点六面体单元，为

$$\begin{aligned}\boldsymbol{H}^{\mathrm{T}} &= (N_1, N_2, N_3, N_4, N_5, N_6, N_7, N_8)\\ \boldsymbol{T}^e &= (T_1, T_2, T_3, T_4, T_5, T_6, T_7, T_8)^{\mathrm{T}}\end{aligned} \tag{6-23}$$

将泛函式（6-14）离散化，并令其一阶变分为零，即

$$\delta I = \sum_e \delta I^e = 0 \tag{6-24}$$

其中

$$\delta I^e = \int_V^e [kT_{,i}\delta(T_{,i}) - (\dot{q} - \rho c\dot{T})\delta T]\mathrm{d}V + \int_{S_3^e} h(T - T_\infty)\delta T\mathrm{d}S - \int_{S_2^e} q\delta T\mathrm{d}S \tag{6-25}$$

由于

$$\delta I^e = (\delta \boldsymbol{T}^e)^{\mathrm{T}} \frac{\partial I^e}{\partial \boldsymbol{T}^e} \tag{6-26}$$

$$\begin{aligned}\frac{\partial T}{\partial x}\delta\left(\frac{\partial T}{\partial x}\right) &= (\delta \boldsymbol{T}^e)^{\mathrm{T}}\left(\frac{\partial \boldsymbol{H}}{\partial x}\frac{\partial \boldsymbol{H}^{\mathrm{T}}}{\partial x}\right)\boldsymbol{T}^e\\ \frac{\partial T}{\partial y}\delta\left(\frac{\partial T}{\partial y}\right) &= (\delta \boldsymbol{T}^e)^{\mathrm{T}}\left(\frac{\partial \boldsymbol{H}}{\partial y}\frac{\partial \boldsymbol{H}^{\mathrm{T}}}{\partial y}\right)\boldsymbol{T}^e\\ \frac{\partial T}{\partial z}\delta\left(\frac{\partial T}{\partial z}\right) &= (\delta \boldsymbol{T}^e)^{\mathrm{T}}\left(\frac{\partial \boldsymbol{H}}{\partial z}\frac{\partial \boldsymbol{H}^{\mathrm{T}}}{\partial z}\right)\boldsymbol{T}^e\end{aligned} \tag{6-27}$$

或

$$T_{,i}\delta(T_{,i}) = (\delta \boldsymbol{T}^e)^{\mathrm{T}}(\boldsymbol{H}_{,i}\boldsymbol{H}_{,i}^{\mathrm{T}})\boldsymbol{T}^e$$

而且

$$\delta T = (\delta \boldsymbol{T}^e)^{\mathrm{T}}\boldsymbol{H} \tag{6-28}$$

$$\dot{T} = \boldsymbol{H}^{\mathrm{T}}\dot{\boldsymbol{T}}^e \tag{6-29}$$

将式（6-26）~式（6-29）代入式（6-20），并考虑$(\delta \boldsymbol{T}^e)^{\mathrm{T}}$的任意性，得

$$\begin{aligned}\frac{\partial I^e}{\partial \boldsymbol{T}^e} = &\int_{V^e} k(\boldsymbol{H}_{,i}\boldsymbol{H}_{,i}^{\mathrm{T}})\boldsymbol{T}^e\mathrm{d}V + \int_{V^e}\rho c(\boldsymbol{H}\boldsymbol{H}^{\mathrm{T}})\dot{\boldsymbol{T}}^e\mathrm{d}V + \\ &\int_{S_3^e} h(T - T_\infty)\boldsymbol{H}\mathrm{d}S - \int_{S_2^e} q\boldsymbol{H}\mathrm{d}S\end{aligned} \tag{6-30}$$

又由于

$$\boldsymbol{H}_{,i} = \left(\frac{\partial N_1}{\partial x_i}, \frac{\partial N_2}{\partial x_i}, \cdots\right)^{\mathrm{T}} \tag{6-31}$$

式中，$x_i = (x, y, z)$。

令

$$M_{ij} = \frac{\partial N_i}{\partial x_j} \tag{6-32}$$

则

$$\boldsymbol{H}_{,i}(\boldsymbol{H}_{,i})^{\mathrm{T}} = \boldsymbol{M}\boldsymbol{M}^{\mathrm{T}} \tag{6-33}$$

其中，

$$M = \begin{pmatrix} \frac{\partial N_1}{\partial x} & \frac{\partial N_2}{\partial x} & \frac{\partial N_3}{\partial x} & \frac{\partial N_4}{\partial x} \\ \frac{\partial N_1}{\partial y} & \frac{\partial N_2}{\partial y} & \frac{\partial N_3}{\partial y} & \frac{\partial N_4}{\partial y} \end{pmatrix}^{\mathrm{T}} \quad \text{（二维四节点单元）} \tag{6-34}$$

$$M = \begin{pmatrix} \frac{\partial N_1}{\partial x} & \frac{\partial N_2}{\partial x} & \frac{\partial N_3}{\partial x} & \frac{\partial N_4}{\partial x} & \frac{\partial N_5}{\partial x} & \frac{\partial N_6}{\partial x} & \frac{\partial N_7}{\partial x} & \frac{\partial N_8}{\partial x} \\ \frac{\partial N_1}{\partial y} & \frac{\partial N_2}{\partial y} & \frac{\partial N_3}{\partial y} & \frac{\partial N_4}{\partial y} & \frac{\partial N_5}{\partial y} & \frac{\partial N_6}{\partial y} & \frac{\partial N_7}{\partial y} & \frac{\partial N_8}{\partial y} \\ \frac{\partial N_1}{\partial z} & \frac{\partial N_2}{\partial z} & \frac{\partial N_3}{\partial z} & \frac{\partial N_4}{\partial z} & \frac{\partial N_5}{\partial z} & \frac{\partial N_6}{\partial z} & \frac{\partial N_7}{\partial z} & \frac{\partial N_8}{\partial z} \end{pmatrix}^{\mathrm{T}} \quad \text{（三维八节点单元）} \tag{6-35}$$

而对于二维单元

$$\begin{pmatrix} \frac{\partial N_i}{\partial x} \\ \frac{\partial N_i}{\partial y} \end{pmatrix} = J^{-1} \begin{pmatrix} \frac{\partial N_i}{\partial \xi} \\ \frac{\partial N_i}{\partial \eta} \end{pmatrix} \tag{6-36}$$

式中，J^{-1} 雅可比为（Jacobian）转置矩阵 J 的逆矩阵。

对于三维单元

$$\begin{pmatrix} \frac{\partial N_i}{\partial x} \\ \frac{\partial N_i}{\partial y} \\ \frac{\partial N_i}{\partial z} \end{pmatrix} = J^{-1} \begin{pmatrix} \frac{\partial N_i}{\partial \xi} \\ \frac{\partial N_i}{\partial \eta} \\ \frac{\partial N_i}{\partial \zeta} \end{pmatrix} \tag{6-37}$$

将式（6-33）代入式（6-30），并代入式（6-19）将各单元方程组合整理可得

$$KT + C\dot{T} = Q \tag{6-38}$$

式中，K 为总体热传导矩阵；C 为总体热容矩阵；T 和 $\dot{T}$ 分别为节点温度矢量和节点温度变化率矢量；Q 为总体热流矢量。其表达式分别为

$$K = \sum_e \int_{V^e} kMM^{\mathrm{T}} \mathrm{d}V \tag{6-39}$$

$$C = \sum_e \int_{V^e} \rho cHH^{\mathrm{T}} \mathrm{d}V \tag{6-40}$$

$$Q = Q_p + Q_c + Q_d + Q_f \tag{6-41}$$

其中，

$$Q_p = \sum_e \int_{V^e} k_p \bar{\sigma}\, \dot{\bar{\varepsilon}} H \mathrm{d}V$$

$$Q_c = -\sum_e \int_{S_c^e} (h_r + h_c)(T_s - T_\infty) H \mathrm{d}S \tag{6-42}$$

$$Q_d = -\sum_e \int_{S_f^e} h_{\mathrm{lub}} (T_s - T_d) H \mathrm{d}S$$

$$\boldsymbol{Q}_f = \sum_e \int_{S_f^e} q_f \boldsymbol{H} \mathrm{d}S$$

式中，$\boldsymbol{Q}_p$、$\boldsymbol{Q}_c$、$\boldsymbol{Q}_d$、$\boldsymbol{Q}_f$ 分别为节点内热源热流矢量、对流和辐射损失热流矢量、模具接触传导热损失热流矢量以及摩擦生热热流。

同理，可获得柱坐标系下轴对称问题的有限元公式，其总体热流平衡方程为

$$\boldsymbol{K}_r \boldsymbol{T} + \boldsymbol{C}_r \dot{\boldsymbol{T}} = \boldsymbol{Q}_r \tag{6-43}$$

其中，

$$\boldsymbol{K}_r = \sum_e \int_{V^e} k \boldsymbol{M} \boldsymbol{M}^{\mathrm{T}} \mathrm{d}V \tag{6-44}$$

$$\boldsymbol{M} = \begin{pmatrix} \dfrac{\partial N_1}{\partial r} & \dfrac{\partial N_2}{\partial r} & \dfrac{\partial N_3}{\partial r} & \dfrac{\partial N_4}{\partial r} \\ \dfrac{\partial N_1}{\partial z} & \dfrac{\partial N_2}{\partial z} & \dfrac{\partial N_3}{\partial z} & \dfrac{\partial N_4}{\partial z} \end{pmatrix} = \boldsymbol{J}^{-1} \begin{pmatrix} \dfrac{\partial N_1}{\partial \xi} & \dfrac{\partial N_2}{\partial \xi} & \dfrac{\partial N_3}{\partial \xi} & \dfrac{\partial N_4}{\partial \xi} \\ \dfrac{\partial N_1}{\partial \eta} & \dfrac{\partial N_2}{\partial \eta} & \dfrac{\partial N_3}{\partial \eta} & \dfrac{\partial N_4}{\partial \eta} \end{pmatrix} \tag{6-45}$$

$$\boldsymbol{C}_r = \sum_e \int_{V^e} \rho c \boldsymbol{H} \boldsymbol{H}^{\mathrm{T}} r \mathrm{d}V \tag{6-46}$$

$$\boldsymbol{Q}_r = \boldsymbol{Q}_p^r + \boldsymbol{Q}_c^r + \boldsymbol{Q}_d^r + \boldsymbol{Q}_f^r \tag{6-47}$$

$$\boldsymbol{Q}_p^r = \sum_e \int_{V^e} k_p \bar{\sigma} \dot{\bar{\boldsymbol{\varepsilon}}} \boldsymbol{H} \mathrm{d}V \tag{6-48}$$

$$\boldsymbol{Q}_c^r = -\sum_e \int_{S_c^e} (h_r + h_c)(T_s - T_\infty) H \mathrm{d}S$$

$$\boldsymbol{Q}_d^r = -\sum_e \int_{S_f^e} h_{\mathrm{lub}} (T_s - T_d) H \mathrm{d}S$$

$$\boldsymbol{Q}_f^r = \sum_e \int_{S_f^e} q_f \boldsymbol{H} \mathrm{d}S$$

6.3.3　瞬态传热问题的解法

由式（6-38）或式（6-43）可知，总体热流平衡方程组同时含有 $\boldsymbol{T}$ 和 $\dot{\boldsymbol{T}}$ 两组未知矢量，因而不能直接求解。原因在于瞬态传热问题的控制微分方程属于抛物型方程，它既与空间坐标有关，又与时间有关。能否把有限元法用在时间方面上，至今尚未取得成功。目前，时间 t 以两种较为简单的方法处理。

1）令时间 t 暂时固定，即先考虑在某一瞬时条件（即 $\dot{\boldsymbol{T}}$ 仅是坐标的函数）下对泛函变分，然后再考虑 t 的变化，即进行时间域的离散。

2）先把 $\dot{\boldsymbol{T}}$ 用某一差分格式展开，例如，$\dot{\boldsymbol{T}} = (\boldsymbol{T}_t - \boldsymbol{T}_{t-\Delta t})/\Delta t$，然后变分，变分时 $\boldsymbol{T}_{t-\Delta t}$ 和 Δt 均作为已知常量。虽然上述两种方法有所差异，但得到的结果却是相同的。事实上，它们的本质是一致的，即对时间变量 t 用差分方法处理。考虑到推导方便及便于理解，一般都采用第一种方法。式（6-38）和式（6-43）就是用该方法实施的前半部分。

通过对时间域的差分离散，进而求得瞬态传热问题任意时刻乃至最后的温度场，即为该问题的直接积分法或逐步积分法。下面我们来推导对于时间的积分法。

以直角坐标系下的有限元方程式（6-38）为例，式中 $\boldsymbol{K}$、$\boldsymbol{C}$ 假定与 $\boldsymbol{T}$ 无关，而 $\boldsymbol{Q}$ 为已知时间的函数。假设 t 时刻的温度 $\boldsymbol{T}_t$ 与 $t+\Delta t$ 时刻的温度 $\boldsymbol{T}_{t+\Delta t}$ 有下述关系

$$T_{t+\Delta t} = T_t + [(1-\beta)\dot{T}_t + \beta\dot{T}_{t+\Delta t}]\Delta t \tag{6-49}$$

式中，$\dot{T}_t$、$\dot{T}_{t+\Delta t}$分别代表 t 和 $t+\Delta t$ 时刻的温度率；β 因子的取值范围是 $0\leqslant\beta\leqslant1$，它取不同值对应不同的时间差分格式。若 $\beta=0$，则得到前差法或欧拉法，即

$$\dot{T}_t = (T_{t+\Delta t} - T_t)/\Delta t \tag{6-50}$$

当 $\beta=\frac{1}{2}$时，可以得到中心差分公式或克兰克-尼科尔森（Crank-Nicholson）差分法，即

$$\frac{1}{2}(\dot{T}_t + \dot{T}_{t+\Delta t}) = (T_{t+\Delta t} - T_t)/\Delta t \tag{6-51}$$

当 $\beta=1$ 时，则为后差法。

$$\dot{T}_{t+\Delta t} = (T_{t+\Delta t} - T_t)/\Delta t \tag{6-52}$$

上述几种典型的差分格式，对温度求解精度和稳定性影响不一。前差法属显式差分，具有求解简单、快速的优点，但其解的稳定性是有条件的，即时间步长 Δt 不能太大，必须小于临界步长，否则结果会出现振荡。中心差分法和后差法都属于隐式差分格式，稳定性好，中心差分法较后差法求解精度高，但有时也会出现解的振荡现象，后差法则无条件稳定，解的精度仅与时间步长 Δt 的大小有关。综合考虑求解精度、效率和稳定性，$0.67<\beta<0.88$ 较为适宜，通常取 $\beta=0.75$。

如下所示，由式（6-38）和式（6-49），可以推导出一个隐式方法。先写出 t 时刻的，再写出 $t+\Delta t$ 时刻的式（6-38），然后将其中第一个方程乘以（$1-\beta$），第二个方程乘以 β，得

$$(1-\beta)(KT_t + C\dot{T}_t) = (1-\beta)Q_t$$

$$\beta(KT_{t+\Delta t} + C\dot{T}_{t+\Delta t}) = \beta Q_{t+\Delta t}$$

将以上两个方程相加，并用式（6-49）来消去温度对时间的导数$\dot{T}_t$和$\dot{T}_{t+\Delta t}$，结果为

$$\left(\frac{1}{\Delta t}C + \beta K\right)T_{t+\Delta t} = \left[\frac{1}{\Delta t}C + (1-\beta)K\right]T_t + (1-\beta)Q_t + \beta Q_{t+\Delta t} \tag{6-53}$$

或者

$$\hat{K}T_{t+\Delta t} = \hat{Q}_{t+\Delta t} \tag{6-54}$$

其中，

$$\hat{K} = \frac{1}{\Delta t}C + \beta K \tag{6-55}$$

$$\hat{Q}_{t+\Delta t} = \left[\frac{1}{\Delta t}C + (1-\beta)K\right]T_t + (1-\beta)Q_t + \beta Q_{t+\Delta t} \tag{6-56}$$

这样，由 $t=0$ 时刻已知的T_0（即初始条件），用式（6-53）或式（6-54）求出$T_{\Delta t}$，然后由$T_{\Delta t}$求得$T_{2\Delta t}$，如此依次进行，则可解出该问题的温度场。

6.4 耦合分析技术

热变形工件内部的塑性变形和传热发生在同一空间域和时间域，但由于变形与传热二者

属于不同物理性质的问题，即分别由瞬态刚塑性边值问题和瞬态热传导问题描述，因此其对应场量难以采用联立求解的方法分析。由前述分析可知，刚塑性有限元法采用增量法逐步解出工件的塑性变形的场量（如速度场、应力场、应变场等），而温度场则采用时间差分格式逐步积分得到。这样可以在某一瞬时分别计算变形和温度，通过二者之间的联系，将它们的相互影响考虑进去，以实现热变形过程的耦合分析。

变形与传热的耦合分析方法与时间域 t 的处理方式有关，常用的处理方式主要有两种：增量区间的耦合迭代法和增量区间的分开迭代法（准静态统一格式）。

6.4.1　耦合迭代法

对于热黏塑性变形过程的任一增量区间，或该过程的任一温度场积分区间 $[t, t+\Delta t]$，由式（6-49）定义的时间 t 差分格式，可得

$$\dot{\boldsymbol{T}}_{t+\Delta t} = \frac{1}{\beta \cdot \Delta t} T_{t+\Delta t} - \frac{1}{\beta \cdot \Delta t} T_t - \frac{1-\beta}{\beta} \dot{T}_t = \frac{1}{\beta \cdot \Delta t} \boldsymbol{T}_{t+\Delta t} + \hat{\dot{\boldsymbol{T}}} \tag{6-57}$$

其中，

$$\hat{\dot{\boldsymbol{T}}} = -\frac{1}{\beta \cdot \Delta t} T_t - \frac{1-\beta}{\beta} \dot{\boldsymbol{T}}_t \tag{6-58}$$

然后，按式（6-38）建立 $t+\Delta t$ 时刻的平衡方程，并将式（6-57）代入整理可得

$$\left(\boldsymbol{K} + \frac{1}{\beta \cdot \Delta t}\boldsymbol{C}\right)\boldsymbol{T}_{t+\Delta t} = \boldsymbol{Q}_{t+\Delta t} - \boldsymbol{C}\hat{\dot{\boldsymbol{T}}} \tag{6-59}$$

式中，$\boldsymbol{T}_t$ 由上一步计算确定，而 $\dot{\boldsymbol{T}}_t$ 则由 t 时刻的平衡方程解出。这样就可由式（6-59）逐步解出变形过程的温度场。耦合迭代法的求解步骤如下。

1）给定初始温度场 $\boldsymbol{T}_0$（初始条件）。

2）计算对应 $\boldsymbol{T}_0$ 的初始速度场 $\dot{\boldsymbol{u}}$。

3）由式（6-38）用 $\dot{\boldsymbol{u}}$ 和 $\boldsymbol{T}_0$ 求出初始温度率向量 $\dot{\boldsymbol{T}}_0$。

4）计算 $\hat{\dot{\boldsymbol{T}}}$。

5）更新节点坐标及有关变形场量，为下一增量计算准备。

6）速度场 $\dot{\boldsymbol{u}}_{t+\Delta t}$ 和温度场 $\boldsymbol{T}_{t+\Delta t}$ 的迭代计算：

① 利用前一步的速度场计算 $\boldsymbol{T}_{t+\Delta t}$ 的第一次近似，即

$$\left(\boldsymbol{K} + \frac{1}{\beta \cdot \Delta t}\boldsymbol{C}\right)\boldsymbol{T}_{t+\Delta t}^{(1)} = \boldsymbol{Q}_{t+\Delta t}^{(1)} - \boldsymbol{C}\hat{\dot{\boldsymbol{T}}}$$

② 在 $\boldsymbol{T}_{t+\Delta t}^{(1)}$ 状态下求解新的速度场；

③ 用新的速度场计算温度场 $\boldsymbol{T}_{t+\Delta t}$，即

$$\left(\boldsymbol{K} + \frac{1}{\beta \cdot \Delta t}C\right)\boldsymbol{T}_{t+\Delta t}^{(2)} = \boldsymbol{Q}_{t+\Delta t}^{(2)} - \boldsymbol{C}\hat{\dot{\boldsymbol{T}}}$$

④ 重复②～③步迭代计算，直至二者都收敛。

7）由式（6-38）计算 $\dot{\boldsymbol{T}}_{t+\Delta t}$。

8）重复4）~7）步，直到变形过程结束。

该耦合分析方法的要点是，在增量区间 $[t, t+\Delta t]$ 内，初值为$\boldsymbol{T}_t$、$\dot{\boldsymbol{T}}_t$ 和 $\dot{\boldsymbol{u}}_t$，它们分别为上一步区间的对应终值，由初值到终值 $\dot{\boldsymbol{u}}_{t+\Delta t}$ 和$\boldsymbol{T}_{t+\Delta t}$同时采用迭代法计算，对变形与温度的相互影响作用进行此种处理。但是应当注意，速度 $\dot{\boldsymbol{u}}$ 和温度 $\boldsymbol{T}$ 的迭代含义略有不同，前者是在同一时刻的非线性迭代，而后者则是该时间区间积分的迭代。一般来说，$\boldsymbol{T}$ 的迭代较快，仅需3~4步，而 $\dot{\boldsymbol{u}}$ 的迭代次数相对较多些，因此温度计算耗费机时较少。

6.4.2 分开迭代法

耦合迭代法虽然具有耦合度较高的优点，但也存在着计算程序比较复杂的不足，并且时间步长 Δt 往往与变形分析中工件接触边界的动态变化有关，不能事先给定。若在同一增量区间内，分别计算速度场和温度场，并且该区间内均为准静状态，则为分开迭代法。

分开迭代时温度场求解采用式（6-53），其分析步骤如下。

1）给定初始温度场$\boldsymbol{T}_0$。

2）计算对应的速度场 $\dot{\boldsymbol{u}}$。

3）更新节点坐标和有关变形场量，为下一步计算准备。

4）由前一步速度解利用式（6-53）先迭代计算本步温度场$\boldsymbol{T}_{t+\Delta t}$。

5）在$\boldsymbol{T}_{t+\Delta t}$状态下求解本步速度解 $\dot{\boldsymbol{u}}_{t+\Delta t}$。

6）重复3）~5）步，直到变形结束。

耦合迭代法耦合度高，求解精度也尚可，但是其求解过程复杂，并且编程也较为复杂。但仔细分析不难看出，这种耦合迭代没有太大必要。其关键在于变形过程与传热过程的非线性特征不同，并且迭代算法的本质也不同。前者不仅整个过程是非线性的，而且任意瞬时关于速度的有限元方程由于材料非线性的影响也是非线性的，因此有限元计算时采用牛顿-拉弗森迭代法求解，一旦获得收敛的速度场就近似认为是该区间的速度场，亦即假定任一增量区间速度场不变。这样，速度场的迭代求解具有瞬时性。而后者的整个过程应该说是非线性的，尤其是考虑边界辐射传热时，但其瞬时非线性不太显著，并且其有限元方程中非线性部分主要集中在右端的热流矢量部分，故而求解时采用直接迭代法或自迭代法，其迭代的实质在时间上具有阶段性，即从初值$\boldsymbol{T}_t$ 通过逐步积分到达$\boldsymbol{T}_{t+\Delta t}$。

在同一增量区间内将速度与温度分别迭代计算，不仅程序处理较为简单，而且解的精度与耦合迭代法相差很小，其原因在于温度解的非线性特征很弱。与耦合迭代法相比，分开迭代法求解温度场时可避免计算温度对时间的导数 $\dot{\boldsymbol{T}}$，因而简化计算。应当指出，无论采用哪种耦合方法，模具的温度场计算必须与工件的温度场计算同步，这是由于热变形时工件在接触面上的热损失对其温度场变化的影响最大。

思 考 题

1. 如何确定变形体的传热边界？
2. 实现变形与传热耦合分析的关键技术是什么？

第 7 章 刚塑性有限元法实施中的关键技术

前几章主要介绍了刚塑性有限元基本理论、方法和公式，根据这些公式就可以进行计算求解。但在处理实际问题时，还有一些技术问题必须解决。刚塑性有限元法实施中的关键技术问题就包括初始速度场生成、模具型腔几何描述、毛坯与模具接触边界的动态变化以及有限元网格的重新划分等。

这些关键技术对于刚塑性有限元方法的求解能力、求解精度及实用性都具有十分重要的作用。

7.1 初始速度场确定

在利用牛顿-拉弗森迭代法求解刚塑性有限元法的非线性方程组时，需要设定一个初始速度场作为求解的初始点。尽管牛顿-拉弗森迭代法收敛速度很快，但前提条件是初始速度场要接近于真实解，反之则可能导致求解不收敛，也就是意味着求解过程的失败，由此可以看出初始速度场确定的重要性。应当指出，初始速度场并不要十分精确，但是它必须基本符合求解问题的材料塑性流动规律。

构造初始速度场的主要方法有以下几种：①初等法；②细化网格法；③近似泛函法；④线性本构关系法或直接迭代法。

本节主要介绍后两种方法即近似泛函法和线性本构关系法。

7.1.1 近似泛函法

近似泛函法的基本思想是建立一个类似于原函数的近似泛函，并且由该近似泛函得到的有限元基本方程是一个线性方程组，然后由这个线性方程组解出满足待解问题边界条件的速度场，作为初始速度场。

1. 近似泛函构造

拉格朗日乘子法

$$G_1 = \left[\int_V \left(\bar{\sigma}\ \dot{\bar{\varepsilon}}\right)^2 \mathrm{d}V + \int_V \lambda \dot{\varepsilon}_V \mathrm{d}V \pm \int_{S_p} (p_i v_i)^2 \mathrm{d}S\right]^{\frac{1}{2}} \tag{7-1}$$

罚函数法

$$G_2 = \left[\int_V \left(\bar{\sigma}\ \dot{\bar{\varepsilon}}\right)^2 \mathrm{d}V + \int_V \frac{\alpha}{2}\dot{\varepsilon}_V^2 \mathrm{d}V \pm \int_{S_p} (p_i v_i)^2 \mathrm{d}S\right]^{\frac{1}{2}} \tag{7-2}$$

式中，“±”号的取法是，当 $p_i v_i$ 为正时，取“－”号，反之取“＋”号。

可以看出式（7-1）～式（7-2）中等效应变率是以平方项的形式出现，它是节点速度的二次式。因此，将其离散化后求一阶偏微分，得到一线性方程组，可一次求出满足边界条件的初始速度场。

2. 有限元公式

将式（7-1）~式（7-2）各式离散化后，并令其一阶变分为零，通过整理后可得对应的有限元方程如下

拉格朗日乘子法

$$\begin{pmatrix} \boldsymbol{K}_1+\boldsymbol{K}_2 & \boldsymbol{Q} \\ \boldsymbol{Q}^{\mathrm{T}} & \boldsymbol{0} \end{pmatrix}\begin{pmatrix} \dot{\boldsymbol{u}} \\ \boldsymbol{\lambda} \end{pmatrix}=\boldsymbol{0} \tag{7-3}$$

罚函数法

$$(\boldsymbol{K}_1+\boldsymbol{K}_2+\boldsymbol{K}_3)\dot{\boldsymbol{u}}=\boldsymbol{0} \tag{7-4}$$

式中

$$\boldsymbol{K}_1=\sum_e\int_{V^e}2\overline{\sigma}^2\boldsymbol{A}\mathrm{d}V \tag{7-5}$$

$$\boldsymbol{K}_2=\sum_e\int_{S_F^e}2\,\boldsymbol{N}^{\mathrm{T}}\boldsymbol{F}\,(\boldsymbol{N}^{\mathrm{T}}\boldsymbol{F})^{\mathrm{T}}\mathrm{d}S \tag{7-6}$$

$$\boldsymbol{K}_3=\sum_e\alpha\int_{V^e}\boldsymbol{C}\boldsymbol{C}^{\mathrm{T}}\mathrm{d}V \tag{7-7}$$

可利用以上相应公式，求出既满足速度边界条件，又满足体积不变条件，而且接近真实解的初始速度场。

7.1.2 直接迭代法

直接迭代法亦即线性本构关系法，它实际上也是一种近似泛函法。与前面介绍的近似泛函法的不同之处在于，它是从本构关系近似线性化入手，构造泛函。由于刚塑性有限元基本方程的非线性是由于材料的物理非线性所致，所以由这个近似泛函得到的有限元基本方程必然是一个线性方程组，其解可作为初始速度场。

1. 近似本构关系与有限元公式

若将刚塑性/黏塑性材料作为线黏性材料，即

$$\sigma_{ij}=2\mu\dot{\varepsilon}_{ij} \tag{7-8}$$

式中，μ 为材料的黏度，并且 μ 与 $\dot{\varepsilon}_{ij}$ 无关。与刚塑性材料的本构关系相比，可以得到以下刚塑性/黏塑性材料本构关系的黏度 μ 的表达式

$$\mu=\mu\left(\dot{\overline{\varepsilon}}\right)=\frac{\overline{\sigma}}{3\dot{\overline{\varepsilon}}} \tag{7-9}$$

式中，$\overline{\sigma}$ 为材料屈服应力。

采用类似方法，可由式（7-9）构造出如下近似泛函。

拉格朗日乘子法

$$\Pi=\int_V 3\mu\,\dot{\overline{\varepsilon}}^2\mathrm{d}V+\int_V\lambda\,\dot{\varepsilon}_V\mathrm{d}V-\int_{S_p}p_iv_i\mathrm{d}S \tag{7-10}$$

罚函数法

$$\Pi = \int_V 3\mu\,\dot{\bar{\varepsilon}}^2\mathrm{d}V + \frac{\alpha}{2}\int_V \dot{\varepsilon}_V^2\mathrm{d}V - \int_{S_p} p_i v_i \mathrm{d}S \tag{7-11}$$

在满足变形几何关系、体积不变条件及速度边界条件的许可速度场中，近似速度场 v_i 应使各泛函取极值。这样，采用假设线黏性材料模型得到的泛函既简单有效，而且程序编制亦很方便。

下面给出由各近似泛函推导出的有限元基本方程经离散化后的形式，具体如下。

拉格朗日乘子法

$$\begin{pmatrix} \boldsymbol{K}_1 & \boldsymbol{Q} \\ \boldsymbol{Q}^{\mathrm{T}} & \boldsymbol{0} \end{pmatrix}\begin{pmatrix} \dot{\boldsymbol{u}} \\ \boldsymbol{\lambda} \end{pmatrix} = \boldsymbol{P} \tag{7-12}$$

罚函数法

$$(\boldsymbol{K}_1 + \boldsymbol{K}_2)\dot{\boldsymbol{u}} = \boldsymbol{P} \tag{7-13}$$

其中，

$$\boldsymbol{K}_1 = \sum_e \int_{Ve} 3\mu \boldsymbol{A}\mathrm{d}V \tag{7-14}$$

$$\boldsymbol{K}_2 = \sum_e \alpha\int_{Ve} \boldsymbol{C}\boldsymbol{C}^{\mathrm{T}}\mathrm{d}V \tag{7-15}$$

由于式（7-12）、式（7-13）是有限元基本方程关于节点速度矢量 $\dot{\boldsymbol{u}}$ 的线性方程组，故可以直接求得满足速度边界条件、体积不可压缩条件以及线黏性假定的速度场，而该速度场完全可以作为牛顿-拉弗森求解的初始速度场。

2. 迭代解法

求解以上关于节点速度矢量的线性方程组时，需要预先给定材料的黏度。由式（7-9）可以看出，这就相当于设定一个等效应变速度场。这个设定值对解式（7-12）~式（7-13）的线性方程组所得到的速度场有一定影响，一般可取 $\mu=50\sim100\sigma_s$ 或 $\dot{\bar{\varepsilon}}=10^{-2}$。为了使解答接近于真实速度场，实际使用时常采用迭代方法求解，称为直接迭代法。

以罚函数法为例，由给定的黏度 μ（或 $\dot{\bar{\varepsilon}}$）求解式（7-13）得到速度场解，然后再用这个速度解求出各单元的等效应变率 $\dot{\bar{\varepsilon}}$，返回式（7-9）第二次求解，如此反复进行直到各单元黏度 μ 变化很小为止，收敛判据可用 $\|\Delta\mu\| / \|\mu\| \leqslant \varepsilon_3$（$\varepsilon_3$ 为一小正数）。此时的速度场解就作为初始速度场。这种迭代方法不同于牛顿-拉弗森迭代法，往往前几步收敛，随后趋于缓慢。因此，建议一般取迭代计算 3~5 步所得到的速度场解来作为初始速度场。

直接迭代法主要用于初解时为牛顿-拉弗森迭代法构造出适宜的初始速度场。另外，当牛顿-拉弗森迭代法的解收敛不好时（如接触边界变化较大或材料性能有突变时，可能会出现的情况）可用它来重新改善迭代速度场，使牛顿-拉弗森迭代法能自动进行下去直到收敛。这样，可以增加程序迭代求解时的连续计算功能，减少计算过程中出现不收敛现象的可能性。

7.2 模具型腔的几何描述

在刚黏塑性有限元的模拟中，模具型腔曲面的几何描述是后续相关算法的基础，如动态接触边界的处理、网格畸变判别中网格单元对模具的干涉以及金属材料是否充满型腔的评价等。三维模具型腔曲面十分复杂，通常是由多种空间曲面光滑拼接而成的。为此，必须选择合适的曲面描述方法来对模具型腔等曲面进行准确的数学描述。

塑性加工中模具型腔通常是由若干不同的曲面光滑过渡连接而成的，这些曲面包括可解析描述的曲面（如球面、圆柱面、圆锥面、平面等）和自由曲面。目前可以用于模具型腔曲面的描述方法有网格法、代数法、和非均匀有理 B 样条曲线（NURBS，Non-Uniform Rational B-SpLine）法等。网格法是一种离散的曲面描述方法，即将连续的模具型腔曲面离散成多个空间平面三角形或四边形面片，用空间平面近似代替曲面。显然，离散的面片越多，离散精度越高，但其描述的数据量也就越多，并且求交时遍历搜索的计算量也越大，这种方法适用于模具型腔曲面变化比较平缓的情况。NURBS 曲面具有强大的造型功能，几乎可以准确描述所有类型的空间曲面，也便于与 CAD/CAM 系统接口。但是，采用 NURBS 曲面独立开发一套通用系统的工作量相当大，而且计算精度和效率也难以保证。因此，在使用 NURBS 法曲面描述模具型腔曲面时，最好在一些具有 NURBS 功能的 CAD/CAM 商品软件平台上进行开发。相比之下，采用代数法尽管可描述的曲面类型较两种方法少些，但由于其算法相对简单、运算精度高、速度快等优点，特别适合于微型计算机系统。下面主要介绍代数法和 NURBS 法。

7.2.1 代数法

模具型腔的代数法描述是直接用代数方程式表示曲线、曲面和平面，并通过解低阶的代数方程组来确定曲面的交线。该方法有应用简单、求解时存储量小、运算速度快等优点，但很难描述自由曲线和曲面，如模具型腔中常见的过渡曲面就无法描述，故适合在微型计算机系统上运行。

1. 模具曲面代数方程形式

在几何造型中，代数法是用参数形式表示曲面和曲线。这是因为参数方程表示的曲面或曲线比代数方程在计算机造型中具有更大的优势，如便于处理斜率为无限大的问题、易于用矢量和矩阵表示几何分量等。在有限元模拟中，对于二维问题，模具曲面为所定义坐标平面上的曲线，而三维问题则为空间曲面。下面分别介绍。

（1）曲线　一般，在直角坐标系 Oxy 中，对于任一平面曲线，可把曲线上的点的坐标 x 和 y 表示成一个关于参数 t 的单值函数，则曲线的参数方程为

$$\begin{cases} x = x(t) \\ y = y(t) \end{cases} \quad (a \leqslant t \leqslant b) \tag{7-16}$$

在二维模具形状的描述中，通常采用直线和圆弧段相结合的方式。直线是最简单的平面曲线，设线段的端点为 A 和 B，它们的坐标分别为（x_A，y_A）和（x_B，y_B），线段的参数方程为

$$\begin{cases} x = x_A + (x_B - x_A)t \\ y = y_A + (y_B - y_A)t \end{cases} \quad (0 \leqslant t \leqslant 1) \tag{7-17}$$

圆弧也是应用较广泛的曲线，设圆弧半径为 R，圆心为 C（x_C，y_C），以角度 θ 为参数，且其相对 x 轴逆时针方向变化，则参数方程为

$$\begin{cases} x = x_C + R\cos\theta \\ y = y_C + R\sin\theta \end{cases} \quad (\theta_s \leqslant \theta \leqslant \theta_e) \tag{7-18}$$

式中，θ_s和θ_e分别是圆弧的起始角和终止角。

（2）曲面　在坐标系 $Oxyz$（不一定是直角坐标系）中，如果空间任一曲面上的点的坐标 x、y、z 可以表示成两个参数 u、v 的单值函数，则曲面的参数方程为

$$\begin{cases} x = x(u,v) \\ y = y(u,v) \\ z = z(u,v) \end{cases} \quad (u,v \in G) \tag{7-19}$$

式中，u，$v \in G$ 表示 u，v 的值所受的制约，也就是说，对于满足这个制约条件的每一对 u、v 的值，函数 x、y、z 都有确定值；反过来，曲面上每一点的坐标，都可以由满足制约条件的一对 u、v 值通过上述方程表示。u、v 称为曲面的参数。

在三维模具型腔的代数描述中，常用的具体的形式包括：平面、球面和圆柱面等。对于平面，设 $P_0(x_0,y_0)$、$P_1(x_1,y_1)$ 和 $P_2(x_2,y_2)$ 为平面上的三个已知点，由这三个点可唯一的确定一平面，则平面的参数方程为

$$\begin{cases} x = x_0 + t_1(x_1 - x_0) + t_2(x_2 - x_0) \\ y = y_0 + t_1(y_1 - y_0) + t_2(y_2 - y_0) \\ z = z_0 + t_1(z_1 - z_0) + t_2(z_2 - z_0) \end{cases} \tag{7-20}$$

式中，t_1和 t_2为参数。

对于球面，设其半径为 r，球心在空间直角坐标系的原点 O，若 $P(x,y,z)$ 为球面上任意一点，过点 P 作 xOy 面的垂线，与 xOy 面交于点 M，θ 为矢量$\overrightarrow{OM}$到$\overrightarrow{OP}$的角，φ 为由 x 轴到$\overrightarrow{OM}$的角，则点 P 位置由 φ 和 θ 完全确定，球面的参数方程为

$$\begin{cases} x = r\cos\varphi\cos\theta \\ y = r\sin\varphi\cos\theta \\ z = r\sin\theta \end{cases} \quad \left(0 \leqslant \varphi \leqslant 2\pi,\ -\frac{\pi}{2} \leqslant \theta \leqslant \frac{\pi}{2}\right) \tag{7-21}$$

式中，φ 和 θ 为参数。

对于圆柱面，设圆柱面底面的圆心为坐标原点，其半径为 r，回转轴为 z 轴，在此坐标系下圆柱面的参数方程为

$$\begin{cases} x = r\cos\theta \\ y = r\sin\theta \\ z = t \end{cases} \quad (0 \leqslant \theta \leqslant 2\pi) \tag{7-22}$$

式中，θ 和 t 为参数。

2. 确定曲面上局部坐标系

刚塑性有限元模拟中，工件网格表面自由节点与模具型腔曲面接触后成为接触节点，此时无论进行与摩擦功率项有关的计算还是速度边界条件的处理，都需要确定该节点的切法向局部坐标系，这一问题可归结为模具曲面上与该接触节点相重合点的切法向坐标系的确定。

设接触节点 P 的坐标为 (x_P, y_P, z_P)，与点 P 接触的模具曲面方程为 $F(x,y,z) = 0$，则曲面上该点处的单位法矢为

$$\boldsymbol{n} = \pm (n_x, n_y, n_z)^{\mathrm{T}} \tag{7-23}$$

式中，

$$
\begin{cases}
n_x = \left(\dfrac{\partial F}{\partial x}\right)_P \Bigg/ \sqrt{\left(\dfrac{\partial F}{\partial x}\right)_P^2 + \left(\dfrac{\partial F}{\partial y}\right)_P^2 + \left(\dfrac{\partial F}{\partial z}\right)_P^2} \\
n_y = \left(\dfrac{\partial F}{\partial y}\right)_P \Bigg/ \sqrt{\left(\dfrac{\partial F}{\partial x}\right)_P^2 + \left(\dfrac{\partial F}{\partial y}\right)_P^2 + \left(\dfrac{\partial F}{\partial z}\right)_P^2} \\
n_z = \left(\dfrac{\partial F}{\partial z}\right)_P \Bigg/ \sqrt{\left(\dfrac{\partial F}{\partial x}\right)_P^2 + \left(\dfrac{\partial F}{\partial y}\right)_P^2 + \left(\dfrac{\partial F}{\partial z}\right)_P^2}
\end{cases}
\tag{7-24}
$$

若以 $\boldsymbol{n}$ 代表接触节点 P 处的单位法矢，则该法矢应该由工件指向模具，那么就涉及式(7-23) 中“+”或“-“号的选取问题。仅从几何角度确定符号比较困难，所以本文提出如下一种较为简洁有效的判断方法。

若节点 P 处的速度矢量为 $\dot{\boldsymbol{u}}_P$，模具曲面片速度矢量为 $\boldsymbol{v}_d$，则节点 P 与曲面片的相对速度矢量为

$$\Delta\dot{\boldsymbol{u}} = (\dot{\boldsymbol{u}}_P - \boldsymbol{v}_d)/|\dot{\boldsymbol{u}}_P - \boldsymbol{v}_d| \tag{7-25}$$

由法矢 $\boldsymbol{n}$ 与 $\Delta\dot{\boldsymbol{u}}$ 的点积，可得

$$\cos\theta = \boldsymbol{n}\cdot\Delta\dot{\boldsymbol{u}} \tag{7-26}$$

若 $\cos\theta \geqslant 0$，则 $|\theta| \leqslant \pi/2$，即式 (7-23) 取“+”号，否则 $\cos\theta < 0$，则式 (7-23) 取“-”号。

点 P 的法矢确定之后，就可以建立该点的切法向局部坐标系 Ot_1t_2n。从理论上讲，其两切向坐标轴只要为曲面过点 P 的切平面上任意两相互正交的单位矢量即可。但是考虑到相邻接触节点的连续变化，需要采用图形变换中绕任意轴旋转变换的方法求其两切矢。基本思想是将局部坐标系中的 t_1、t_2 和 n 轴分别与整体坐标系 $Oxyz$ 中的 x、y 和 z 轴对应，若 z 与 n 轴的夹角为 β，则将 $Oxyz$ 坐标系绕上一给定轴旋转 β 角，即 z 轴与 n 轴重合时 $Oxyz$ 坐标系就变成了 Ot_1t_2n 坐标系，如图 7-1 所示。

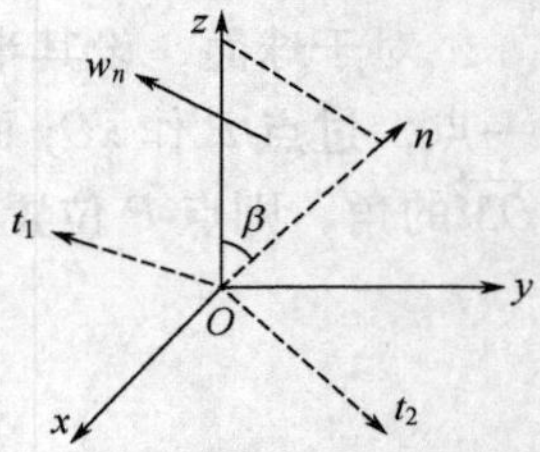

图 7-1 接触节点局部坐标系的确定

设该旋转轴为 w_n，若 z 轴单位矢量为 $\boldsymbol{k}$，它可以定义为

$$\boldsymbol{w}_n = \boldsymbol{k} \times \boldsymbol{n} = (a, b, c)^{\mathrm{T}} \tag{7-27}$$

式中，

$$
\begin{cases}
a = -n_y \Big/ \sqrt{n_x^2 + n_y^2} \\
b = n_x \Big/ \sqrt{n_x^2 + n_y^2} \\
c = 0
\end{cases}
\tag{7-28}
$$

上述旋转变换可以看成 $Oxyz$ 坐标系分别绕 x 轴和 y 轴旋转适当角度与 z 轴重合，再绕 z 轴旋转 β 角，最后再做上述旋转过程的逆变换，使之回到原来位置，则其总旋转变换矩阵为

$$\boldsymbol{R} = \boldsymbol{R}_x\,\boldsymbol{R}_y\,\boldsymbol{R}_z\,\boldsymbol{R}_x^{-1}\,\boldsymbol{R}_y^{-1} \tag{7-29}$$

式中，

$$\boldsymbol{R}_x=\begin{pmatrix}1 & 0 & 0\\ 0 & \dfrac{c}{v} & \dfrac{b}{v}\\ 0 & -\dfrac{b}{v} & \dfrac{c}{v}\end{pmatrix} \tag{7-30}$$

$$\boldsymbol{R}_y=\begin{pmatrix}v & 0 & a\\ 0 & 1 & 0\\ -a & 0 & v\end{pmatrix} \tag{7-31}$$

$$\boldsymbol{R}_z=\begin{pmatrix}\cos\beta & \sin\beta & 0\\ -\sin\beta & \cos\beta & 0\\ 0 & 0 & 1\end{pmatrix} \tag{7-32}$$

式中，$v=\sqrt{b^2+c^2}$。由式（7-29）确定的旋转变换矩阵 $\boldsymbol{R}$ 就是点 P 切法向坐标系中各轴的单位矢量（按行排列）。

7.2.2　NURBS 法

NURBS 法属于几何造型技术中的自由曲线曲面造型方法。它最初由造型功能不完善的孔斯（Coons）曲线曲面发展而来，经历了贝塞尔（Bezier）曲线曲面和 B 样条曲线曲面，最终发展到非均匀有理 B 样条 NURBS。NURBS 方法近年来有较快的发展和较广泛的应用，主要原因包括：

① 对于标准的解析形状（如圆锥曲线、二次曲面、回转面等）和自由曲线曲面提供了统一的数学表示，无论是解析形状还是自由格式的形状均有统一的表示参数；

② 可通过控制点和权因子灵活地改变形状；

③ 非有理 B 样条、有理及非有理贝塞尔曲线，曲面是 NURBS 的特例。

因此，NUBRS 最具一般性，所以当几何形体同时存在自由曲线曲面和解析曲线曲面时，应用 NUBRS 方法最为有效。

1. 曲线

一条 k 次 NURBS 曲线可以表示为一分段有理多项式矢函数

$$p(u)=\frac{\sum_{i=0}^{n} w_i d_i N_{i,k}(u)}{\sum_{i=0}^{n} w_i N_{i,k}(u)} \tag{7-33}$$

式中，$d_i(i=0,1,\cdots,n)$ 为控制顶点；$N_{i,k}(u)$ 是由节点矢量决定的 k 次规范 B 样条基函数；$w_i(i=0,1,\cdots,n)$ 为权因子，分别与控制顶点 $d_i(i=0,1,\cdots,n)$ 相联系。由式（7-33）可知 NURBS 曲线的形状受到其控制顶点、权因子和节点矢量的影响。模具型腔多由直线和圆弧构成，用 NURBS 方法构造时需针对不同情况分别处理。

对于直线，以其两端点 d_0 和 d_1 作为控制顶点，权因子取为 $w_0=w_1=1$；对于圆弧，因为作为型腔曲线的组成部分其圆心角都小于 180°即 $|\theta|\in(0°,180°)$。可以用首末端点 d_0、d_2 及过这两点切线的交点 d_1 为控制顶点，取正权因子 $w_0=w_2=1$，$w_1=\cos\dfrac{\theta}{2}$来定义。

节点矢量的确定采用积累弦长参数化法，首末节点取成重复度 $r=k+1$，节点计算公式为：

$$\begin{cases} u_0 = u_1 = \cdots = u_k = 0 \\ u_i = u_{i-1} + |\Delta d_{i-k-1}| \\ u_{n+1} = u_{n+2} = \cdots = u_{n+k+1} = 1(i = k+1,\cdots,n+1) \end{cases}$$

但由此获得的参数是不规范的，即 $[u_0, u_n] \neq [0, 1]$，欲获得规范化参数 $[u_0, u_n] = [0, 1]$，需将上述参数作如下处理：

$$u_i \Leftarrow u_i / u_{n+1} \quad (i = k+1,\cdots,n+1)$$

三次非均匀有理 B 样条曲线的矩阵可表示为

$$WP_i(u) = (1,u,u^2,u^3)M_4 \begin{pmatrix} W_i d_i \\ W_{i+1} d_{i+1} \\ W_{i+2} d_{i+2} \\ W_{i+3} d_{i+3} \end{pmatrix} (i = 0,1,\cdots,n-3;0 \leqslant u \leqslant 1) \tag{7-34}$$

将上式化简展开，可得到用三次 NURBS 方法描述的任意一段型腔曲线的方程，

$$P_i(u) = \frac{a_3u^3 + a_2u^2 + a_1u + a_0}{f_3u^3 + f_2u^2 + f_1u + f_0} \quad (0 \leqslant u \leqslant 1) \tag{7-35}$$

式中，a_i，f_i（$i=0$，1，2，3）是由权因子、控制顶点和节点矢量确定的常数。

2. 曲面

NURBS 曲面是由 NURBS 曲线在空间推广而生成的表面表示的，一张 $k \times 1$ 阶 NURBS 曲面的有理多项式定义为

$$C(u,w) = \frac{\sum_{i=0}^{m}\sum_{j=0}^{n} W_{ij} \boldsymbol{P}_{ij} N_{i,k}(u) N_{j,l}(w)}{\sum_{i=0}^{m}\sum_{j=0}^{n} W_{ij} N_{i,k}(u) N_{j,l}(w)} \tag{7-36}$$

式中，$\boldsymbol{P}_{ij}$（$i=0$，1，2，…，m；$j=0$，1，2，…，n）是矩形域上特征网格控制点列；W_{ij}是相应控制点的权因子；$N_{i,k}$（u）和 $N_{j,l}$（v）分别是沿 u 向的 k 阶和沿 w 向的 l 阶 B 样条基函数，u 向和 w 向的节点矢量分别为

$$\boldsymbol{U} = (u_0, u_1, \cdots, u_{m+k+1}) \tag{7-37}$$

$$\boldsymbol{W} = (w_0, w_1, \cdots, w_{n+l+1}) \tag{7-38}$$

按德布尔递推公式决定。

3. 切向和法向矢量的确定

对于 NURBS 曲线，其切向单位矢量可由 NURBS 曲线方程求导得到，表示为

$$\boldsymbol{s} = \frac{\partial p(u)}{|\partial p(u)|} \tag{7-39}$$

对于 NURBS 曲面，两个切矢量分别为

$$\boldsymbol{s} = \frac{\partial \boldsymbol{C}(u,w)}{\partial u} \Bigg/ \left| \frac{\partial \boldsymbol{C}(u,w)}{\partial u} \right|$$

$$\boldsymbol{t} = \frac{\partial \boldsymbol{C}(u,w)}{\partial w} \Bigg/ \left| \frac{\partial \boldsymbol{C}(u,w)}{\partial w} \right| \tag{7-40}$$

法矢量可由两个切矢量的矢量积求得，即

$$\boldsymbol{n} = \pm \boldsymbol{s} \times \boldsymbol{t} \tag{7-41}$$

式中，"+"或"-"号的选取可采用式（7-26）的方法。

4. 局部坐标的确定

在进行有限元模拟计算时，为消除整体刚度矩阵的奇异性，需引入约束条件，但通常局部切法向坐标系（s，n）与整体坐标系（x，y）不重合，需要对刚度矩阵实施旋转变换。用 NURBS 实现坐标变换的首要前提就是确定切向 s 与 x 轴正向的夹角 θ，下面以 NURBS 曲线为例进行介绍。

将式（7-35）以横纵坐标的形式分别表示为

$$\begin{cases} P_{ix}(u) = \dfrac{a_{3x}u^3 + a_{2x}u^2 + a_{1x}u + a_{0x}}{f_3u^3 + f_2u^2 + f_1u + f_0} \\ P_{iy}(u) = \dfrac{a_{3y}u^3 + a_{2y}u^2 + a_{1y}u + a_{0y}}{f_3u^3 + f_2u^2 + f_1u + f_0} \end{cases} \tag{7-42}$$

式（7-42）中的各项系数同式（7-35），即

$$P'_{ix}(u) = \frac{[(3a_{3x}u^2 + 2a_{2x}u + a_{1x})(f_3u^3 + f_2u^2 + f_1u + f_0) - (a_{3x}u^3 + a_{2x}u^2 + a_{1x}u + a_{0x})(3f_3u^2 + 2f_2u + f_1)]}{(f_3u^3 + f_2u^2 + f_1u + f_0)^2}$$

$$P'_{iy}(u) = \frac{[(3a_{3y}u^2 + 2a_{2y}u + a_{1y})(f_3u^3 + f_2u^2 + f_1u + f_0) - (a_{3y}u^3 + a_{2y}u^2 + a_{1y}u + a_{0y})(3f_3u^2 + 2f_2u + f_1)]}{(f_3u^3 + f_2u^2 + f_1u + f_0)^2}$$

$$P'(u) = \sqrt{P'_{ix}(u)^2 + P'_{iy}(u)^2}$$

则

$$\theta = \arccos \frac{P'_{ix}(u)}{P'(u)}$$

从而方便地得到旋转变换矩阵 $\boldsymbol{T}$。

7.3　动态接触边界的自动处理技术

塑性加工的主要目标之一就是利用模具使变形工件由外形简单的坯料，通过塑性变形转化成预定的外形较为复杂的产品。这种形状变化实质上是在模具的作用和约束下，金属材料发生塑性流动，使得坯料外表面质点与模具型腔表面不断接触，反过来又作用于金属材料而连续实现的。因此，塑性加工过程是变形工件与模具接触的动态变化过程。在塑性变形过程的任一瞬时，工件外表面可以分为自由表面和接触表面两部分，自由表面上的质点由于塑性变形会与模具表面接触，而接触表面质点也有可能会与模具表面脱离，工件与模具的接触表面是随时间变化的。

刚塑性有限元采用增量法求解大变形问题，它是以增量加载（变形）过程来逼近连续塑性变形的实际过程。因此，在每个增量区间内必须考虑自由节点的接触和已接触节点的脱模，以及有限元离散所造成的已接触点在空间上的脱离或嵌入模具。

7.3.1 基于代数法的自由节点接触模具的判断

设第 m 步增量变形的时间区间为 $[t_{m-1}, t_m]$，采用牛顿-拉弗森迭代法解出该区间收敛的速度场后，各自由节点就以该速度场给定的速度在空间运动，它们与模具是否接触是由本身与模具的相对运动所决定的，而接触条件可以归结为任一自由节点与模具接触时间的确定。

自由节点接触模具时间

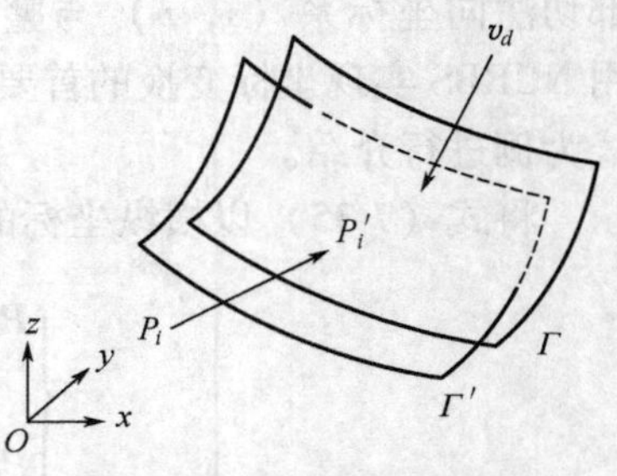

图 7-2 自由节点接触模具示意图

设 P_i 和 $\dot{\boldsymbol{u}}_i$ 分别表示任一自由节点于 t_{m-1} 时刻在空间的位置和速度矢量，Γ 和 Γ' 表示模具型腔曲面在 t_{m-1} 和 t_m 时的几何方程，$\boldsymbol{v}_d$ 为模具速度矢量，如图 7-2 所示。若经过 Δt_m 时间以后（$\Delta t_m = t_m - t_{m-1}$），节点 P_i 运动到 P_i'，而 P_i' 又正好位于 Γ' 上，则表明节点 P_i 与模具发生接触。从几何上讲，它等价于以 P_i 为起始点，以其与模具相对速度矢量方向作一射线，对该射线与 Γ 求交。

实际上有限元模拟时增量时间步长 Δt_m 并非预先知道，而是应根据各自由节点的接触情况而定。为保证模拟精度，步长 Δt_m 往往要规定一个限定值。小林史郎（S. Kobayashi）认为，应按增量变形的条件 $\Delta H/H \leqslant 0.01$ 确定该限定值 $\Delta t_{\lim}$。因此，为简化分析可以将上述射线求交的问题转化为有界线段与模具表面求交的问题。

该有界线段 $P_i P_i'$ 的参数方程为

$$\boldsymbol{X} = \boldsymbol{D}u + \boldsymbol{E} \quad (0 \leqslant u \leqslant 1) \tag{7-43}$$

式中，$\boldsymbol{X} = (x, y, z)^{\mathrm{T}}$，表示 $P_i P_i'$ 上任一点的位置矢量；$\boldsymbol{D} = (\dot{\boldsymbol{u}}_i - \boldsymbol{v}_d)\Delta t_{\lim}$；$\boldsymbol{E} = (x_i, y_i, z_i)^{\mathrm{T}}$。

若第 J 片模具曲面的方程为 $\Gamma_J(\boldsymbol{X}) = 0$，则上述求交问题变为求解以下方程

$$\Gamma_J(\boldsymbol{D}u + \boldsymbol{E}) = 0 \tag{7-44}$$

式（7-44）是关于参数 u 的代数方程，其阶次取决于曲面方程的具体形式，若 u^* 为系数 u 的解，对应交点为 $\boldsymbol{X}^*$，则上式有实交的条件为

$$\begin{cases} 0 \leqslant u^* \leqslant 1 \\ X^* \in R_J \end{cases} \tag{7-45}$$

式中，R_J 表示曲面 Γ_J 的边界。

满足式（7-45）实交条件后，自由节点 P_i 与模具的接触时间为

$$(\Delta t_m)_i = u^* \Delta t_{\lim} \tag{7-46}$$

如上所述，对 t_m 时刻所有自由节点遍历上述过程，从中选取最小值即可作为增量区间 Δt_m，即

$$\Delta t_m = \min\{(\Delta t_m)_i\} \quad (i = 1, 2, \cdots) \tag{7-47}$$

同时，接触时间等于 Δt_m 的自由节点在 t_m 时刻，即在下一增量的变形计算时变为接触节点，而其他自由节点的性质保持不变。

下面分别针对二维问题中模具型腔为直线和圆弧这两种情况来说明上述具体求解过程。

（1）直线　若模具轮廓段 Γ_J 为直线 $P_1 P_2$，则它可以用以下参数方程表示

$$\begin{cases} x = x_1 + (x_2 - x_1)w \\ y = y_1 + (y_2 - x_1)w \end{cases} \quad (0 \leqslant w \leqslant 1) \tag{7-48}$$

式中，(x_1, y_1) 和 $(x_2,、y_2)$ 分别为端点 P_1 和 P_2 的坐标。

对于自由节点 P_i，根据式（7-43）其有向线段 $P_i P_i'$ 的参数方程为

$$\begin{cases} x = x_i + D_x u \\ y = y_i + D_y u \end{cases} \quad (0 \leqslant u \leqslant 1) \tag{7-49}$$

以上两式中，u 和 w 为两直线的参数变量，即式（7-48）、式（7-49）都是参数形式的直线方程。联立式（7-48）和式（7-49），则交点的参数 (u, w) 应满足

$$\begin{cases} (x_2 - x_1)w - D_x u = x_i - x_1 \\ (y_2 - y_1)w - D_y u = y_i - y_1 \end{cases} \tag{7-50}$$

式（7-50）是关于参数 u 和 w 的二元一次方程组，令

$$\Delta = \begin{vmatrix} x_2 - x_1 & -D_x \\ y_2 - y_1 & -D_y \end{vmatrix}$$

则对该方程组的解做如下讨论：

若 $\Delta = 0$，说明 $P_iP_i' /\!/ P_1 P_2$（包括重合或部分重合），对这种情况视为不相交，即没有实交点。

若 $\Delta \neq 0$，则可求得

$$\begin{cases} w = \dfrac{1}{\Delta} \begin{vmatrix} x_i - x_1 & -D_x \\ y_i - y_1 & -D_y \end{vmatrix} \\ u = \dfrac{1}{\Delta} \begin{vmatrix} x_2 - x_1 & x_i - x_1 \\ y_2 - y_1 & y_i - y_1 \end{vmatrix} \end{cases} \tag{7-51}$$

只有当参数解 w^* 和 u^* 同时满足有界条件（即 $0 \leqslant w^* \leqslant 1$ 并且 $0 \leqslant u^* \leqslant 1$）时，$P_iP_i'$ 与 P_1P_2 才确实有一个交点。否则，认为二者没有实交点。P_iP_i' 与 P_1P_2 存在实交点说明自由节点可能与模具型腔 Γ_J 接触。

（2）圆弧　二次曲线中典型的曲线是圆弧段，若圆弧半径为 r，圆心坐标为 (x_C, y_C)，则圆弧的参数方程为

$$\begin{cases} x = x_C + r\cos\theta \\ y = y_C + r\sin\theta \end{cases} \quad (\theta_s \leqslant \theta \leqslant \theta_e) \tag{7-52}$$

式中，θ_s 和 θ_e 分别为圆弧的起始角和终止角。这时直线 P_iP_i' 与圆弧交点处的参数 (u, θ) 应满足

$$\begin{cases} x_i + D_x u = x_C + r\cos\theta \\ y_i + D_y u = y_C + r\sin\theta \end{cases} \tag{7-53}$$

消去 θ 并整理得

$$Au^2 + Bu + C = 0 \tag{7-54}$$

其中，

$$A = D_x^2 + D_y^2$$

$$B = 2D_x(x_i - x_C) + 2D_y(y_i - y_C)$$
$$C = (x_i - x_C)^2 + (y_i - y_C)^2 + r^2$$

当 $B^2 - 4AC < 0$ 时，式（7-54）无实根，说明 $P_iP'_i$ 与圆弧不相交；

当 $B^2 - 4AC > 0$ 时，式（7-54）有两个实根 u_1 和 u_2，由式（7-53）得到对应于 θ 的两个根 θ_1 和 θ_2。但是最多只能从其中选取一个，当 u_i（$i=1$，2）均满足 $0 \leqslant u_i \leqslant 1$，并且 θ_i 也满足 $\theta_s \leqslant \theta_i \leqslant \theta_e$ 时，参数 u 的解为

$$u^* = \min\{u_1, u_2\}$$

若只有一个根满足参数的有界条件，则这个根就是解，说明 $P_iP'_i$ 与圆弧有实交点；否则，无实交点。

当 $B^2 - 4AC = 0$ 时，说明 $P_iP'_i$ 与圆弧相切，只有切点处的参数（u，θ）满足有界条件，才是实切点。

将上面的讨论推广到一般的二次曲线，设二次曲线方程为

$$Ax^2 + Bxy + Cy^2 + Dx + Ey + F = 0 \tag{7-55}$$

则 $P_iP'_i$ 与其交点可由下式求出

$$Au^2 + Bu + C = 0 \tag{7-56}$$

式（7-56）与式（7-54）有相同的形式，其根的讨论与上面解的交点讨论也相同。

采用上述方法求出交点后，则节点 P_i 的时间步长 $(\Delta t_m)_i$ 可按式（7-46）求出。

7.3.2 基于 NURBS 的自由节点接触模具判断

如图 7-3 所示，设 P_I 和 V_I 分别表示任一自由节点 I 于 t_{m-1} 时刻在空间的位置和速度矢量，$\Gamma(t_{m-1})$ 和 $\Gamma(t_m)$ 分别表示模具型腔表面在 t_{m-1} 和 t_m 时刻的几何方程，V_d 为模具速度矢量。经过时间 Δt 后，节点 I 由 P_1 运动到 P'_I，而 P'_I 又位于 $\Gamma(t_m)$ 上，即节点与模具产生接触。如前文所述，从几何上讲这等价于以 P_I 为起点，沿与模具相对速度矢量方向作一射线，对射线与 $\Gamma(t_{m-1})$ 求交。为简化分析将上述射线求交变为有界线段与模具表面求交。

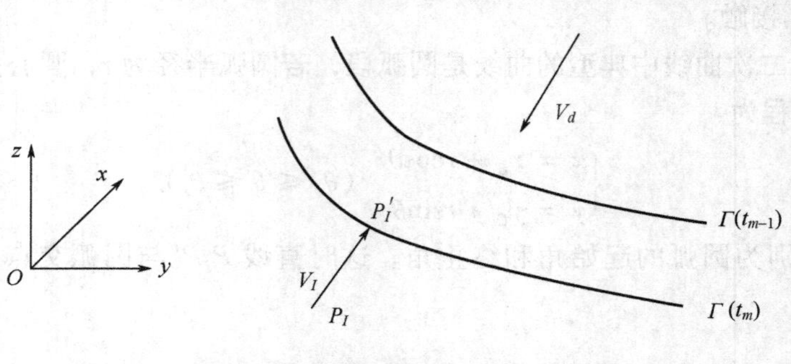

图 7-3 自由节点接触模具示意图

设有界线段为 $\overline{P_IP_t}$，其参数方程为

$$P(w) = A + Bw \quad (0 \leqslant w \leqslant 1) \tag{7-57}$$

由于模具型腔曲线由若干不同的曲线光滑过渡连接而成，根据几何造型理论可以归结为直线 $\overline{P_IP_t}$ 与构成模具表面的有界几何元素求交。设有界曲线参数方程采用三次 NURBS 方法可表示为

$$\Gamma_i(u) = \frac{a_3u^3 + a_2u^2 + a_1u + a_0}{f_3u^3 + f_2u^2 + f_1u + f_0} \quad (0 \leqslant u \leqslant 1) \tag{7-58}$$

有界线段与三次 NURBS 曲线相交，交点位置必须满足

$$P(w) = \Gamma_i(u) = r \tag{7-59}$$

Γ_i（u）采用分段三次曲线段，则每一条曲线段有两个非线性方程，只有两个未知数，故交点的一般式为：

$$\begin{cases} \dfrac{a_{3x}u^3 + a_{2x}u^2 + a_{1x}u + a_{0x}}{f_3u^3 + f_2u^2 + f_1u + f_0} = A_x + B_xw \\ \dfrac{a_{3y}u^3 + a_{2y}u^2 + a_{1y}u + a_{0y}}{f_3u^3 + f_2u^2 + f_1u + f_0} = A_y + B_yw \end{cases} \tag{7-60}$$

其中，

$$a_{3x} = m_{41}w_ix_i + m_{42}w_{i+1}x_{i+1} + m_{43}w_{i+2}x_{i+2} + m_{44}w_{i+3}x_{i+3}$$
$$a_{2x} = m_{31}w_ix_i + m_{32}w_{i+1}x_{i+1} + m_{33}w_{i+2}x_{i+2} + m_{34}w_{i+3}x_{i+3}$$
$$a_{1x} = m_{21}w_ix_i + m_{22}w_{i+1}x_{i+1} + m_{23}w_{i+2}x_{i+2} + m_{24}w_{i+3}x_{i+3}$$
$$a_{0x} = m_{11}w_ix_i + m_{12}w_{i+1}x_{i+1} + m_{13}w_{i+2}x_{i+2} + m_{14}w_{i+3}x_{i+3}$$
$$a_{3y} = m_{41}w_iy_i + m_{42}w_{i+1}y_{i+1} + m_{43}w_{i+2}y_{i+2} + m_{44}w_{i+3}y_{i+3}$$
$$a_{2y} = m_{31}w_iy_i + m_{32}w_{i+1}y_{i+1} + m_{33}w_{i+2}y_{i+2} + m_{34}w_{i+3}y_{i+3}$$
$$a_{1y} = m_{21}w_iy_i + m_{22}w_{i+1}y_{i+1} + m_{23}w_{i+2}y_{i+2} + m_{24}w_{i+3}y_{i+3}$$
$$a_{0y} = m_{11}w_iy_i + m_{12}w_{i+1}y_{i+1} + m_{13}w_{i+2}y_{i+2} + m_{14}w_{i+3}y_{i+3}$$
$$f_3 = m_{41}w_i + m_{42}w_{i+1} + m_{43}w_{i+2} + m_{44}w_{i+3}$$
$$f_2 = m_{31}w_i + m_{32}w_{i+1} + m_{33}w_{i+2} + m_{34}w_{i+3}$$
$$f_1 = m_{21}w_i + m_{22}w_{i+1} + m_{23}w_{i+2} + m_{24}w_{i+3}$$
$$f_0 = m_{11}w_i + m_{12}w_{i+1} + m_{13}w_{i+2} + m_{14}w_{i+3}$$

将式（7-60）化简为代数形式为

$$f(u) = h_6u^6 + h_5u^5 + h_4u^4 + h_3u^3 + h_2u^2 + h_1u + h_0 \tag{7-61}$$

其中，

$$h_6 = a_{3x}a_{3y}B_x - a_{3x}^2B_y - f_3B_xa_{3x}A_y + f_3a_{3x}B_yA_x$$

$$h_5 = a_{3x}a_{2y}B_x + a_{2x}a_{3y}B_x - 2a_{3x}a_{2x}B_y - f_3B_xa_{2x}A_y + f_3B_xa_{2y}A_x - f_2B_xa_{3x}A_y + f_2B_xa_{3y}A_x - f_3a_{2y}B_xA_x + f_3a_{2x}B_yA_x - f_2a_{3y}A_x + f_2a_{3y}B_yA_x$$

$$h_4 = a_{3x}a_{1y}B_x - 2a_{3x}a_{1x}B_y + a_{2x}a_{2y}B_x - a_{2x}^2B_y + a_{1x}a_{3y}B_x - f_3B_xa_{1x}A_y + f_3B_xa_{1y}A_x - f_2B_xa_{2x}A_y + f_2B_xa_{2y}A_x - f_1B_xa_{3x}A_y + f_1B_xa_{3y}A_x - f_3a_{1y}B_xA_x + f_3a_{1x}B_yA_x - f_2a_{2y}B_xA_x + f_2a_{2x}B_yA_x - f_1a_{3y}B_xA_x + f_1a_{3x}B_yA_x$$

$$h_3 = a_{3x}a_{0y}B_x - 2a_{3x}a_{0x}B_y + 2a_{2x}a_{1x}B_x - 2a_{2x}a_{1x}B_y + a_{1x}a_{2y}B_x + a_{0x}a_{3y}B_x - f_3B_xa_{0x}A_y + f_3B_xa_{0y}A_x - f_2B_xa_{1x}A_y + f_2B_xa_{1y}A_x - f_1B_xa_{2x}A_y + f_1B_xa_{2y}A_x - f_0B_xa_{3x}A_y + f_0B_xa_{3y}A_x - f_3a_{0y}B_xA_x + f_3a_{0x}B_yA_x - f_2a_{1y}B_xA_x + f_2a_{2x}B_yA_x - f_1a_{2y}B_xA_x + f_1a_{2x}B_yA_x - f_0a_{3y}B_xA_x + f_0a_{3x}B_yA_x$$

$$h_2 = a_{2x}a_{0y}B_x - 2a_{2x}a_{0x}B_y + a_{1x}a_{1y}B_x + a_{1x}^2B_x + a_{0x}a_{2y}B_x - f_2B_xa_{0x}A_y + f_2B_xa_{0y}A_x -$$

$$f_1B_xa_{1x}A_y+f_1B_xa_{1y}A_x-f_0B_xa_{2x}A_y+f_0B_xa_{2y}A_x-f_2a_{0y}B_xA_x+f_2a_{0y}B_yA_x-$$
$$f_1a_{1y}B_xA_x+f_1a_{1x}B_yA_x-f_0a_{2y}B_xA_x+f_0a_{2x}B_yA_x$$
$$h_1=a_{1x}a_{0y}B_x-2a_{1x}a_{0x}B_y+a_{0x}a_{1y}B_x-f_1B_xa_{0x}A_y+f_1B_xa_{0y}A_x-f_0B_xa_{1x}A_y+$$
$$f_0B_xa_{1y}A_x-f_1a_{0y}B_xA_x+f_1a_{0y}B_yA_x-f_0a_{1y}B_xA_x+f_0a_{1x}B_xA_x$$
$$h_0=a_{0x}a_{0y}B_x-a_{0x}^2B_y-f_0B_xa_{0x}A_y+f_0B_xa_{0y}A_x-f_0a_{0y}B_xA_x+f_0a_{0x}B_yA_x$$

式（7-61）为一元高次方程需采用数值法求解，根据牛顿-拉弗森迭代法

$$u_{i+1}=u_i-\frac{f(u_i)}{f'(u_i)} \tag{7-62}$$

其中，

$$f'(u_i)=6h_6u_i^5+5h_5u_i^4+4h_4u_i^3+3h_3u_i^2+2h_2u_i+h_1$$

令 $u_0=c, c\in[0,1]$ 为常数，若 $|u_{i+1}-u_i|<10^{-5}$，则 u_{i+1} 为式（7-61）的解，将 u_{i+1} 代入式（7-62）进而很容易求得 ω_i，由于交点解的多值性，必须进行参数有界判断，只有求出的交点解满足界限条件，即 $0\leqslant u_i\leqslant 1$，$0\leqslant\omega_i\leqslant 1$，才认为直线 $\overline{P_IP_t}$ 与该 NURBS 曲线元素有实交点，说明节点 I 可能与模具型腔 $\Gamma_i(u)$ 接触，此时接触时间

$$\Delta t_i=\omega_i\cdot\Delta t_{\lim}$$

否则，二者无实交点，不可能接触。

7.3.3 增量时间步长 Δt_m 的确定

以上讨论了表面任一自由节点与模具接触时间步长的确定方法，而增量区间时间步长 Δt_m 的选取与增量区间前后接触边界的调整模式有关。

1）每个增量区间至多只许一个自由节点与模具接触。在这种情况下，增量时间步长可由式（7-46）确定，即在所有自由节点中取时间步长最小值

$$\Delta t_m=\min\{(\Delta t_m)_i\}\quad(i=1,2,\cdots) \tag{7-63}$$

并且

$$\Delta t_m\leqslant\Delta t_{\lim} \tag{7-64}$$

式（7-64）表明，当 $\Delta t_m>\Delta t_{\lim}$ 时，接触边界不变，即没有自由节点与模具接触。这种边界动态调整方法可以保证有限元计算的精度，但有时计算效率较低。

2）等时间步长，即每个增量区间的时间步长都预先给定并且都为 $\Delta t_{\lim}$，若（Δt_m）$_i\leqslant\Delta t_{\lim}$ 则该节点与模具接触。这样在一个增量区间内，可能同时有几个自由节点与模具接触。

这种方法在某种程度上可以提高计算效率，但其精度不如第一种方法高。实际使用时，可以考虑二者的混合使用。一旦确定了增量步长后，就可以对模拟的历史过程量进行更新，并为下一增量区间的分析计算做准备。

7.3.4 接触节点的位置调整

在增量变形区间，已接触节点在模具的约束下运动，由于模具表面切法向坐标系的变化，该节点实际上会偏离模具表面：其一是节点穿透模具表面嵌入模具内；其二是离开模具表面并处于分离状态，如图 7-4 所示。这种现象是增量变形方法所引起的，在实际中是不可能的，因此在模拟时必须及时调整，否则会使计算出错或并造成很大误差。

调整方法与步骤如下。

1. 位置检查

检查已接触节点与模具几何边界的相对位置。设模具的几何方程为 $\Gamma'=0$，接触节点增量变形后的位置为 Q'，坐标用$\boldsymbol{X}_{Q'}$表示，若点 Q 满足

$$\Gamma'(\boldsymbol{X}_{Q'}) \leqslant \varepsilon \tag{7-65}$$

则表示该节点在模具表面上，不需进行调整；否则，表示该节点已偏离模具表面，应当进行位置调整。式中，ε 为一小正数，它的选取应考虑计算机计算容差大小。

2. 调整方法

调整原则是将这些节点沿最短距离重新拉到模具表面，并重新确定它的局部坐标系（切法向坐标系），如图7-4所示的 Q''位置。

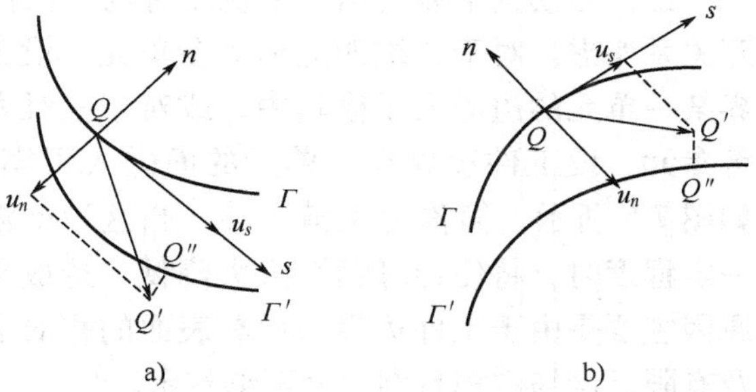

图7-4　接触节点嵌入和偏离模具表面
a) 偏离节点　b) 嵌入节点

根据几何造型理论，一个点与一个实体间的垂直距离最短，所以应将脱离模具表面的接触节点垂直拉回到模具表面。这便归结为求点到曲面的最短距离及曲面上的对应点（即调整后的位置）的问题。这个问题对二维平面中的曲线较为简单，但对于三维空间中的曲面则比较复杂，此处不再详叙，可参阅有关几何造型的书籍。

7.3.5　边界接触节点的脱模判断

当边界节点与模具表面接触时，受该表面的法向约束而处于受压状态，即接触节点受到的法向力或法向应力为压力，其值应小于零。因此可以通过检查接触节点的节点力或应力状态来判断下一增量步的接触状态，节点脱离模具的判断准则应为

$$F_n \geqslant 0 \text{ 或 } \sigma_n \geqslant 0 \tag{7-66}$$

式中，n 为接触节点处模具表面的法线方向；F_n、σ_n分别为该接触节点所受的法向力和法向应力。

若接触节点满足式（7-66），则该节点在下一增量计算中解除法向速度约束，脱离模具表面成为自由节点，此时节点的局部坐标系和整体坐标系方向相同。

在每个增量变形区间内，动态接触所需边界处理的顺序依次为：边界自由节点接触模具，所需时间的计算与增量时间步长的确定；已接触节点与模具表面相对位置的调整；接触节点的脱模判断。由此而形成的新接触边界，将供下一步增量变形分析使用。

7.4　有限元网格畸变与网格重分

网格重分是有限元计算中的重要过程，涉及以下几方面工作：第一，判断网格何时需重新划分，即建立网格重分的判别准则；第二，在旧网格所定义的工件构形下进行网格重新划分；第三，把旧网格内模拟信息（如应变、温度场和接触信息等）转换到新网格。

7.4.1 网格重新划分的判别准则

网格重分的判别是进行网格再划分操作时的首要问题。目前，在塑性有限元模拟中，主要是以单元畸变和工件与模具的干涉作为重分判据。这两条判据与金属塑性成形的大变形密切相关，应用起来简单方便，而且基本上能满足塑性有限元模拟的精度要求。

1. 工件与模具干涉判据

工件与模具干涉判据主要从工件与模具间的相互关系考虑。对于二维四边形等参单元，设工件边界某一单元的边进入了模具中，或对于三维六面体等参元，设工件边界某一单元的面进入了模具中，如图7-5所示，简称为工模干涉。当这种干涉达到一定程度时，将使计算精度大大降低。造成干涉的原因主要是由于工件边界与模具表面的相对运动以及有限元网格在模具圆角处不够致密。

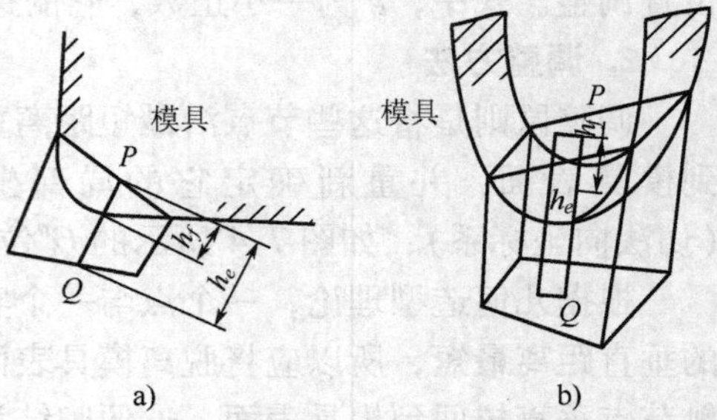

图7-5 边界干涉判据示意

a）四边形等参元 b）六面体等参元

在图7-5中，设点 P 为干涉边或面的中点，点 Q 为单元干涉边的对边中点或干涉面的对面中点。令 h_f 为 PQ 连线上点 P 与模具表面之间的距离，h_e 为点 P 与点 Q 的距离，则干涉判据由下式给出

$$\frac{h_f}{h_e} \geqslant C_i \tag{7-67}$$

式中，C_i 为用户定义的干涉判据常数，一般取为0.01或更大些。当满足式（7-67）时，则认为边界网格与模具发生一定干涉，应该进行网格调整或重新划分。

2. 网格畸变判据

网格畸变判据主要考虑单元内角的变化或单元边长间的相互关系。这主要是由单元的雅可比矩阵的行列式 $|\boldsymbol{J}|$ 的值决定的。以二维四节点单元为例，如图7-6所示。单元内任一点整体坐标与局部坐标的映射关系为

$$\begin{cases} x = \sum_{i=1}^{4} N_i(\xi,\eta)x_i \\ y = \sum_{i=1}^{4} N_i(\xi,\eta)y_i \end{cases} \tag{7-68}$$

为了保证单元内整体坐标（x，y）与局部坐标（ξ，η）的一一对应关系，必须使雅可比矩阵的行列式 $|\boldsymbol{J}|$ 的值在整个单元内均大于零。即

$$|\boldsymbol{J}| = \begin{vmatrix} \dfrac{\partial x}{\partial \xi} & \dfrac{\partial x}{\partial \eta} \\ \dfrac{\partial y}{\partial \xi} & \dfrac{\partial y}{\partial \eta} \end{vmatrix} > 0 \tag{7-69}$$

由于 $|\boldsymbol{J}|$ 是 ξ、η 的双线性函数，如果 $|\boldsymbol{J}|$ 在单元的四个节点处的值均为正值，则式（7-69）的条件一定成立。对于图7-6所示单元，各节点处 $|\boldsymbol{J}|$ 的值分别为

$$\begin{aligned} |\boldsymbol{J}|_{(-1,-1)} &= l_{12}l_{14}\sin\theta_1,\ |\boldsymbol{J}|_{(1,1)} = l_{32}l_{34}\sin\theta_3 \\ |\boldsymbol{J}|_{(1,-1)} &= l_{21}l_{23}\sin\theta_2,\ |\boldsymbol{J}|_{(-1,1)} = l_{41}l_{43}\sin\theta_4 \end{aligned} \tag{7-70}$$

式中，$l_{ij} = l_{ji}$表示节点 i 和 j 所定义的单元边长；θ_i为节点 i 处的角度。同时对于四边形单元有

$$\theta_1 + \theta_2 + \theta_3 + \theta_4 = 2\pi$$

因此，要使$|J|$在各节点处均为正值，必须满足

$$0 < \theta_i < \pi \quad (i = 1,2,3,4) \tag{7-71}$$

当然，θ_i在接近 0°或 180°时，式（7-71）显然满足但精度不高，这种情况是畸变的临界情形。实际应用时，若用内角表示，畸变判据常数为

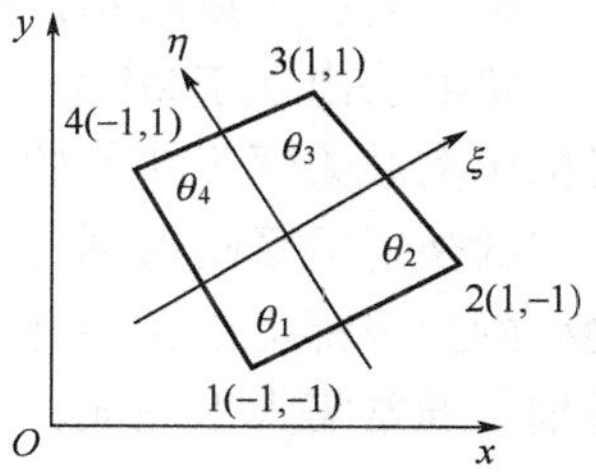

图 7-6　四节点四边形等参元

$$\theta_i \geqslant \frac{5}{6}\pi$$

或

$$\theta_i \leqslant \frac{\pi}{6} \tag{7-72}$$

当单元的某一内角满足式（7-72）时，则认为该网格畸变严重，应该对网格进行调整。

7.4.2　网格重新划分的技术方法

对于大部分金属成形工艺来说，由于工件内部的等效应变和应变率分布的不均匀，导致在网格中将只有一小部分单元发生干涉或严重畸变，而大部分尤其是内部单元的质量依然较好。此时，可以先只对少量畸变或干涉单元进行局部调整，调整无效或畸变单元过多时，再进行网格重分。

下面将详细阐述新网格建立的全过程。

1. 边界离散

为了使新网格的边界最大限度地接近变形体的轮廓，边界离散应尽可能准确。首先，把旧网格的单元边构成的边界作为特征线，对所有的网格边界节点进行检测，把能反映边界轮廓特征的点全提取出来。其次，对旧网格边界节点的接触信息进行搜索，把与模具接触的首尾点提取出来。最后，把几何特征点和接触点按一定的顺序排列起来组成新网格的边界线段。在获得边界线段后，根据场量在边界上的分布，确定每条线段两端点的单元尺寸比例，利用线性离散得到边界节点。

上述边界线段的接触部分是由接触点首尾相连而成的，所以此线段上产生的新节点有可能与模具不接触，但为了下一步的模拟分析可以正确施加约束，应对这些点进行修正。在修正时要首先确定边界节点所对应的模具几何元素，即节点与模具线段的相关判断，随后再修正节点的位置。修正的原则是把这些点沿最短的距离拉回到模具表面。经上述方法离散后得到的新网格边界不仅能准确反映工件的几何特征和场量变化，而且也为接触信息的传递提供了依据。

2. 新网格的生成

对于金属成形，由于其具有变形量大，局部变形严重等特点，所以在塑性有限元模拟时对网格生成法提出了一些特别要求：首先，严格控制沿工件和模具接触面上网格的规整性和密度，以提高解的精度和减少网格重分次数；其次，使网格过渡区域最小化，以缩短模拟时间，这对于非稳态金属成形的模拟非常重要。

按网格生成方法可划分为生成结构化网格的方法和生成非结构化网格的方法。这里简单介绍一些可生成四边形网格的通用性较强且有一定发展余地的典型方法。

第一类：生成结构化网格的方法——映射法

映射法出现于20世纪70年代，是最早采用的网格生成法。如图7-7所示，它首先要把目标域离散为便于映射的子域，然后生成虚拟的正规化四边形网格，并将四边形网格模板以一定的映射关系映射到各子区域上，最终形成真实的网格。该方法的优点在于每一子区域内网格的生成都可以相当好地控制，且能够用于曲面网格的生成。但其最大的缺点在于目标域的划分通常需人工完成，因而自动化程度低。随着计算机几何造型系统的出现，通过与其他方法相结合，这一类方法的自动化程度也逐渐得到提高。

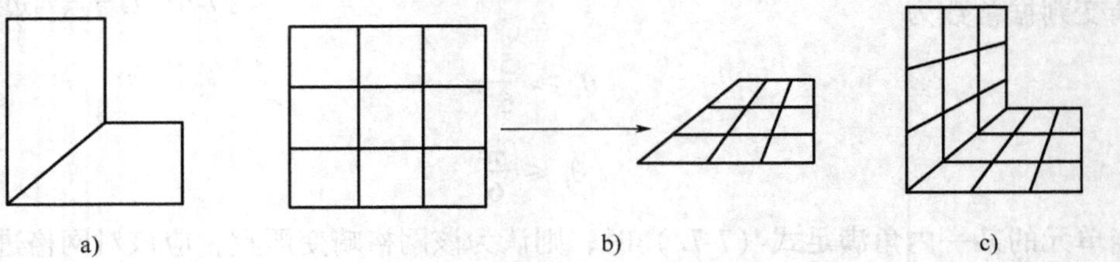

图7-7 结构化网格的生成过程

a）目标域离散 b）网格映射 c）真实网格

第二类：生成非结构化网格的方法

（1）区域递归细分法 这类方法基于目标域的几何描述，递归地生成有限元网格。该方法以Loop单元划分法为代表，如图7-8所示，首先把目标域边界按一定的网格密度离散化，形成由若干节点组成的环，环中节点按逆时针方向排列，且节点数为偶数，然后从环上选择两个合适的节点将它一分为二，同时在分割线上进行布点，所生成的两个子区域被递归分解下去，直到生成四节点或六节点单元。最后再把六节点单元划分成四节点单元，这样就在目标域中生成了完全四边形的网格。该方法不仅可以控制网格密度而且还能生成较高质量的网格。

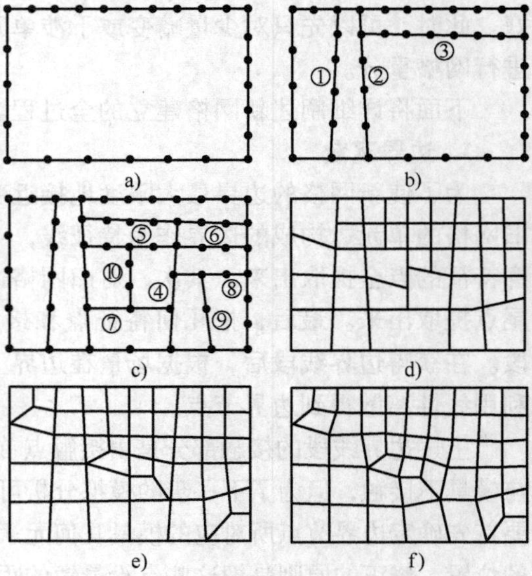

图7-8 Loop单元划分法

（2）单元迭代生成法 这类方法是从实体边界向里一次移去一个单元，迭代执行下去，直到剩下一个单元为止。其中最典型的是Paving法，如图7-9所示，首先把初始几何边界离散为一系列逆时针方向排列的偶数个点，以这些点为基点生成第一层单元，然后再以新节点为基点向区域生成第二层单元，依次迭代下去，直到四边形网格布满整个区域。该方法的关键及难点在于如何处理单元缝隙和单元相交问题。

（3）基于栅格法 基于栅格法的基本思想是将一完全包含目标域的规则网格置于其上，除去落在目标域之外的栅格单元，并对与目标域相交的栅格单元进行调整或裁剪以满足边界条件的要求，如图7-10所示。这类方法产生的网格比较均匀，最终网格基本相似，其不足之处在于所生成的网格与选择的初始网格及其取向有关且网格边界单元质量较差。

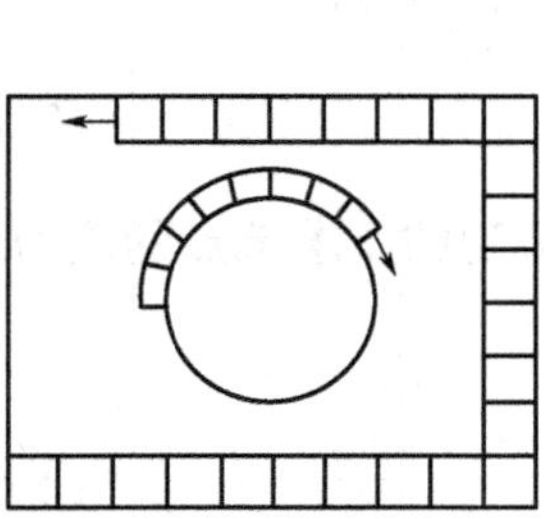

图 7-9　Paving 网格生成法

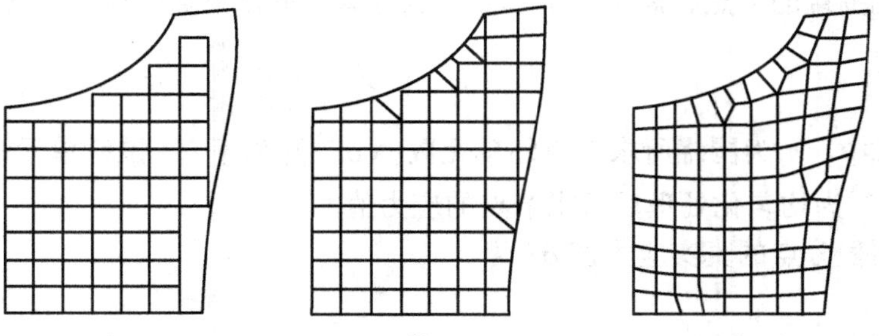

图 7-10　基于栅格法

上述方法中有一些已成功地应用于商业软件，如在 Marc 软件中，映射法和基于栅格法等多种方法已经被采用。

3. 网格质量优化

良好的网格应具备以下条件：第一，所有单元都应该接近理想形状，对于四节点四边形单元其理想形状就是正方形；第二，主要场量变化梯度较大的地方网格应较密；第三，疏密网格之间过渡应自然均匀。目前主要有两种优化方法：网格光滑处理和自适应网格加密。

网格的光滑处理主要用拉普拉斯-等参光滑处理法。其核心内容为：保持网格的拓扑关系不变，将每个内部结合的位置移动到由相邻节点组成的多边形的质心处，使得每个单元更接近理想形状，将此过程遍历所有内部节点若干次，可大大提高网格的质量。

下面介绍一下拉普拉斯-等参光滑处理法的算子。如图 7-11 所示，假设点 N_i周围有 n_e个单元，点 N_l和 N_j分别是单元中与之相连的节点，N_k是单元中与之相对的节点，则光滑处理后点 N_i的位置矢量为

$$\boldsymbol{V}_i = \frac{1}{n_e(2-w)}(\boldsymbol{V}_j + \boldsymbol{V}_l - w\boldsymbol{V}_k) \tag{7-73}$$

式中，$\boldsymbol{V}_i$，$\boldsymbol{V}_j$，$\boldsymbol{V}_k$和 $\boldsymbol{V}_l$分别为单元中点 N_i，N_j，N_k和 N_l的位置矢量；w 是参数，一般取 0 ~ 1，但在一些特殊条件下 w 可以小于 0。当 $w=0$ 时，算法被称为拉普拉斯法，当 $w=1$ 时，算法被称等参光滑处理法。

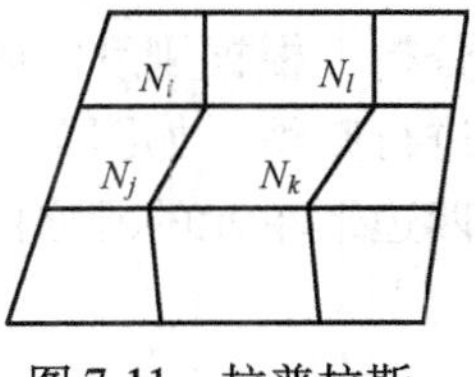

图 7-11　拉普拉斯光滑处理法

拉普拉斯-等参光滑处理法虽然可以提高网格质量，但从算子可看出该方法只是改变了网格内部点的位置，单元间的拓扑关系并未改变，其实质上是进行了“局部平均化”，即牺牲一些较好单元的质量来提高一些较差单元的质量。

自适应网格加密是近年来研究的热点。该方法首先用较稀疏的网格进行有限元分析，再根据计算结果通过某种误差指示器来判断哪些区域需要加密，经局部加密后再进行有限元分析。其关键在于如何确定单元的离散误差。具体的误差估计方法如下：

首先定义单元误差为

$$\| e_\sigma \|_i^2 = \int_{A_i} (\sigma - \sigma^*)^{\mathrm{T}} (\sigma - \sigma^*) \mathrm{d}A \tag{7-74}$$

式中，A_i为第 i 个单元的面积；σ 为由有限元计算所得积分点的应力值；σ^* 为积分点的真实应力值。

实际的真实应力值很难确定，只能用均匀化处理后的近似应力值来代替。对于有多个单

元围绕的节点，需将各个单元分别计算出的该节点的应力值进行均匀化处理

$$\sigma^{*N} = \frac{1}{n_e}\sum_{i=1}^{n_e}(\sigma^{-N})_i \tag{7-75}$$

式中，n_e为围绕所求节点的单元数；$(\sigma^{-N})_i$ 为第 i 个围绕单元计算得到的所求节点的应力值；σ^{*N}为均匀化处理后所求节点的应力值。

则积分点的真实应力值 σ^* 为

$$\sigma^* = N\sigma^{*N} \tag{7-76}$$

式中，N 为形函数。

整个计算区域误差为

$$\| e_\sigma \|^2 = \sum_{i=1}^{N_E} \| e_\sigma \|_i^2 \tag{7-77}$$

式中，N_E为网格中的单元总数。

单元应力计算相对误差为

$$\eta_{\sigma_i} = \frac{\| e_\sigma \|_i^2}{\sqrt{\frac{\| e_\sigma \|^2}{N_E}}} \tag{7-78}$$

假定误差在各个单元间均匀分布，则每个单元的相对误差 η_σ 应等于1。若 $\eta_\sigma > 1$，则说明单元尺寸太大，应加密。

4. 节点编号的优化

在有限元计算中，总刚度矩阵带宽与节点的编号有直接的关系。因此，适当的节点编号可减少带宽，从而节省计算机的内存空间和计算时间，提高计算速度和效率。乔治斯·阿赫拉斯（Georges Akhras）提出了一种简单而有效的节点编号优化方法，该方法实质是一种归纳演绎法，即通过对一种最简单的网格图（六个四边形单元）分析，根据刚度矩阵带宽值较小时网格中节点编号的一些特征进行归纳。如图 7-12 所示，有一具有较优节点编号的四节点四边形单元的网格图，结合表 7-1 可以归纳出以下三条规律：

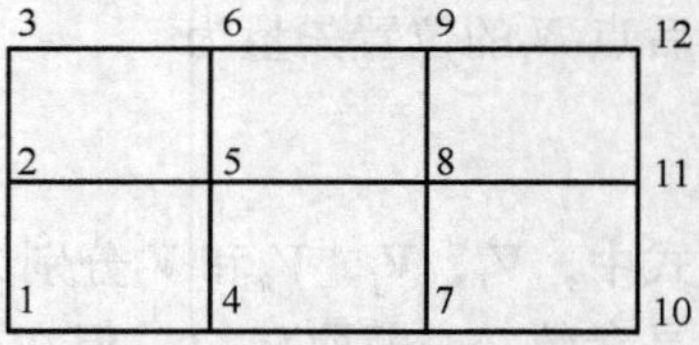

图 7-12　具有较优节点编号的网格

表 7-1　较优节点编号的规律

节　点　号	相关节点号	和　　值	平　均　值	跨距值
1	1 2 4 5	12	3	6
2	2 1 3 4 5 6	21	3.5	7
3	3 2 5 6	16	4	8
4	4 1 7 2 5 8	27	4.5	9
5	5 1 2 3 4 6 7 8 9	45	5	10
6	6 2 3 5 8 9	33	5.5	11
7	7 4 5 8 10 11	45	7.5	15
8	8 4 5 6 7 9 10 11 12	72	8	16
9	9 5 6 8 11 12	51	8.5	17
10	10 8 7 11	36	9	18
11	11 7 8 9 10 12	57	9.5	19
12	12 8 9 11	40	10	20

1）如果相连节点个数相同，则它们的编号之和随节点的编号增大而增大。如1、3、10和12相连的节点数相同，则它们的和值分别为12、16、36和40，以递增的次序排列。

2）平均值即相连节点的编号之和与个数之比，随节点编号的增大而增大。

3）跨距值即相连节点的最大、最小节点编号的和，随节点编号的增大而增大。

对于任何边界的网格，当节点编号处于最优化状态时都具有以上三条规律。在实际使用时只需用一条或交叉利用其中的两条规律即可取得较好的效果。以跨距值为例，先求出每个节点的跨距值，并按递增次序排列，然后用新的递增顺序号取代原来的节点号，如此反复多次，即可获得较优的节点编号。

上述就是二维网格的重新划分全过程。三维网格重新划分与二维网格重分相比，其难度和复杂性将明显增加。

7.4.3　新旧网格间的数据转换

有限元网格重新划分后，为了保证分析的连续性，必须将旧网格下与加载历史有关的场量数据转换到新网格上。这些数据分为两类，一类是单元场量，如各应变分量和等效应变场；另一类是节点场量，如速度场和温度场。

单元场量的转换可以分为以下两步：

1）先将该单元场量转换到旧网格节点上，即将旧网格下单元场量变为节点场量；然后将旧网格节点的场变量转换到新网格节点上。

2）再把新网格节点数据插值到各个单元。

显然，节点场变量数据转换只需按照步骤2）即可。因此，以下转换方法的介绍以单元场量，如 $\bar{\varepsilon}$ 为例进行。

1. 旧网格系统内的转换

直接转换法是把旧网格单元的 $\bar{\varepsilon}$ 转换到该网格节点上的一种有效的方法，常用的方法有面积加权平均法、最小二乘拟合法及混合法。

（1）面积加权平均法　设某节点 n 处于 m 个单元的边界上，则以相关单元的面积作为权系数，求其应变平均值并作为节点的应变值 $\bar{\varepsilon}_n$，即

$$\bar{\varepsilon}_n = \frac{1}{\sum_i A_i} \sum_{i=1}^{m} A_i \bar{\varepsilon}_i \tag{7-79}$$

式中，$\bar{\varepsilon}_i$ 为节点 n 周围的单元 i 的等效应变值；A_i 为单元的面积；$\sum_i$ 为对节点周围所有单元求和，$i=1, 2, \cdots, m$。

面积加权法应用于二维四边形网格，对于三维六面体网格可采用体积加权法，此方法与面积加权法类似，不同之处在于权因子是体积。

（2）最小二乘拟合法　最小二乘拟合法采用逼近方法构造一个拟合面，使该拟合面与单元应变间的均方差和单元各节点应变平均值与单元应变值的差为最小，然后解出各节点的应变值。

对于旧网格中任一单元 j，设单元内任一点的等效应变值为 $\bar{\varepsilon}$，单元的（指单元形心）

等效应变值为 C_j，各节点的等效应变值为 $\bar{\varepsilon}_i$，则 $\bar{\varepsilon}$ 可以表示为

$$\bar{\varepsilon} = \sum_i N_i \bar{\varepsilon}_j \tag{7-80}$$

式中，N_i为形函数，可构造如下泛函

$$I = \sum_j \int_{V_j} \sum_i (N_i \bar{\varepsilon}_i - C_j)^2 \mathrm{d}V_j + \frac{\alpha}{2} \sum_j \int_{V_j} \sum_i \left(\frac{\bar{\varepsilon}_i}{4} - C_j\right)^2 \mathrm{d}V_j \tag{7-81}$$

式中，V_j为单元 j 的体积。式（7-81）中的第一项积分表示单元内任一点与单元应变值的均方差，第二项积分为拟合面上单元平均应变值与给定应变值的方差，α 为罚因子，可迫使拟合面通过给定值。

上式最小化条件

$$\frac{\partial I}{\partial \bar{\varepsilon}_i} = 0 \tag{7-82}$$

求导并整理得

$$\boldsymbol{A}\bar{\boldsymbol{\varepsilon}} = \boldsymbol{b} \tag{7-83}$$

式中，

$$\boldsymbol{A} = \sum_j \int_{V_j} (\boldsymbol{H}\boldsymbol{H}^{\mathrm{T}} + \boldsymbol{L}\boldsymbol{L}^{\mathrm{T}}) \mathrm{d}V \tag{7-84}$$

$$\boldsymbol{b} = \sum_j \int_{V_j} (\boldsymbol{H} + \alpha \boldsymbol{L}) C_j \mathrm{d}V \tag{7-85}$$

$$\bar{\boldsymbol{\varepsilon}} = (\bar{\varepsilon}_1, \bar{\varepsilon}_1, \cdots, \bar{\varepsilon}_N)^{\mathrm{T}} \tag{7-86}$$

$\boldsymbol{H}$ 为形函数矢量，$\boldsymbol{L}$ 为平均值矢量，对于二维四节点单元

$$\begin{cases} \boldsymbol{H} = (N_1, N_2, N_3, N_4)^{\mathrm{T}} \\ \boldsymbol{L} = \dfrac{1}{4}(1,1,1,1)^{\mathrm{T}} \end{cases} \tag{7-87}$$

对于三维八节点单元

$$\begin{cases} \boldsymbol{H} = (N_1, N_2, \cdots, N_8)^{\mathrm{T}} \\ \boldsymbol{L} = \dfrac{1}{8}(1,1,1,1,1,1,1,1)^{\mathrm{T}} \end{cases} \tag{7-88}$$

式（7-83）是关于节点等效应变矢量 $\bar{\boldsymbol{\varepsilon}}$ 的线性方程组，解之可获得拟合面上的节点值。

（3）混合法　混合法是指前两种方法的混合使用。对于内部节点，由于其周围单元较多，使用面积加权平均法（或体积加权法）能得到较好的结果；对于边界节点，由于面积加权法（或体积加权法）精度较低，适宜采用最小二乘拟合法，该方法需求解线性方程组，计算量较大。

2. 产生新网格节点值

把旧网格中单元场变量 $\bar{\varepsilon}$ 转换到其对应的节点之后，就可以进行新旧网格下节点值的转换。转换时，首先要确定新网格节点位于旧网格中的哪一个单元，然后在确定的旧单元内通过插值得到该新节点的对应数据。

（1）包含测试　确定新网格节点所在的旧单元实际上可以归结为一个已知点是否在给

定区域（单元）内的判断问题，即图形计算中的包含测试。进行这种测试的方法有多种，如转角法、标号法、射线法及符号法等。对于二维四节点单元和三维八节点单元，此处介绍一种简洁的判断方法。

下面先以二维四节点单元为例进行介绍。如图 7-13 所示，点 M 表示一给定的新节点，四边形单元为任一旧单元。

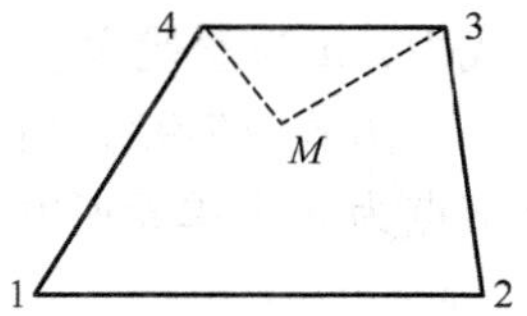

图 7-13　新节点与旧单元包含测试

这个判断方法的基本思路是：以点 M 与单元任一条边构成一个三角形，三角形顶点顺序从该边第一个节点起沿该边转到新节点 M。然后，计算三角形面积。若 4 个三角形面积全部非负（若 M 正好在单元边上时，则该三角形面积为零），则点 M 必须位于该旧单元内。若至少有一个三角形面积为负，则 M 不在该单元内，因此，点 M 在旧单元内的条件是

$$\Delta_{Mij} = \frac{1}{2}\begin{vmatrix} 1 & x_M & y_M \\ 1 & x_i & y_i \\ 1 & x_j & y_j \end{vmatrix} \geqslant 0 \tag{7-89}$$

式中，i 和 j 分别表示边的起点和终点号；(x_i, y_i) 和 (x_j, y_j) 分别为点 i 和点 j 的坐标。若点 M 不满足式（7-89），则再进行下个旧单元判断，直到确定为止。

（2）插值计算

1）直接插值法。确定新节点 M 所属的旧单元后，可直接由该单元 4 个节点值插值计算得到点 M 的值，即

$$\bar{\varepsilon}_M = \sum_i N_i(\xi_M, \eta_M, \zeta_M)\bar{\varepsilon}_i \tag{7-90}$$

式中，(ξ_M, η_M, ζ_M) 为点 M 在所属旧单元内的局部坐标值；N_i 为形函数。显然，我们只知道点 M 的整体坐标 (x_M, y_M, z_M)，而点 M 的局部坐标未知。因而，还不能直接使用式（7-90）。

为了求出点 M 的局部坐标，利用整体坐标与局部坐标的插值关系，可以得到关于 (ξ_M, η_M, ζ_M) 的非线性方程组，即

$$\begin{cases} \sum N_i(\xi_M, \eta_M, \zeta_M)x_i - x_M = 0 \\ \sum N_i(\xi_M, \eta_M, \zeta_M)y_i - y_M = 0 \\ \sum N_i(\xi_M, \eta_M, \zeta_M)z_i - z_M = 0 \end{cases} \tag{7-91}$$

采用牛顿法迭代求解公式，可以求解上式，迭代公式如下

$$\begin{pmatrix} \sum\limits_i \frac{\partial N_i}{\partial \xi}x_i & \sum\limits_i \frac{\partial N_i}{\partial \eta}x_i & \sum\limits_i \frac{\partial N_i}{\partial \zeta}x_i \\ \sum\limits_i \frac{\partial N_i}{\partial \xi}y_i & \sum\limits_i \frac{\partial N_i}{\partial \eta}y_i & \sum\limits_i \frac{\partial N_i}{\partial \zeta}y_i \\ \sum\limits_i \frac{\partial N_i}{\partial \xi}z_i & \sum\limits_i \frac{\partial N_i}{\partial \eta}z_i & \sum\limits_i \frac{\partial N_i}{\partial \zeta}z_i \end{pmatrix}_{n-1} \begin{pmatrix} \Delta\xi \\ \Delta\eta \\ \Delta\zeta \end{pmatrix} = -\begin{pmatrix} \sum\limits_i N_i x_i - x_M \\ \sum\limits_i N_i y_i - y_M \\ \sum\limits_i N_i z_i - z_M \end{pmatrix}_{n-1} \tag{7-92}$$

$$\begin{pmatrix}\xi_M\\ \eta_M\\ \zeta_M\end{pmatrix}_n = \begin{pmatrix}\xi_M\\ \eta_M\\ \zeta_M\end{pmatrix}_{n-1} + \begin{pmatrix}\Delta\xi\\ \Delta\eta\\ \Delta\zeta\end{pmatrix}_n$$

式中，n 为迭代次数。

由式（7-92）解出收敛的（ξ_M,η_M,ζ_M）后，代入式（7-90）即可求出点 M 的值。若一个节点为 n 个单元所共有，则该节点的等效应变为 n 个单元中所求值的平均值，即

$$\bar{\varepsilon}_M = \sum_{i=1}^{n} \bar{\varepsilon}_{Mi} \qquad (7\text{-}93)$$

式中，n 是节点 M 周围的单元数；$\bar{\varepsilon}_{Mi}$ 是第 i 个单元计算出来的节点 M 的等效应变。对于二维四节点单元，将以上公式去掉一个变量一个方程，并且形函数作对应变化即可。

2）局部三角形插值法。如图 7-14 所示，用四边形单元的两条对角线将其分为 4 个三角形，每个三角形都由形心 O 和一条单元边组成。对于属于该单元的新节点 M，它必落在其中的一个三角形区域内。在该局部三角形内，由形心点 O 和其他两个节点值可以插值得到点 M 的值。

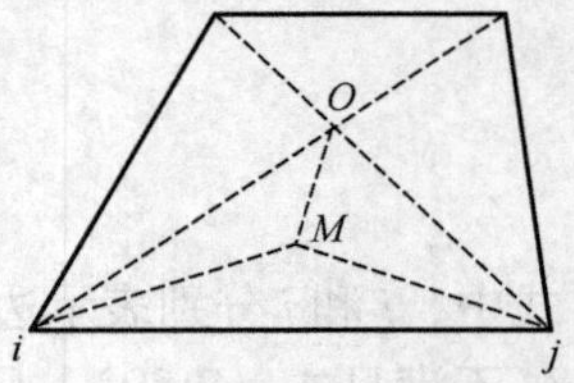

图 7-14　局部三角形判断

可以利用射线法确定点 M 所在的局部三角形，首先构造射线 OM，分别与各边求交，若射线 OM 与某条边有交点并且交点位于 OM 的延长线上，则点 M 位于该边与点 O 构成的三角区域内。

局部三角形插值公式

$$\bar{\varepsilon}_M = \frac{1}{\Delta_{Oij}}(\Delta_{Mij}\bar{\varepsilon}_O + \Delta_{OMi}\bar{\varepsilon}_j + \Delta_{OMj}\bar{\varepsilon}_i) \qquad (7\text{-}94)$$

式中，i 和 j 分别代表单元边上的节点，对应值为 $\bar{\varepsilon}_i$ 和 $\bar{\varepsilon}_j$。Δ 表示三角形面积，应注意式 (7-94) 中各三角形面积必须为正。

局部三角形插值法计算简单，精度也比直接插值法高。其原因在于：对已发生畸变的四边形单元其插值计算精度本身较低，而该单元中的局部三角形畸变一般不太严重，并且插值时利用的是其形心处的 $\bar{\varepsilon}_O$ 值，即旧单元的等效应变值，这样的插值还有助于弥补由于旧网格单元值向其节点值转换时造成的精度损失。但对于三维问题，由于各种求交较繁琐，使用直接插值法较为方便。

3. 计算单元场量

求出新单元每个节点的等效应变后，就可通过插值计算出单元的场量。以二维四边形单元为例，如果单元场量在形心处输出，则单元的等效应变为

$$\bar{\varepsilon} = \frac{1}{4}\sum_{i=1}^{4} \bar{\varepsilon}_i \qquad (7\text{-}95)$$

如果单元场量在高斯积分点处输出，则单元的等效应变为

$$\bar{\varepsilon} = \sum_{i=1}^{4} N_i \bar{\varepsilon}_i \qquad (7\text{-}96)$$

式中，$\bar{\varepsilon}_i$ 为单元中第 i 个节点的等效应变；N_i 为形函数，即 $N_i = \frac{1}{4}(1+\xi_i\xi)(1+\eta_i\eta)$，

(ξ_i, η_i) 分别为 ($-\sqrt{3}/3$, $-\sqrt{3}/3$)、($\sqrt{3}/3$, $-\sqrt{3}/3$)、($\sqrt{3}/3$, $\sqrt{3}/3$) 和 ($-\sqrt{3}/3$, $\sqrt{3}/3$)。

在变形场量传递完以后，还需把旧网格系统中工件和模具的接触状态信息传递到新网格体系中，以便在下一步的有限元分析中正确施加约束。

思考题

1. 确定初始速度场的方法有哪些？比较各自的特点？
2. 常用的型腔几何描述方法有哪些？比较各自的特点？
3. 如何判断网格畸变？
4. 简述网格重分技术。
5. 如何保证新旧网格间数据的准确传递？

第 8 章 刚塑性有限元建模基础

8.1 概述

金属塑性变形过程是一个非常复杂的大变形过程，具有材料非线性、几何非线性和边界接触条件非线性等特征，变形机理十分复杂，难以用准确的数学关系式来进行描述，所以对塑性成形问题进行精确求解非常困难。过去应用更多的是近似方法，包括主应力法、滑移线法、上限法、上限元法、能量法、差分法等。尽管这些方法可以预测成形载荷、工件几何形状的变化，以及定性描述金属的流动模式，但其解决问题的范围和复杂程度，以及分析问题的精度和可靠性都受到一定的限制，分析结果也相当保守。

对于大多数体积成形问题，弹性变形量较小，可以忽略，即可将材料视为刚塑性体。近几十年来，随着计算机技术的飞速发展和数值计算方法的日益完善，刚塑性有限元模拟技术已经被成功地用于分析各种金属塑性成形过程，其应用越来越广泛。刚塑性有限元法虽然无法考虑弹性变形问题和残余应力问题，但计算程序大大简化。当弹性变形较小甚至可以忽略时，采用刚塑性有限元法可达到较高的计算效率。

有限元建模过程是为了满足有限元求解的要求而对实际模型的合理处理，通常要对实际模型进行一定的简化，但要求模型应能正确反映实际情况。

8.2 材料屈服应力模型

屈服应力是材料的基本性能之一，它不仅受变形温度、变形程度、应变速率、金属化学成分、晶粒尺寸和组织结构等的影响，也是变形体内部显微组织演变的综合反映。材料在塑性加工时屈服应力的大小不仅是进行设备选型及校核的依据，也是设计模具与有关装置的基本前提。对屈服应力的研究无论是在制订合理的加工工艺方面，还是在金属塑性变形理论的研究方面都是极其重要的。在以塑性有限元为代表的现代塑性加工力学中，金属屈服应力作为已知的基本参数，其精确的数值或表达式是提高理论计算精度的关键。

现有的经验/半经验屈服应力数学模型大致可以分为两大类：一类是以宏观的工艺参数为基础的数学模型；另一类是以微观组织结构（如晶粒尺寸或位错密度）为基础的数学模型。对微观模型而言，虽然考虑了部分微观参量，具有一定的物理基础，但计算式普遍很复杂，有些参量还很难测定，因此难以应用到实际生产中。从宏观角度出发用于描述金属变形时屈服应力的数学模型很多。材料屈服应力模型的选择直接关系到分析方法、求解过程的复杂程度和解的精度。刚塑性有限元法中常用的材料模型有三种：理想刚塑性材料、刚塑性硬化材料和刚塑性可压缩材料，它们分别对应着不同的屈服应力模型。

8.2.1　理想刚塑性材料

理想刚塑性材料的特点是完全忽略弹性变形，不考虑加工硬化和变形抗力对应变速率的敏感性，假定材料不可压缩，其应力-应变曲线如图 8-1 所示，为一水平直线。等效应力达到一恒定值，材料便发生屈服。在材料的变形过程中，其屈服应力不发生变化。

理想刚塑性材料模型是对真实材料的一种简化。采用这种材料模型进行能量积分时，可以把等效应力作为常数提到积分号之外，从而使积分过程简化。

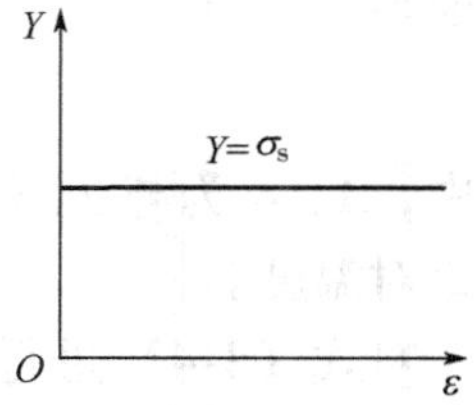

图 8-1　理想刚塑性材料的应力-应变曲线

实际的塑性变形过程中，由于塑性变形区各点的温度、应变速率、变形程度不同，屈服应力相差非常大。在整个变形区内采用不变的理想刚塑性材料屈服应力模型，必然会给计算结果带来误差。用有限元法求解时，当单元划分得足够多时，可以认为同一单元内的温度、应变速率和变形程度近似相等，因此在一个单元内采用一种理想刚塑性材料的屈服应力模型，不同的单元取不同的屈服应力，可以得到比较接近实际的结果。

8.2.2　刚塑性硬化材料

1. 屈服应力模型

真实的金属材料在一般情况下其屈服应力随着变形程度的增加而增加，即出现加工硬化现象。对速率敏感性材料来说，屈服应力还要随着应变速率的增加而增加。在理想刚塑性材料模型的基础上考虑加工硬化，便得到刚塑性硬化材料模型，其应力-应变关系如图 8-2 所示。

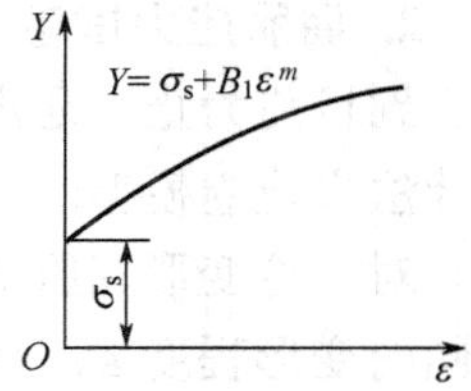

图 8-2　刚塑性硬化材料的应力-应变曲线

对于刚塑性硬化材料，当其化学成分与组织状态一定时，通常把其屈服应力表示为变形程度、应变速率和变形温度的函数（一般可采用流变应力泛指屈服应力）

$$Y = f(\varepsilon, \dot{\varepsilon}, T) \tag{8-1}$$

式中，ε 为变形程度；$\dot{\varepsilon}$ 为应变速率（s^{-1}）；T 为变形温度（℃）。

求解塑性变形问题时，由于冷、热变形时材料的状态相差很大，通常采用不同形式的屈服应力模型。

在冷成形和温成形条件下，应变速率和变形温度对屈服应力的影响一般是不太显著的，屈服应力主要是变形程度的函数。因此，采用如下屈服应力模型

$$Y = f(\varepsilon) = \sigma_0 + \alpha\varepsilon^n \tag{8-2}$$

式中，σ_0 为初始屈服应力（MPa）；α 为材料常数；ε 为真应变；n 为应变硬化指数。

在热变形过程中，由于变形温度对材料屈服应力有着非常重要的影响，因此对热变形采用如下屈服应力模型

$$Y = b(T)\ (c\varepsilon)^{n(T)}\dot{\varepsilon}^{m(T)} \tag{8-3}$$

式中，c 为材料常数；$b(T)$、$n(T)$、$m(T)$ 均为变形温度的函数，其函数关系从大量的试验

数据中求得；通常，$n(T)$ 随变形温度的升高而降低，$m(T)$ 和 $b(T)$ 均随变形温度的升高而增大。

另外，在高温塑性变形中，应变硬化和动态软化过程之间的动态平衡（稳态变形阶段）是一个非常重要的过程。此时，材料的流变应力对应变是不太敏感的，因此可以忽略应变对流变应力的影响。因而流变应力与变形参数之间的关系可采用修正的阿伦尼乌斯关系模型

$$\dot{\varepsilon} = A\left[\sinh(\alpha\sigma)\right]^n \exp(-Q/RT) \tag{8-4}$$

式中，A、α 为与变形温度无关的常数；n 为应力指数；Q 为变形激活能；R 为气体常数；T 为绝对温度。

对式（8-4）进行泰勒级数展开，得到描述稳态流变应力和应变速率之间的关系式

$$\begin{cases} \dot{\varepsilon} = A_1\sigma^n \exp(-Q/RT) & \text{当 } \alpha\sigma < 0.8 \text{ 时} \\ \dot{\varepsilon} = A_2\exp(\beta\sigma)\exp(-Q/RT) & \text{当 } \alpha\sigma > 1.2 \text{ 时} \end{cases} \tag{8-5}$$

其中，$\alpha = \beta/n$。

式（8-4）能够描述几乎所有金属高温变形的稳态流变应力，可用于负荷计算、设备选型和其他具体加工工艺参数的选择和控制等。该模型着眼于流变应力与变形工艺参数之间的关系，其中的参数可借助于拟合的方法确定，模型形式简单，精度较高，应用容易。

2. 屈服应力试验

到目前为止，还没有成熟的理论能够推导出屈服应力确切的定量表达式，而是依靠试验统计法来建立模型。

对于冷变形屈服应力试验，主要的试验方法为轧制-拉伸法。首先通过轧制，赋予材料不同的变形程度 ε；然后制作拉伸试样，在材料试验机上测出不同变形程度试样的工程屈服极限 $\sigma_{0.2}$；最后对试验数据进行回归分析，即可建立如图 8-2 所示硬化曲线的数学模型 $Y=f(\varepsilon)$。

拉伸试验通常在室温条件下进行，应变速率 $\dot{\varepsilon}$ 为 $10^{-4} \sim 10^{-2}\mathrm{s}^{-1}$。这种试验方法设备简单，试验技术要求不高，又可保证有足够的精度，应用十分广泛，是目前研究冷变形屈服应力采用的一种主要试验方法。

对于热变形屈服应力试验，目前使用最广泛的是在热加工模拟试验机上对圆柱体进行单向压缩。试样直径一般取 8～12mm，长度一般为 10～15mm，通常取长径比为 1.5～1.7。为了消除试样端面摩擦，保证单向压缩物理模拟精度，在试样端部开槽添加玻璃粉润滑或放置石墨纸垫片润滑。

与其他试验机相比，热加工模拟试验机可以在较大范围内改变变形温度、变形程度和应变速率，可以进行多道次连续变形，并且可以调整各变形道次间的时间间隔，可以测定变形过程中各道次的金属屈服应力。

通过屈服应力试验，得到了在不同变形温度、应变速率、变形程度条件下某一金属的流变应力数据，再利用试验数据进行分析即可获得流变应力模型。

3. 屈服应力模型的求解

根据前面的分析，包含变形激活能 Q 和温度 T 的双曲正弦关系式可以很准确地描述合

金高温塑性变形行为。利用热压缩变形试验数据，便可求出函数关系式（8-4）中的常数 A、α、n 和 Q 值。

当应变速率为常数时，假定在很小的温度范围内变形激活能值保持不变，对式（8-4）和式（8-5）两边分别取对数，并整理可得

$$\ln\dot{\varepsilon} = \left(\ln A - \frac{Q}{RT}\right) + n\ln[\sinh(\alpha\sigma)] \tag{8-6}$$

$$\begin{cases} \ln\dot{\varepsilon} = \left(\ln A_1 - \dfrac{Q}{RT}\right) + n\ln\sigma \\ \ln\dot{\varepsilon} = \left(\ln A_2 - \dfrac{Q}{RT}\right) + \beta\sigma \end{cases} \tag{8-7}$$

对式（8-6）两边取微分可得

$$Q = R\left\{\frac{\partial\ln\dot{\varepsilon}}{\partial\ln[\sinh(\alpha\sigma)]}\right\}_T \left\{\frac{\partial\ln[\sinh(\alpha\sigma)]}{\partial(1/T)}\right\}_{\dot{\varepsilon}} \tag{8-8}$$

其中，$n = \left\{\dfrac{\partial\ln\dot{\varepsilon}}{\partial\ln[\sinh(\alpha\sigma)]}\right\}_T$，$b = \dfrac{Q}{Rn} = \left\{\dfrac{\partial\ln[\sinh(\alpha\sigma)]}{\partial(1/T)}\right\}_{\dot{\varepsilon}}$。

首先将流变应力数据按照所规定的应力范围划分为若干个数据集，分别绘制低应力水平和高应力水平的 $\ln\dot{\varepsilon}$-$\ln\sigma$ 关系曲线，利用最小二乘法分别对其进行线性回归；根据式（8-7）可知，所获得的回归直线的斜率分别近似等于 n 值和 β 值，由 $\alpha=\beta/n$ 可计算出 α 值。

将不同条件下的稳态应力值代入式（8-8），绘制出相应的 $\ln[\sinh(\alpha\sigma)]$-$1/T$、$\ln\dot{\varepsilon}$-$\ln[\sinh(\alpha\sigma)]$ 关系曲线，分别对其进行线性回归，获得的直线斜率分别近似等于 b 值和 n 值，由式（8-8）即可获得激活能 Q 的值。

根据式（8-4），温度补偿变形速率因子齐纳-霍洛蒙（Zener-Hollomon）参数可表示如下

$$Z = \dot{\varepsilon}\exp(Q/RT) = A[\sinh(\alpha\sigma)]^n \tag{8-9}$$

两边取对数，得

$$\ln Z = \ln A + n\ln[\sinh(\alpha\sigma)] \tag{8-10}$$

将不同温度和应变速率下求得的激活能值代入式（8-9）可以计算出 Z 值，绘制出相应的 $\ln Z$-$\ln[\sinh(\alpha\sigma)]$ 关系图。经回归分析，该直线的斜率即为应力指数 n，而其截距为 $\ln A$。将此 n 值代入 $\alpha=\beta/n$，便可求出新的 α 值，再代入式（8-8）求出第二次 Q 值。如此进行迭代计算，直到最后计算 n 值时的平均标准偏差最小，由此求得的材料常数 A、n、α、Q 更为可靠。将求得的材料参数代入式（8-4），即得材料的高温稳态流变应力模型。

采用传统函数进行建模时，各种类型的回归公式均是根据变形理论在大量试验的基础上提出的，与变形的物理机制相符合；且由于它们容易被建立，不需要考虑复杂的材料参数，因而被广泛应用于各种材料的形变模型中并不断发展。但是这种方法存在计算工作量大、预测精度不够高等缺陷，并且回归方法无法处理散乱且没有规律的数据；最后，当加入新的实验数据时必须应用新的数据集对模型中的常数重新回归，回归常数的适用范围很窄，因而有

一定的局限性。

人工神经网络模型则可以弥补回归方法的一些不足之处。人工神经网络模型处理数据时，不需要事先给出数学模型，而是通过对样本数据的学习，不仅可以很好地对实验数据进行高精度的非线性拟合，而且可以记忆数据。对离散数据的处理能力很强，并且可以在原有网络状态的基础上通过对新加入的数据集的学习，调整网络状态，使之适用于新的实验数据集。因此，在材料屈服应力模型的建立上获得了广泛的应用。尽管人工神经网络可以处理一些用传统回归方法难以解决的问题且预测精度较高，但它无法从物理机制上揭示材料的变形行为，因而在很大程度上限制了它的发展。

8.2.3 刚塑性可压缩材料

理想刚塑性材料和刚塑性硬化材料都假定材料是不可压缩的。这种材料的应变速率场与应力偏量场是一一对应的，但静水压力是不确定的。引入拉格朗日乘子后，可求得平均应力，但增加了许多未知数和方程数，计算量大大增加了。刚塑性可压缩材料也称为微可压缩材料，利用这种材料模型能够直接从应变速率场中求出应力，近年来在用刚塑性有限元法求解塑性成形问题中得到了广泛应用。

1. 屈服条件

刚塑性可压缩材料与普通刚塑性材料的主要差别是：放松了体积不变条件的限制，假设屈服与静水压力有关，即假设屈服条件不仅取决于应力偏张量的第二不变量，也取决于应力张量第一不变量即静水压力。

刚塑性可压缩材料的屈服函数一般可以写成如下形式

$$F(J_1, J_2') = (AJ_2' + BJ_1^2)^{\frac{1}{2}} \tag{8-11}$$

式中，J_1为应力张量第一不变量，$J_1 = \sigma_x + \sigma_y + \sigma_z$；$J_2'$ 为应力偏张量的第二不变量，$J_2' = -(\sigma_x'\sigma_y' + \sigma_y'\sigma_z' + \sigma_z'\sigma_x') + \tau_{xy}^2 + \tau_{yz}^2 + \tau_{zx}^2$。

同米泽斯屈服准则相类似，式（8-11）可以进一步写成

$$\begin{aligned}\bar{\sigma}^{*2} &= \frac{1}{2}[(\sigma_x - \sigma_y)^2 + (\sigma_y - \sigma_z)^2 + (\sigma_z - \sigma_x)^2 + 6(\tau_{xy}^2 + \tau_{yz}^2 + \tau_{zx}^2)] + g\sigma_{\mathrm{m}}^2 \\ &= \frac{3}{2}\sigma_{ij}'\sigma_{ij}' + \frac{1}{9}g\sigma_{kk}\sigma_{kk}\end{aligned} \tag{8-12}$$

式中，g 为一个数值很小的正常量，可由实验来确定。它与材料的可压缩程度有关，g 值越小，材料的体积变形越小；$g=0$ 时，式（8-12）即为米泽斯屈服准则。

式（8-12）中系数 g 的取值直接影响计算结果的精度。单向压缩试验表明，变形量为10%时，g 取0.01。可压缩材料的屈服条件与米泽斯屈服条件相当接近，体积变化也很小。一般在10%～30%的等效变形下，g 值在0.0001～0.01之间时，材料的体积变化不超过0.1%，可认为近似满足体积不变条件。

2. 塑性势和应变速率

同米泽斯屈服条件下的势函数相类似，可压缩材料的势函数为

$$f = \frac{1}{3}(\bar{\sigma}^*)^2 \tag{8-13}$$

根据塑性势理论，可得可压缩材料关于塑性应变速率的本构方程为

$$\dot{\varepsilon}_{ij}=\dot{\lambda}\frac{\partial f}{\partial\sigma_{ij}}=\dot{\lambda}\left(\sigma'_{ij}+\frac{2}{9}g\sigma_{\mathrm{m}}\delta_{ij}\right) \tag{8-14}$$

式中，σ_{m} 为静水压力；$\dot{\lambda}$ 为可压缩材料的应力与应变速率之间的关系系数，与不可压缩材料有相同形式，即

$$\dot{\lambda}=\frac{3\dot{\bar{\varepsilon}}^{*}}{2\bar{\sigma}^{*}} \tag{8-15}$$

式中，$\dot{\bar{\varepsilon}}^{*}$为等效应变速率；$\bar{\sigma}^{*}$为等效应力。

体积应变速率为

$$\dot{\varepsilon}_{v}=\dot{\varepsilon}_{ij}\delta_{ij}=\frac{3\dot{\bar{\varepsilon}}^{*}}{2\bar{\sigma}^{*}}\left(\sigma'_{ij}\delta_{ij}+\frac{2}{9}g\sigma_{\mathrm{m}}\delta_{ij}\delta_{ij}\right)=\frac{\dot{\bar{\varepsilon}}^{*}}{\bar{\sigma}^{*}}g\sigma_{\mathrm{m}} \tag{8-16}$$

由式（8-16）可见，材料的体积应变速率与可压缩参数 g 和静水压力 σ_{m}有关。当静水压力 σ_{m}一定时，g 越小，体积应变速率越小。当 $g=0$ 时，体积应变速率为零，此时刚塑性可压缩材料模型退化为不可压缩的理想刚塑性或刚塑性硬化材料模型。因此，传统的刚塑性不可压缩材料可作为刚塑性可压缩材料在 $g=0$ 时的特例，即刚塑性可压缩材料的塑性变形理论是比传统的刚塑性理论更为普遍的理论。

3. 应力-应变速率关系

由式（8-16）可得

$$\sigma_{\mathrm{m}}=\frac{\bar{\sigma}^{*}}{\dot{\bar{\varepsilon}}^{*}}\frac{1}{g}\dot{\varepsilon}_{v} \tag{8-17}$$

刚塑性可压缩材料关于应力 σ'_{ij}的本构方程为

$$\sigma'_{ij}=\frac{\bar{\sigma}^{*}}{\dot{\bar{\varepsilon}}^{*}}\left[\frac{2}{3}\dot{\varepsilon}_{ij}+\left(\frac{1}{g}-\frac{2}{9}\right)\dot{\varepsilon}_{v}\delta_{ij}\right] \tag{8-18}$$

其中

$$\dot{\bar{\varepsilon}}^{*}=\left(\frac{2}{3}\dot{\varepsilon}'_{ij}\dot{\varepsilon}'_{ij}+\frac{1}{g}\dot{\varepsilon}_{v}^{2}\right)^{\frac{1}{2}} \tag{8-19}$$

这样，利用式（8-18）就可以从应变速率分量中直接求出应力场。从而当以节点速度为未知量，从运动许可速度场出发求解塑性变形问题时，能够简便地同时解出力参数。

8.3　工件与模具接触界面参数

8.3.1　模具与工件之间的摩擦

1. 摩擦边界条件

在金属塑性成形过程中，工件与成形模具之间的接触摩擦是一个不可避免而又十分复杂的问题。塑性成形中摩擦力的大小和方向受许多因素影响，有时在成形过程中还要不断变化。如何正确地处理摩擦边界条件、选择合理的摩擦模型将直接影响到有限元计算

结果的准确性。目前，塑性成形中的摩擦问题还没有很圆满的解决办法，计算时需要作一些假设简化。除了本书前述之外（参见第3章3.3.2节），常用的摩擦边界条件还有以下几种。

（1）线性黏摩擦模型　假设摩擦系数为相对滑动速度 $\Delta\dot{u}$ 的函数，摩擦应力为

$$\tau_f = \alpha\Delta\dot{u}\sigma_n \tag{8-20}$$

式中，α 为一常数，$\mu=\alpha\Delta\dot{u}$。

由于摩擦力不仅是正应力的函数，而且和相对滑动速度有关。因此，利用这种处理方法，计算结果可得到改善，但计算相应地要复杂一些。该模型适用于相对滑动速度较快的刚性接触区，所求出的摩擦应力小于或等于剪切屈服强度。

（2）能量摩擦模型　假设摩擦消耗的功为相对滑动速度 $\dot{u}_\tau$ 的函数，即

$$\Pi_f = -\int_{S_f} K|\dot{u}_\tau|\mathrm{d}S \tag{8-21}$$

式中，S_f为摩擦力作用的边界，负号表明摩擦力和相对滑动速度的方向相反。

因为摩擦功增加了系统的内能，所以在系统的能量泛函中就增加了一项摩擦消耗功。这是在能量泛函中直接施加摩擦力的一种方法，相当于将摩擦边界条件从给定外力的边界条件中分离出来。将摩擦消耗的功应用到单元泛函中时，表达式如下

$$\Pi_f = \sum_{i=1}^{m} KA\Delta\dot{u} \tag{8-22}$$

式中，m 为具有摩擦接触的表面单元数；A 为单元的接触面积；$\Delta\dot{u}$ 为平均相对滑动速度，有

$$\Delta\dot{u} = \sqrt{\frac{1}{2}(\dot{u}_k^2 + \dot{u}_{k+1}^2)} \tag{8-23}$$

式中，$\dot{u}_k$、$\dot{u}_{k+1}$分别为单元接触面相邻两端节点的相对滑动速度。

2. 摩擦系数的测定

由于摩擦的复杂多变性，目前还难以定量化描述各种因素对摩擦系数的影响。圆环压缩法是目前测定金属塑性成形过程中变形金属与模具接触面摩擦系数的一种简单、有效的方法，适用于测定各种温度及应变速率下的摩擦系数。

实验时，把一定尺寸的圆环试样（外径为 D_0，内径为 d_0，高为 H）放在平砧间进行压缩，由于接触面上摩擦系数的不同，圆环的内、外径尺寸在压缩过程中将有不同的变化。当接触面上的摩擦系数很小或无摩擦时，圆环上每一质点均沿径向作辐射状向外流动，变形后内外径均增大，如图8-3a所示。当接触面上的摩擦系数增大到某一临界值后，靠近内径处金属质点向内流动的阻力小于向外流动的阻力。根据最小阻力定律，这部分金属将改变流动方向向内流动，在圆环中出现一个半径为 R_n的分流面（中性层）。该面以内的金属质点向中心方向流动，该面以外的金属质点向外流动；变形后内径缩小，外径扩大，如图8-3b所示。根据上限法、变形功法或应力分析法等理论方法可以求出分流面半径 R_n、摩擦系数 μ 和圆环尺寸的理论关系式。

将不同摩擦系数下的圆环高度与内径尺寸变化关系绘制成图8-4所示的理论校准曲线。

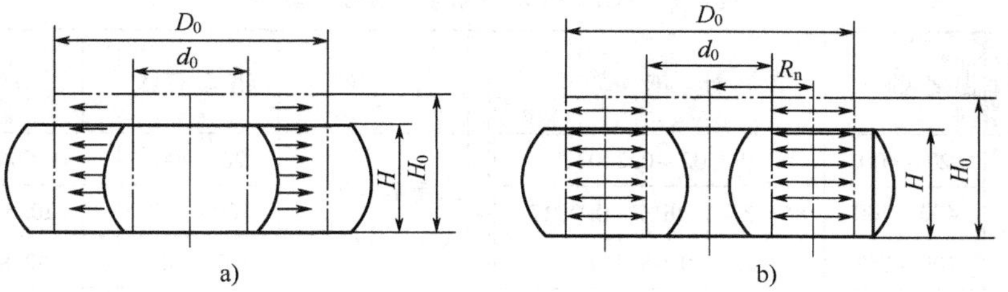

图 8-3　圆环压缩时的金属流动
a）摩擦系数较小时　b）摩擦系数较大时

测定摩擦系数时，将试样放在平砧间进行多次压缩。每次压缩后，测量并记录圆环内径 d 和高度 H。取得数据后在理论校准曲线图的坐标网格上描出各点，再用拟合法绘出试验曲线，利用图 8-4 即可求得待测接触面的摩擦系数。

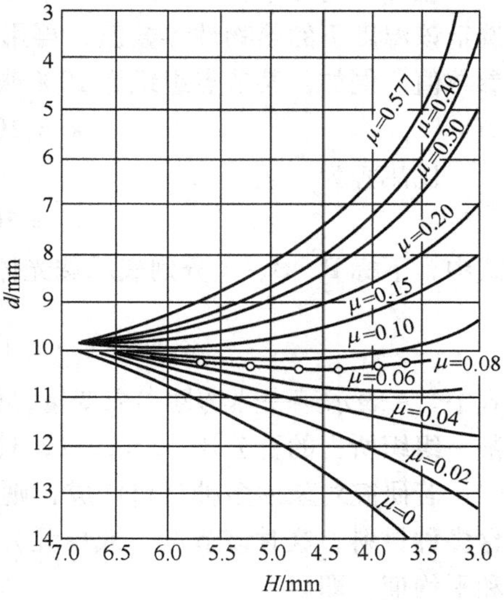

图 8-4　圆环压缩理论校准曲线

8.3.2　工件与模具之间的热量传递

塑性成形中的传热问题属于含内热源的非稳态热传导问题，如第 6 章中所阐述的内容，就求解过程而言，传热理论和数值算法并不复杂，但是温度场求解的精度或可靠性则大大依赖于材料的热物性参数及传热边界参数。因此，在对变形过程中工件和模具的温度场进行数值计算时，要合理选择热物性参数、传热系数等热物理量，这样才能求解出符合实际情况的温度场。

1. 热物性参数

热物性参数主要是指材料的热导率 λ、比热容 c 和密度 ρ。一般来讲，这些参数不是一个常数，而是随材料的组织状态和温度变化而变化的。若所研究的是一个瞬态温度场，则还要随时间而变化。在实际计算中，若时间步长选得合适，可以认为在时间步长内，热物性参数不随时间改变，可由前一时刻的温度和组织状态来确定此时刻用的热物性参数值。

热导率是材料非常重要的性质，它随材料的不同而变化，即使同一材料，热导率也会随着材料的结构、温度、压力和湿度而改变。在各种材料中，金属的热导率最大，其数值取决于金属的化学成分、微观组织结构和温度。纯金属中加入杂质，热导率将迅速降低，高碳钢的热导率比低碳钢低，高合金钢的热导率更低。对于铁、碳钢和低合金钢来讲，热导率随着温度的增加而下降。而对于高合金钢（不锈钢、耐热钢等），热导率随着温度的增加而增加。

对于大多数常见的材料，热物性参数已有现成的数据，可查阅有关手册和书籍。但对于某些新材料和特殊材料的热物性参数则需要做实验测定。通常情况下，针对某种材料在某一状态下所给出的热物性参数值，都可以采用温度的分段拟合公式计算（或为常数），如 4Cr3Mo2V 钢的热物性参数值见表 8-1。

表 8-1 4Cr3Mo2V 钢的热物性参数值

名称	温度区间/℃	计算式	名称	温度区间/℃	计算式
比定压热容 c_P/J·(kg·℃)$^{-1}$	20~400	$482.02+0.2802T$	热导率 k/W·(m·℃)$^{-1}$	20~700	$31.66633-0.00567T$
	400~700	$854.3-1.461T+0.002T^2$		700~767	$20.595+0.0101T$
	700~767	$2766.0+5.4192T$		767~900	$52.838-0.031T$
	767~800	$6714.6-7.217T$	密度 ρ/kg·m^{-3}	20~900	7814
	800~900	$3449.0-3.13T$			

在计算过程中，各节点（或单元）可能含有多种组织成分，这时需要按不同组织分别选定该温度下的热物性参数值，再用线性组合方法确定此节点（或单元）计算用的热物性参数值。例如，某节点组织为10%珠光体+30%贝氏体+60%奥氏体，则其热导率应为

$$k = 10\%k_{\mathrm{P}} + 30\%k_{\mathrm{B}} + 60\%k_{\mathrm{A}} \tag{8-24}$$

比热容为

$$c = 10\%c_{\mathrm{P}} + 30\%c_{\mathrm{B}} + 60\%c_{\mathrm{A}} \tag{8-25}$$

式中，下标P、B、A分别表示珠光体、贝氏体和奥氏体。写成通式有

$$A = \sum_{i=1}^{4} m_i A_i \tag{8-26}$$

式中，A 表示某一热物性参数变量，如 k、c、ρ 等；A_i 表示某一组织的相应参数值；m_i 表示某一组织所占的百分比；$i=1,2,3,4$，分别代表珠光体、贝氏体、奥氏体和马氏体等。

若研究对象由多种材料构成，则处于各材料接合部的节点（或单元）的控制区域将包含多种材料，这时该节点（或单元）的热物性参数值也可按上述方法处理，但经常采用调和平均值，即

$$\frac{1}{A} = \sum_{i=1}^{N} \frac{m_i}{A_i} \tag{8-27}$$

式中，A_i 表示某一材料的相应参数值；m_i 表示某一材料所占的控制容积百分比；N 表示材料总数；i 表示某一材料。

2. 表面传热系数 h_c

对流换热是物体表面热交换的另一种形式。表面传热的计算主要是确定表面传热系数 h_c。一般情况下，影响表面传热系数的因素主要有：流体流动的速度、流体温度、介质温度、流体的热导率、流体的比热容、流体的密度、黏度以及固体表面尺寸等。因此，表面传热系数的理论计算较复杂，通常由试验确定。

3. 辐射换热系数 h_r

辐射是热加工中主要的传热方式，无论是坯料加热还是坯料在加工中冷却，辐射热交换对温度场变化都具有作用。根据第6章中的式（6-11），辐射换热系数 h_r 与工件表面和环境温度成立方关系，并且正比于黑度（又称辐射率）ε。黑度 ε 取值在0~1之间，根据物体的表面情况而定。一般经过磨光的金属表面 $\varepsilon=0.2\sim0.4$；粗糙的金属表面 $\varepsilon=0.6\sim0.95$；金属达到熔点时 $\varepsilon=0.9\sim0.95$。

固体和外界的热量交换往往同时存在对流换热和辐射换热两种形式。为了研究方便，常

常引用一个总传热系数来考虑这两种换热方式的综合影响

$$q = \alpha \Delta T \tag{8-28}$$

式中，α 为总的表面传热系数，它等于表面传热系数和辐射换热系数之和。

传热系数 α 随表面温度的升高而增加。当表面温度不超过 200～300℃时，大部分的热量是经对流放出的；在较高温度时，则主要经由辐射换热。例如，800℃时辐射的热量约占总传热量的 80%。在 50～1500℃的温度间隔内，总的传热系数 α 要增加 30～50 倍。

4. 接触热导率 h_{lub}

当变形金属与模具之间存在温度梯度时，就会产生热传导。此时，单位时间内通过单位面积的热量即热流密度是与温度梯度成正比的，其比例系数即为接触热导率 h_{lub}，参见第 6 章式（6-12）。

在热变形过程中，一般情况下工件与模具表面存在较大温差，该接触界面上的热传导对于工件的温度场变化往往起决定作用。因此，接触热导率 h_{lub} 是否准确会直接影响到温度场的计算精度。由于工件与模具接触界面上的传热机理十分复杂、影响因素众多，难以获得其理论上的变化规律，所以只能采用试验方法确定。通常，可根据热成形工艺设计模拟试验，并在工件和模具设置一定数量的测温点。进行热变形模拟试验时，实测该变形过程各测点的温度变化。然后，对该实验模型进行数值模拟，通过多次反复计算获得接触热导率 h_{lub}。

8.4　再结晶模型

热塑性变形是金属材料加工最常用的方法之一。在热变形过程中，金属材料由于受到高温和变形的同时作用，一般会发生加工硬化、动态回复、动态再结晶等一系列显微组织演变过程。在热变形间隙或随后保温过程中，会发生亚动态再结晶、静态再结晶及晶粒长大。这些组织演变及其分布会影响到材料最终的性能。为了更好地对材料显微组织进行预测和控制，需要深刻理解动态、静态再结晶过程中的组织演变物理机制。

直接观察热变形过程中的组织演化是比较困难的。因此，通常通过快速冷却保留高温变形时的组织，采用定量金相法研究变形过程中微观组织的演化规律，但这种方法的缺点是工作量大，实验误差大。随着计算机技术的发展，通过建立微观组织的演化模型，采用计算机模拟来预测材料微观组织结构演变规律取得了长足进展，可以预测晶粒的尺寸、形状及分布等，从而优化工艺参数和方案，使变形工艺的制订建立在更为可靠的科学基础上。

为了对热变形过程中再结晶等显微组织演变进行模拟，建立合理的再结晶数学模型是非常关键的。近年来，各国学者在再结晶模拟方面开展了大量研究工作，提出了多种形式的再结晶模型。但由于材料的多样性，很难做到用一个通用的模型来描述材料的再结晶组织演变情况。目前，所建立的模型大致可分为数值模型、顶点模型、几何拓扑模型、蒙特卡罗模型、元胞自动机模型、人工神经网络模型等。其中数值模型基于变形的物理学或动力学机制，能够较为真实地反映变形过程中的再结晶及晶粒长大机制。数值模型主要包括位错模型与唯象理论模型，其中以位错理论为基础的再结晶模型虽然具有一定的理论基础，但由于位错密度在实验上很难定量测量，理论计算中又涉及很多难以获得的微观参数，从而使其在应用上受到了一些限制。

8.4.1 热变形中金属的再结晶

金属在热变形过程中会发生加工硬化、回复和再结晶，反映在材料的流变应力曲线上一般分为三个阶段：

1）当塑性变形很小时，由于加工硬化，随着变形量增加，位错密度增加，金属流变应力增加，直至达到峰值应力。

2）随着变形量的增加，金属内部畸变能不断增大，当达到临界变形量 ε_c 时就发生了动态再结晶，位错密度降低，流变应力开始下降，直到一轮再结晶全部完成，流变应力不再下降。

3）当第一轮再结晶完成以后，如果金属发生动态再结晶的临界变形量较小（$\varepsilon_c<\varepsilon_r$，$\varepsilon_r$ 为完成全部再结晶所需要的变形量），几轮的动态再结晶会同时发生，每一轮的动态再结晶分别处于不同的阶段，这时发生连续动态再结晶，在真应力-真应变曲线上呈稳态变形。如果 $\varepsilon_c>\varepsilon_r$，新一轮再结晶只有继续变形使晶粒内的变形量达到 ε_r 时才会发生，这时发生间断动态再结晶，在真应力-真应变曲线上出现波浪形式，如图 8-5 所示。

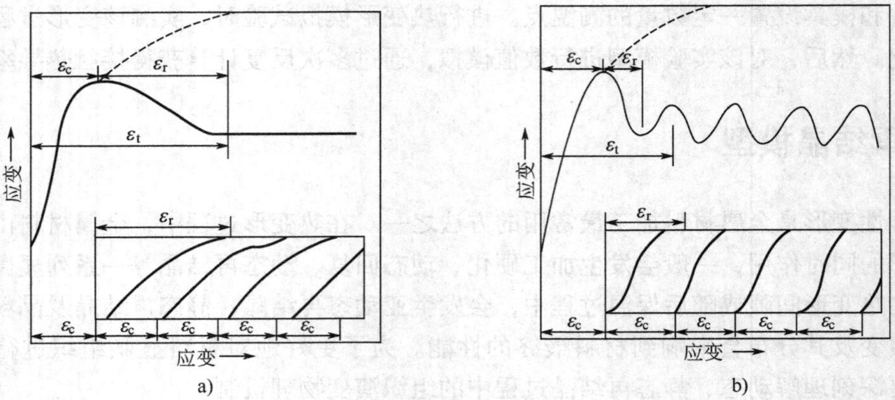

图 8-5 动态再结晶的真应力-真应变曲线

a）连续动态再结晶 b）间断动态再结晶

在热变形的间隙时间里（如道次之间）或加工后的缓冷过程中，金属的回复和再结晶继续进行，以消除残余的加工硬化组织，使金属组织结构达到稳定状态，称为静态回复和静态再结晶。两次变形间金属软化率的表达式为

$$x=(\sigma_1-\sigma_\gamma')/(\sigma_1-\sigma_\gamma) \tag{8-29}$$

式中，σ_γ 为材料的屈服应力；σ_1 为变形量达到 ε_1 时的应力；σ_γ' 为变形后恒温保持 t 时间以后再次发生塑性变形的应力值。

8.4.2 动态再结晶动力学模型

动态再结晶和动态回复是金属材料在高温变形时抵消加工硬化的复原软化过程。

1. 动态再结晶起始时间的确定

根据材料真应力-真应变曲线，在热变形过程中发生动态再结晶需要一个临界变形量 ε_c，

只有当变形量 $\varepsilon > \varepsilon_c$ 时，才能发生动态再结晶。一般认为，临界应变 ε_c 与峰值应变 ε_p 的关系为：$\varepsilon_c = 0.8\varepsilon_p$，因此动态再结晶开始的时间 R_s 定义为

$$R_s = \frac{\varepsilon_c}{\dot{\varepsilon}} = \frac{0.8\varepsilon_p}{\dot{\varepsilon}} \tag{8-30}$$

式中，$\dot{\varepsilon}$ 为应变速率（s^{-1}）。

由真应力-真应变曲线按式（8-30）即可求出动态再结晶开始时间。

峰值应变 ε_p 取决于齐纳-霍洛蒙（Zener-Hollomon）参数 Z 及初始晶粒尺寸 d_0，其预测模型为

$$\varepsilon_p = a d_0^b Z^c \tag{8-31}$$

式中，a、b、c 为常数。

2. 动态再结晶动力学模型

动态再结晶体积分数采用阿夫拉米（Avrami）方程

$$X_d = 1 - \exp\left[-k\left(\frac{\varepsilon - \varepsilon_c}{\varepsilon_{0.5}}\right)^n\right] \tag{8-32}$$

式中，k 为常数；n 为阿夫拉米（Avrami）指数；ε 为热变形时发生的应变；$\varepsilon_{0.5}$ 为再结晶体积分数达到50%时的变形量。

$$\varepsilon_{0.5} = B d_0{}^{m_1} \dot{\varepsilon}^{m_2} \exp(Q/RT) \tag{8-33}$$

式中，B、m_1、m_2 为常数。

如果再结晶量达不到50%，可以参照 Sellars 提出的方法，改为采用20%时的变形量，将实验所得数据代入，并进行多元非线性回归，即可得到各常数值。

动态再结晶的晶粒尺寸 D_d 与 Z 参数及初始晶粒尺寸有关，其关系模型为

$$D_d = p_1 d_0^{p_2} Z^{p_3} \tag{8-34}$$

式中，p_1、p_2、p_3 为常数。

晶粒长大的数学模型为

$$D^n = D_d^n + Ct\exp\left(-\frac{Q_R}{RT}\right) \tag{8-35}$$

式中，D 为 t 时刻的晶粒尺寸；C 为常数。

8.4.3 静态再结晶动力学模型

在热变形间隙和变形后，金属处在较高温度，会发生静态回复、再结晶及晶粒长大。静态再结晶的速度主要取决于变形体内部储存能的大小、热变形后停留温度的高低等，而且要发生静态再结晶，应变必须大于某临界值。如果形变时无动态再结晶发生，随后的静态再结晶形核需要一个孕育阶段。在孕育阶段，仅有回复发生，这段孕育期主要取决于静态再结晶时的温度和以前的形变条件，即应变、齐纳-霍洛蒙参数和初始晶粒尺寸。

静态再结晶体积分数的定量关系符合阿夫拉米方程

$$X_s = 1 - \exp\left[-C\left(\frac{t}{t_{0.5}}\right)^n\right] \tag{8-36}$$

式中，t 为间隙时间（s）；$t_{0.5}$ 为发生50%静态再结晶所需的时间（s）；n 为阿夫拉米指数，

其数值为 0.62 ~ 1.5；C 为常数，由下式给出

$$C = -\ln(1-f) \tag{8-37}$$

式中，f 是再结晶分数，当取值为 50% 时，$C = 0.693$，所以式（8-36）可以写成

$$X_s = 1 - \exp\left[-0.693\left(\frac{t}{t_{0.5}}\right)^n\right] \tag{8-38}$$

研究表明，热变形工艺参数中对静态再结晶影响最大的是变形程度、保温温度、间隙时间以及初始晶粒尺寸，而变形速率的影响很小。静态再结晶速率取决于形变储存能大小、形核位置的多少和保温温度的高低。形核位置的多少主要是由亚晶尺寸和初始晶粒尺寸决定，而亚晶尺寸又取决于齐纳-霍洛蒙参数。因此再结晶速率是应变、齐纳-霍洛蒙参数、初始晶粒尺寸和保温温度的函数。而再结晶晶粒尺寸是应变、齐纳-霍洛蒙参数和初始晶粒尺寸的函数。

发生 50% 静态再结晶所需的时间一般可采用下式计算

$$t_{0.5} = A\varepsilon^p d_0^s \exp(Q_{act}/RT) \tag{8-39}$$

式中，A、p、s 为要确定的经验常数；Q_{act} 为静态再结晶激活能。

式（8-39）两边取对数

$$\ln t_{0.5} = \ln A + p\ln\varepsilon + s\ln d_0 + Q_{act}/RT \tag{8-40}$$

由于 Q_{act} 与变形条件（$\dot{\varepsilon}$，ε，T）基本无关，因此对于某一材料 $\ln t_{0.5}$ 与 $1/T$ 成直线关系，直线斜率即为 Q_{act}/R。根据实验数据测出不同温度下 $t_{0.5}$ 的数值，可得到 $\ln t_{0.5}$ 与 $1/T$ 之间的关系，经回归分析可得到某一特定材料发生 50% 静态再结晶所需时间的经验公式。

静态再结晶晶粒尺寸可用下式计算

$$D_s = Bd_0^a \varepsilon^b Z^c \tag{8-41}$$

式中，B、a、b、c 为需要根据不同材料确定的经验常数。

8.4.4 亚动态再结晶动力学模型

当热形变过程中发生了动态再结晶以后，材料在保温过程中发生的静态再结晶称为亚动态再结晶。此时，动态再结晶的晶粒本身就可作为静态再结晶的晶核，静态再结晶就不需要孕育阶段。因此，亚动态再结晶要比静态再结晶快得多。由于动态再结晶过程中形成的稳态结构，$t_{0.5}$ 和 D_s 不再取决于应变或初始晶粒尺寸，而是亚晶尺寸，其尺寸取决于齐纳-霍洛蒙参数。

亚动态再结晶模型的经验公式可表示为

$$t_{0.5} = AZ^{\alpha}\exp\left(\frac{Q_{act}}{RT}\right) \tag{8-42}$$

$$D_s = BZ^{\beta} \tag{8-43}$$

式中，A、B、α、β 为经验常数。当热形变量超过亚动态再结晶发生时的临界应变，用这两个模型预测再结晶组织是适用的。

静态再结晶或亚动态再结晶完成后，再结晶晶粒便开始长大。晶粒长大速度取决于保温温度和再结晶晶粒尺寸。晶粒生长模型一般采用如下经验公式

$$D_g^n = D_s^n + kt_g\exp(-Q_g/RT_g) \tag{8-44}$$

式中，D_s 为再结晶晶粒尺寸（μm）；k 为常数；t_g 为再结晶完成后的保温时间（s）；Q_g 为晶

粒长大激活能（J/mol）；T_g为保温温度（℃）；n为常数，理论值为2，实际上，特别是在再结晶完成后短时间的保温过程中，n的取值更大。

上述模型从再结晶动力学理论出发，方程中的相关参数可根据实验回归得出，计算精度较高且与实际热变形之间有定量关系。当储存能均匀分布及形核位置随机选择时，这些方程描述较为精确。然而对于储存能为非均匀分布、异质形核及晶界迁移各向异性时，这些方程偏差较大。另外，动力学方程并不涉及再结晶的具体过程，也不反映再结晶的微观信息，无法给出再结晶的形貌。

思考题

1. 试推导刚塑性可压缩材料的本构模型。
2. 常用的摩擦边界条件有哪些?
3. 列举热塑性变形中金属的再结晶类型及其动力学模型。

第 9 章 刚（黏）塑性有限元模拟应用

9.1 概述

金属塑性成形是一种重要的金属材料加工方法，其成形过程十分复杂，基于经验、试验的传统方法分析成形过程十分困难。建立在塑性成形力学分析基础上的有限元数值模拟方法不仅能直观描述金属塑性成形过程，如应力、应变、温度的分布状态及金属变形（流动）状态等，而且能为金属塑性成形优化设计提供基本依据，如模具型腔与结构的合理性，工件成形缺陷、成形形状尺寸对质量的影响等。有限元数值模拟技术已逐渐成为对金属塑性成形过程进行预测、控制和优化的有效方法，是缩短产品研发周期、提高经济效益、保障产品质量的有效手段。有限元法是目前进行非线性分析的最强有力的工具，因此也成为金属塑性成形过程数值模拟的最流行方法。

金属塑性成形数值模拟中的有限元法大致可分为两类：一类是固体型塑性有限元法，包括弹塑性有限元法和弹粘塑性有限元法，这类有限元法同时考虑弹性变形和塑性变形，弹性区采用胡克（Hooke）定律，塑性区采用普朗特-罗伊斯（Prandtl-Reuss）方程和米泽斯（Mises）屈服准则。因此，它既可分析加载过程，又可分析卸载过程，包括计算残余应力、应变、回弹以及模具和工件之间的相互作用，可以处理几何非线性和非稳态问题，但其计算工作量繁重，所取步长不能太大，对于非线性硬化材料计算非常复杂。弹塑性有限元主要适用于分析板料拉延、弯曲、缩口等成形工序以及结构件的失稳、屈服等工程问题，弹黏塑性有限元适用于分析黏土等软体材料的滑移、流变等问题。

在大变形的金属体积成形问题中，有时可以忽略其中的弹性变形而视之为塑性变形。这时就可以采用另一类有限元法：流动型塑性有限元法，包括刚塑性有限元法和刚黏塑性有限元法。由于不需要考虑材料弹塑性状态的变化，可采用莱维-米泽斯（Levy-Mises）率方程和米泽斯（Mises）屈服准则，求解未知量为节点速度，通过在离散空间对速度的积分来处理几何非线性，可采用比弹塑性有限元法大的增量步长，解法相对简单并且求解效率高，从而减少计算时间。由于体积成形中工艺条件的差异而使金属材料呈现不同的特性，典型的材料模型有刚塑性硬化材料模型和刚黏塑性材料模型（即速率敏感材料模型）。刚塑性硬化材料模型对应的有限元方法是习惯上称为刚塑性有限元法，它适用于冷、温态体积成形问题。刚黏塑性材料模型对应为刚黏塑性有限元法，它适用于热态体积成形问题，并且可以进行变形与传热的热力耦合分析。刚（黏）塑性有限元法的主要不足是不能处理卸载问题，无法得到残余应力、变形及回弹，此外，刚性区的应力计算也有一定误差。

由于刚（黏）塑性有限元法的解法简单以及求解效率高，在金属塑性成形中尤其是在分析锻造、挤压、轧制、拉拔等体积成形方面得到了非常广泛的应用。

9.2 锻造成形工艺

锻造成形工艺模拟主要应用在大锻件的自由锻工艺和模锻件的模具设计以及结构参数优化方面。

9.2.1 大型锻件自由锻工艺模拟

众所周知，大型锻造的主要任务有二，首要的任务是消除钢锭内部铸造缺陷（心部疏松、空洞、缩孔、偏析等），打碎“铸造组织”，获取合格的锻件性能；第二个任务是成形。由于钢锭很大，材料成本、锻造成本和周期不允许进行1:1的生产实验，而缩比试验又不能完全真实地模拟实际钢锭内部的场量变化，因此锻造工艺数值模拟对大型锻件工艺设计具有极大的吸引力。大型钢锭自由锻造工艺数值模拟主要包括以下三个方面的内容：①钢锭空洞疏松的压实工艺；②钢锭微观组织演化，特别是晶粒长大和细化过程预测；③钢锭形状变化成锻件的成形过程。

1. 大型饼形锻件镦粗过程模拟及砧型优化选择

大型饼形锻件锻造时，一般需采用多次镦粗、拔长的工艺，以消除孔隙性缺陷。锻造工艺制订的依据之一是锻造过程中钢锭内部的应力状态，锻件内部的静水压力越大，对缺陷的锻合与消除就越有利。基于这一观点，应尽量避免锻件内部形成拉应力。

800MN模锻液压机主缸缸底锻件的最后一道镦粗工艺是多次镦粗、拔长工序中很重要的一个环节。其镦粗前的坯料尺寸为ϕ2150mm×4150mm，镦粗后锻件高度为2150mm，变形量为48.19%。该锻件锻造成形的技术难度较大，主要表现为两个方面：一是钢锭中的孔洞在成形过程中消除困难，探伤检测不易通过；二是锻件几何尺寸较大，涉及锻造设备能力问题。利用数值模拟技术，着重研究了镦粗过程中平面砧、球面砧、锥形砧等不同砧型对锻件内部等效应变、静水压力和镦粗工艺的影响，最终确定了合理的工艺方案。

（1）砧型对镦粗力的影响　在压下速度为5mm/s的情况下，得到了不同砧型与镦粗力之间的关系，见表9-1。

表9-1　不同变形量时的镦粗力　（单位：MN）

砧型	变形量（%）/（压下量/mm）					
	6.03/250	12.05/500	19.28/800	24.10/1000	33.73/1400	44.58/1850
平面砧	24.0	27.5	32.8	37.1	48.8	71.2
球面砧	26.2	30.9	37.0	42.4	56.4	98.4
锥形砧	21.4	25.7	30.3	34.0	43.6	60.0

由表9-1可知，镦粗过程中压下量相同时，球面砧所需压力机提供的成形力最大，其次为平面砧，锥形砧所需成形力最小，且球面砧的成形力在镦粗成形后期有快速增大的现象。球面砧与其他两种砧型的成形力差值均随变形量的增加而增大，且相对于球面砧，平面砧和锥形砧最大镦粗力分别约为72.36%和60.98%。

（2）砧型对等效应变的影响　镦粗时锻件存在三个变形区，即位于坯料与砧板接触区域的难变形区、位于坯料心部区域的大变形区和位于坯料中部外侧的小变形区。镦粗工艺的总压下量为1850mm，变形量为44.58%。图9-1是变形量分别为24.10%、33.73%、

44.58%时，不同砧型镦粗坯料得到的等效应变图，对应的压下量分别是1000mm、1400mm和1850mm。

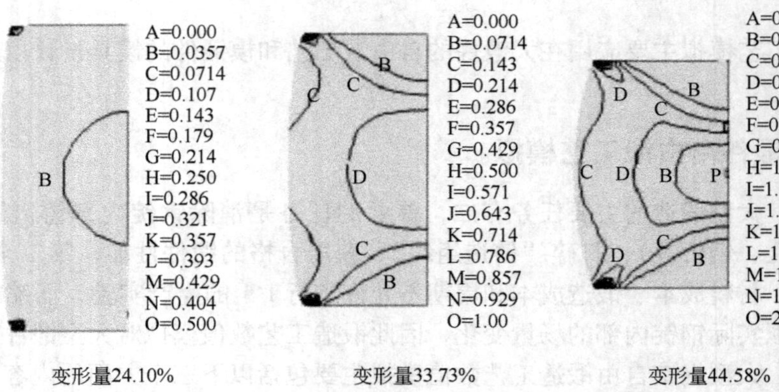

a)

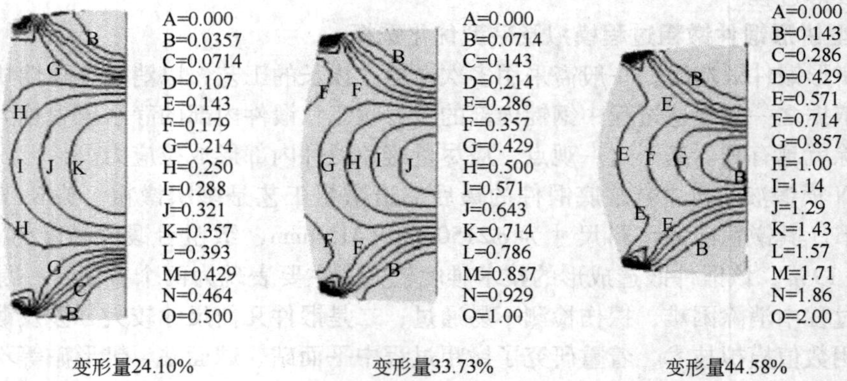

b)

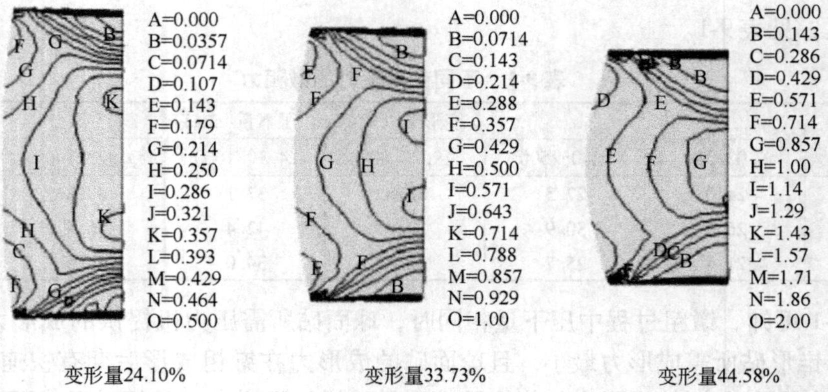

c)

图9-1　不同砧型镦粗等效应变图

a）平面砧镦粗　b）球面砧镦粗　c）锥形砧镦粗

由图9-1可见，相同的变形量下，球面砧镦粗时坯料获得的变形较为均匀，且心部等效应变最大，锥形砧镦粗次之。在最大变形量时，球面砧、锥形砧和平面砧锻件心部的等效应变分别为1.200、0.952和0.715。锥形砧镦粗时，若变形量较小，则会在坯料轴线上出现两个等效应变较大的区域，而且随着变形量增加，这两个区域才逐渐靠近，并最终合并为一个区域。变形量相同时，平面砧镦粗的难变形区较大，球面砧次之，锥形砧最小。

（3）砧型对静水压力的影响　图9-2是变形量分别为24.10%、33.73%、44.58%时，

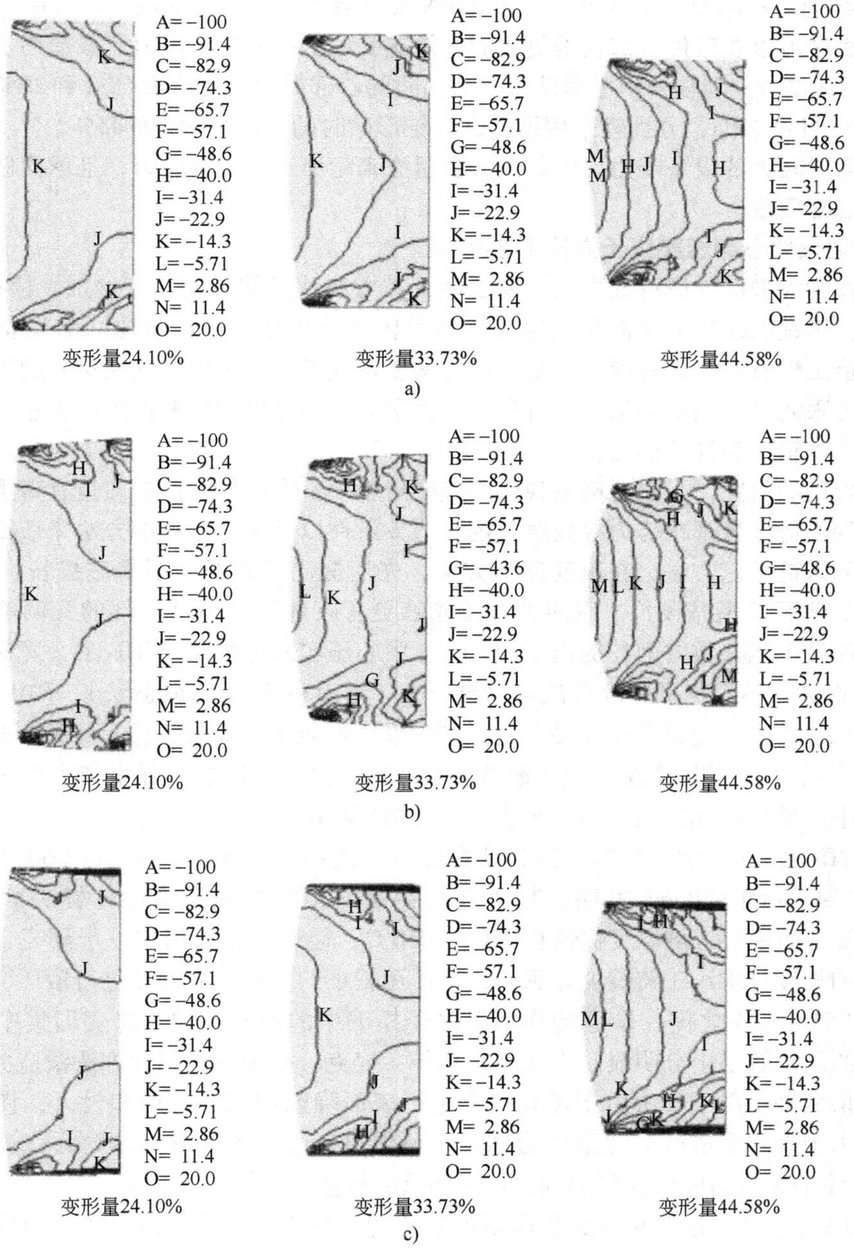

图9-2　不同砧型镦粗静水压力图

a）平面砧镦粗　b）球面砧镦粗　c）锥形砧镦粗

锻件内部的静水压力图。由图 9-2 可见，砧型对静水压力分布形态影响较小，各砧型镦粗后坯料截面中央均有“x”形状分布的高等值静水压力带，截面其他区域的静水压力值均较小。球面砧镦粗时，若变形量较小，坯料小变形区的外端受压应力，随着变形量增加，该区域逐渐变为拉应力状态，其最大静水压力值为 15.0MPa。而三种砧型镦粗的心部始终为三向压应力状态，平面砧、球面砧、锥形砧镦粗坯料的心部最大静水压力分别为 -42.1MPa、-44.2MPa、-30.4MPa。

(4) 结论　相同变形条件下，在 800 MN 模锻液压机主缸缸底锻件的最后一次镦粗过程中采用球面砧可以在锻件心部获得更大的等效应变和更高的静水压力。锻造终了时，其心部等效应变为 1.2，分别较采用平面砧和锥形砧时的心部等效应变值大 68% 和 26%；其心部静水压力约为 44.2 MPa，分别较采用平面砧和锥形砧时的数值高 5% 和 45%。

虽然需要较大的设备能力，但其最大镦粗力未超出工厂现有能力，且球面砧更有利于提高锻件的心部质量。

2. 大型锻件心部压实拔长方法工艺模拟

拔长作为大型锻件锻造成形的主要工序，其方法就是使坯料长度增加、横截面积减小。长期以来，钢锭的压实程度都是利用拔长前后坯料的长度比（锻造比）来衡量，采用大锻造比来锻造工件有利于提高锻件质量，但是随着现代工业的发展，钢锭尺寸越来越大，压机的锻造能力限制了大钢锭的加工，有学者认为锻造比不足以评价锻件内部质量，应考虑用应力应变等力学量作为评价标准。

经过长期的研究，人们逐渐发现应力应变对于评价大锻件内部的质量有着重要作用，因此，各国的锻造学者都在努力寻找通过控制边界条件以及工艺参数的方法来获得锻合大锻件内部缺陷的锻造工艺方法。在改变砧形方面，先后提出了普通上下平砧拔长、上下 V 型砧拔长和上平砧下 V 型砧拔长，后两种方法能够更有效地锻合锻件心部的孔洞等缺陷，在控制边界条件和工艺参数方面，提出了 JTS 法（中心压实锻造法）、WHF 法（宽砧大压下量锻造法）、FM 法（不对称平砧锻造法）、FMV 法（不对称 V 型砧锻造法）、FML 法（低锻压力锻造法）、LZ 法（用料宽比和砧宽比控制锻件内部质量的拔长工艺）、CKD 法（用于锻造管板的工艺）、三点砧锻造法、收口锻造法等，这些方法都已在实际生产中产生巨大的经济效益。其中，最具有代表性的是 JTS 法、FM 法和 WHF 法。

(1) JTS 法　JTS 法在我国常称为硬壳锻造法或中心压实法，20 世纪 60 年代初期，由日本学者 Tefeno 和 Shikano 发明，其要点是在锻前将加热到高温的铸锭表面快速冷却到 750 ~ 800℃，而中心区域温度保证在 950 ~ 1050℃，使坯料表面形成一层硬壳，使用的上平砧的宽度和长度要求小于铸锭的宽和长，然后用较小的方砧或者圆砧进行锻压，单面的压下量一般在 8% ~ 12% 之间。硬壳的作用等同于模锻中的锻模一样，将变形集中在锻件的心部，心部的压实效果十分明显。现在除日本外，捷克、德国都采用此方法锻造关键性的轴类锻件，效果良好。但 JTS 法由于需要喷雾进行表面降温增加了工序和投入，使车间环境恶化，同时由于表层形成硬壳变形抗力增加，所需设备吨位大大提高，约为普通平砧拔长的 2.53 倍，使 JTS 法的应用受到限制，目前在重机行业采用较少。

(2) FM 法　FM 法又称为无曼内斯曼效应的锻造方法，或称消除心部拉应力的无拉应力法，是在滑移线理论的基础上解析得到的一种新锻造方法。在 20 世纪 70 年代，由日本学者河合正吉和佐藤一木提出，该方法的变形特点是利用了上平砧、下平台的非对称变形，由于下平台的摩擦阻力作用，变形由上到下逐步进行，使拉应力移到了变形体与平台接触面上，增加了中心部位的静水压力，使变形体的应力状态得到了改善。通过实验研究，FM 法的砧宽比为0.4～0.5时，轴向不产生拉应力，锻合锻件心部空洞的能力与普通平砧锻造法砧宽比为0.9时大致相当，所需锻造压力前者只有后者的2/3，可以使用现有设备和工具拔长大钢锭，缺点是由于非对称变形，如果操作不当易造成变形偏心、坯料表面拉伤、水压机偏载等问题。

（3）WHF 法　WHF 法全称是宽砧强力压下锻造法，又称应变主导型的压实法。1980年，由日本室兰制钢厂的田中光之提出，其锻造特点是在大型压力机上，采用上下对称的宽平砧，在高温下对锻件进行大压下量锻造。该方法的目的是使心部变形，要求砧宽比在0.68～0.77之间，压下率至少要达到20%，这种方法主要着眼于心部的大变形，其心部的变形比用普通平砧拔长要大得多，对消除钢锭内部的缩孔、疏松等缺陷十分有利，同时由于WHF 法坯料变形对称、容易操作，特别适合于大型水压机锻造，目前在重机行业应用十分广泛。WHF 法也有其自身的缺点，即砧宽大、对锻造载荷要求高，因此在锻造时需采用大吨位的液压机。

以下通过两个典型例子说明数值模拟技术在典型拔长工艺模拟过程中的应用。

1）12% Cr 超临界转子 JTS 法、FM 法拔长工艺模拟。本研究基于有限元模拟方法，以汽轮机转子钢 Cr12 方坯钢锭拔长为研究对象，采用 JTS 法和 FM 法对中心压实的效果分别进行了模拟分析和对比，得出了相应结论。

① 有限元模型建立。首先通过热力模拟实验测定汽轮机转子材料 Cr12 在不同温度、不同变形速率下的应力-应变曲线，如图 9-3 所示。

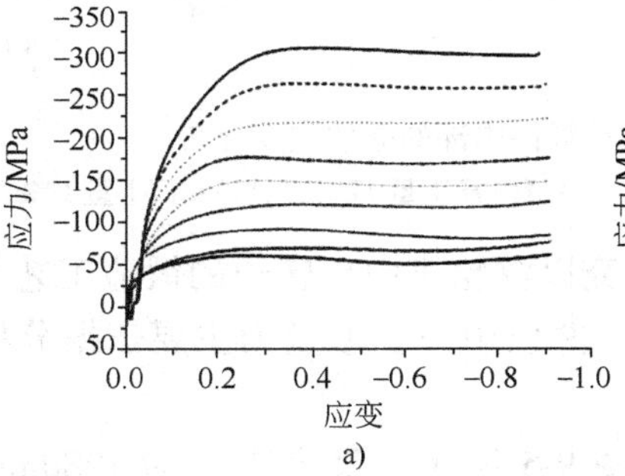

a)

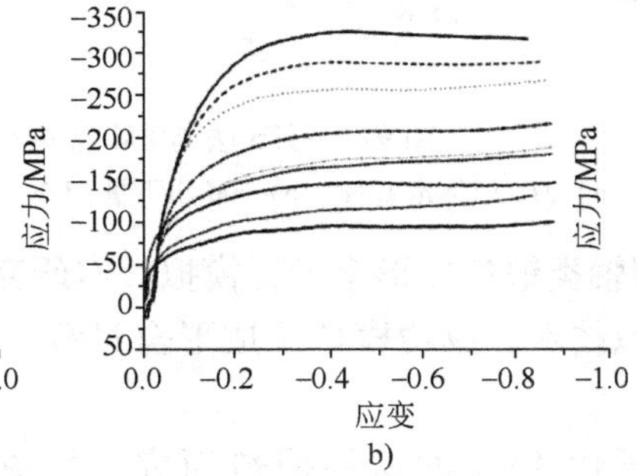

b)

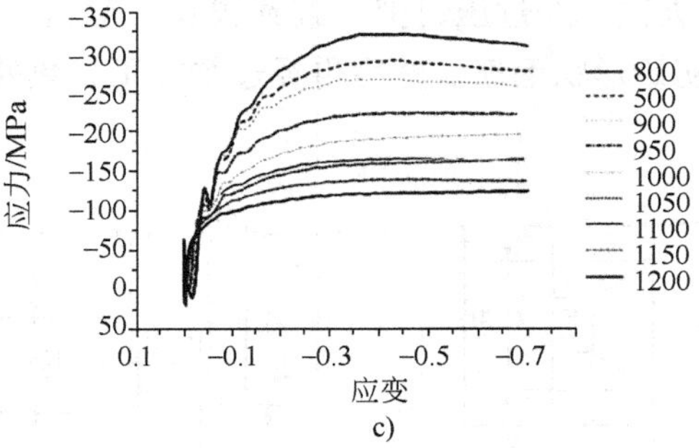

c)

图 9-3　Cr12 应力-应变曲线

然后建立有限元模型，选取坯料长度为 1000 mm，宽度和高度为 800 mm，钢锭加热温度为 1200℃，通过有限元分析优化了 JTS 拔长法喷水冷却方案。然后进行了 JTS 法和 FM 法的拔长模拟，并进行了对比分析。

② JTS 法和 FM 法中心压实效果分析。等效应变是反应锻件中心压实效果的一项重要指标。比较采用优化过的冷却方案的 JTS 法拔长与 FM 法拔长的中心压实效果，除预先喷水外，其他工艺参数均相同（砧宽比、压下速度等）。当压下量分别为 13% 和 17% 时，两种拔长方式锻件内部的等效应变分布如图 9-4 所示。

图 9-4a、b 分别为 JTS 和 FM 法拔长压下量为 13% 时锻件内部的等效应变分布。由于 JTS 法拔长锻件表面被冷却，形变抗力增加，因此变形主要集中在心部，此时 JTS 法拔长锻件心部的等效应变值已达到 0.4，而 FM 法拔长心部的等效应变只有 0.2。图 9-4c、d 分别为 JTS 和 FM 法拔长压下量为 17% 时锻件内部的等效应变分布。JTS 法拔长上砧下方靠近锻件心部大范围区域内得到了较大的等效应变，最大值接近 0.5，而 FM 法拔长仅在上砧下方较小区域内获得较大的等效应变值，在生产过程中很可能由于错砧方案不当造成局部无法锻透的现象。JTS 法拔长压下量为 13% 时的中心压实效果甚至好于 FM 法拔长压下量为 17% 时锻件内部的中心压实效果。

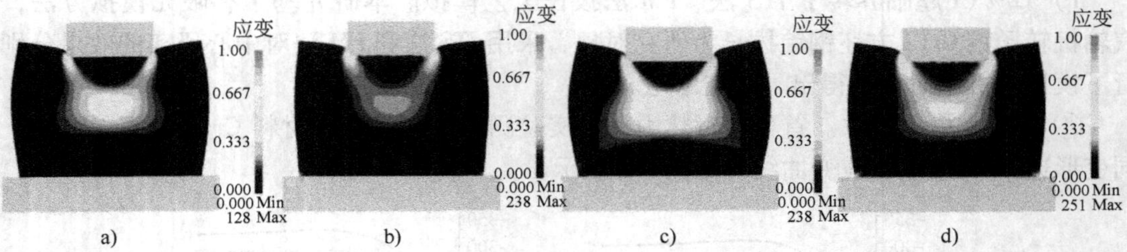

图 9-4　JTS 法与 FM 法拔长锻件内部的等效应变分布

a）JTS 压下量 13%　b）FM 压下量 13%　c）JTS 压下量 17%　d）FM 压下量 17%

2）大型轴类锻件成形全过程模拟。本研究以汽轮机中压转子的锻造工艺为原型，充分利用数值模拟技术，成功模拟了成形全过程，并以中心变形量为主要依据分析了中心压实效果。

中压转子由 130t 的钢锭锻造而成，如图 9-5 所示，最大直径为 1280mm，长度超过 7000mm，锻造过程共五个火次，经过压钳把，滚圆拔长、镦粗，采用 WHF 法拔长、倒方、分段滚成阶梯轴得到转子初始形状毛坯。然后再经过精加工，热处理最后得到转子成品，形状如图 9-6 所示。

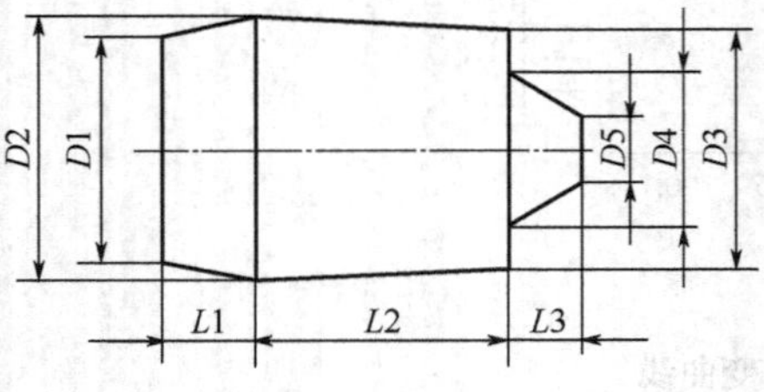

图 9-5　钢锭形状示意图

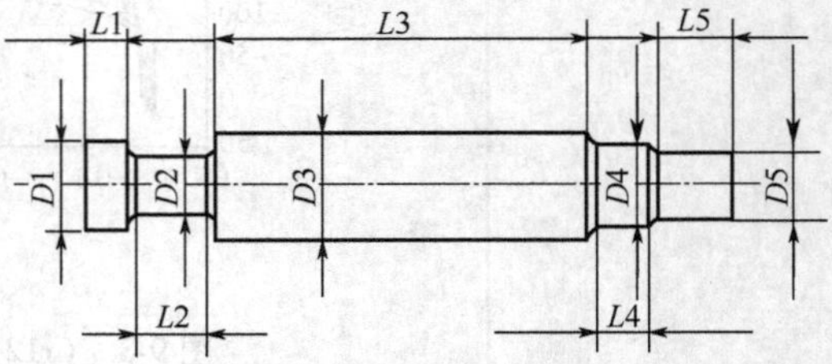

图 9-6　中压转子形状图

① 第一火次：压钳把（省略模拟过程）+上平砧下V砧拔长。本火次轴的最大直径$D=2615$mm，终锻直径$d=2030$mm，砧宽670mm，满砧进给，压下量按被锻压轴的始锻直径的5%计算，共需拔长6趟。图9-7显示了中压转子锻造第一火次的具体情况。图9-7d图反映了轴向截面的应变分布状况，最大等效应变出现在心部，从轴线上看，越靠近心部等效应变越大，越远离心部等效应变越小，轴身在轴心线上的等效应变在1.0以上。

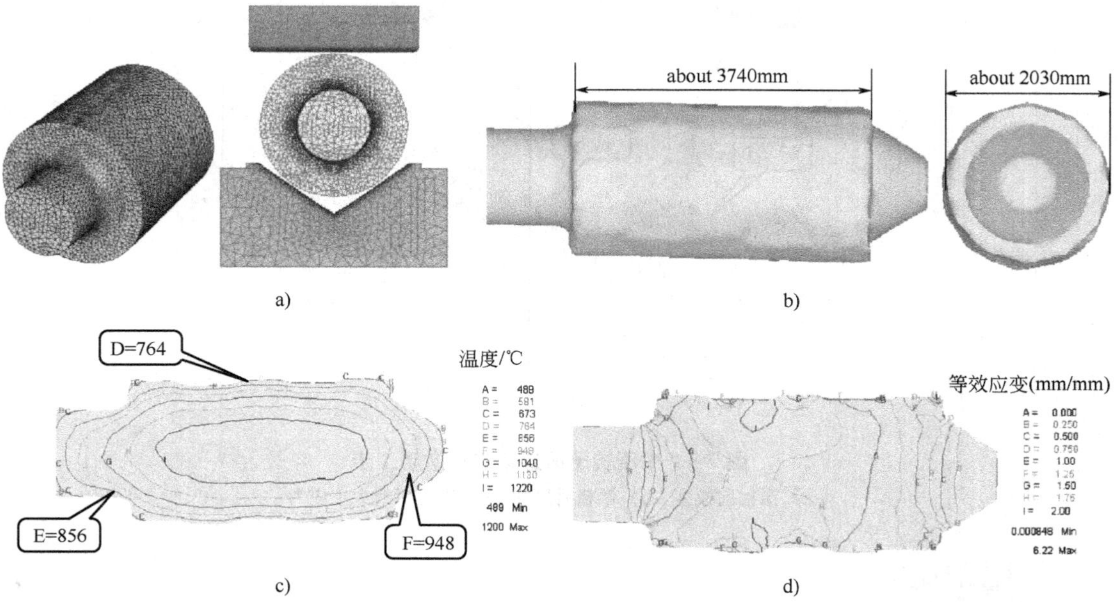

图9-7 中压转子锻造第一火次拔长工步

a）有限元模型 b）锻件终锻外形尺寸 c）温度分布 d）等效应变分布

② 第二火次：镦粗+WHF法拔长。镦粗工步如图9-8所示，采用镦粗漏盘和球形镦板镦粗，压下量为53%，应力的最大主应力为切向应力，心部均为压应力，说明不会产生心部裂纹，如图9-8c所示。

WHF法拔长工步：为大压下量拔长，根据变形量要求，共需9道次拔长，道次间需要错砧，具体参数略。拔长后的工件图尺寸和等效应变情况如图9-9所示，心部等效应变进一步增大。

③ 第三火次：WHF法拔长+倒方。第三火次经11道次拔长和四道次倒方，轴身有八个面受到锻压，应变情况比较复杂。如图9-10所示，从工件轴向来看，最大等效应变出现在心部，从工件的径向截面应变分布可以看出，工件的等效应变呈环状，靠近心部的等值线较稀疏，靠近表面的等值线较密集，说明等效应变随着远离心部，应变值逐渐递减，且递减的梯度越来越大。在工件的轴心线上取点，第一点靠近钳把（冒口端），最后一点靠近水口端，中间每隔100mm取一个点，共取50个点。将这些点的应变数据导出，重新整理分析，得到图9-11所示的等效应变图。

图9-11中显示，轴心线上左右两端的点的等效应变较小，随着点往中间靠近时，等效应变逐渐增大，增大的梯度逐渐减缓。轴心线上的等效应变值在1.2~2.6之间，靠近中间的轴心线上的点的应变在2.5左右波动，且大致呈直线分布。

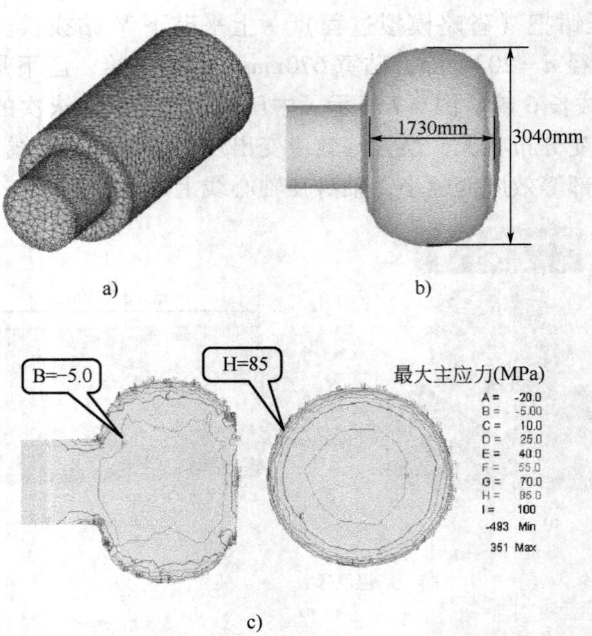

图 9-8　中压转子锻造第二火镦粗工步

a）镦粗前模型　b）镦粗后尺寸　c）镦粗后最大主应力

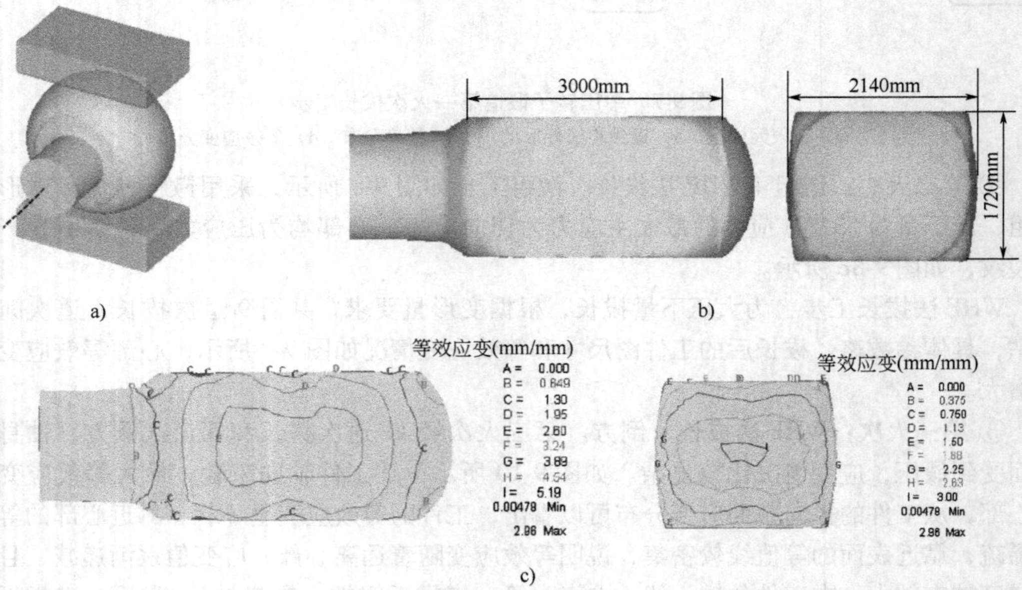

图 9-9　中压转子锻造第二火 WHF 法拔长工步

a）WHF 法拔长模型　b）WHF 法拔长变形后尺寸图　c）WHF 法拔长后的等效应变

④ 第四火次：滚圆拔长为阶梯轴，工具为上平砧下 V 砧，图 9-12 显示了中压转子锻造第四火次的具体情况，图 9-12c 所示为变形后工件轴线剖面上的等效应变，从图 9-12 上可以看出，工件的等效应变情况复杂，高应变主要集中在直径较小的轴段部分。

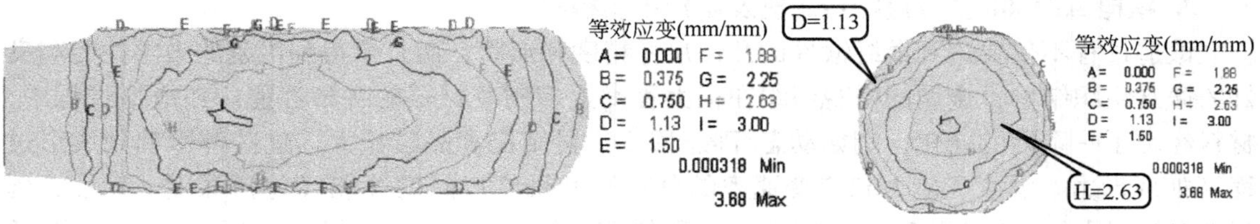

图 9-10　中压转子锻造第三火

a）工件轴向等效应变剖面图　b）工件径向等效应变剖面图

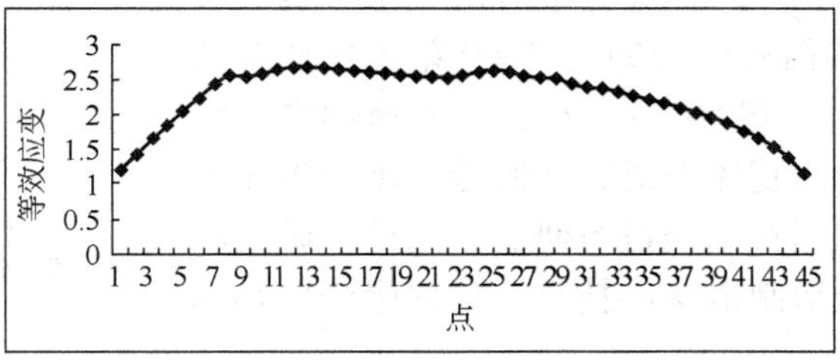

图 9-11　第三火次后工件轴心上的等效应变

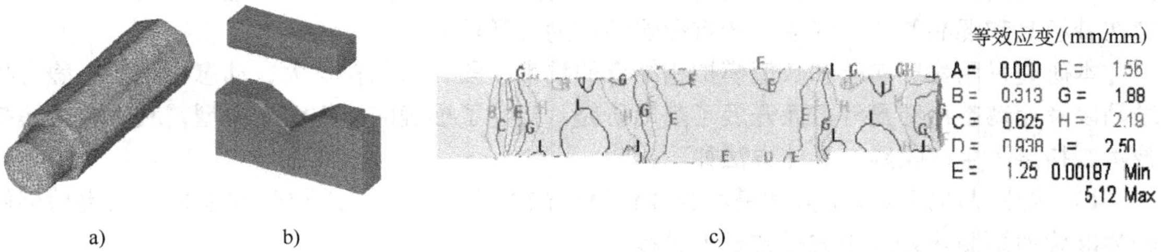

图 9-12　中压转子锻造第四火次

a）坯料　b）工具　c）变形后工件轴线剖面上的等效应变

⑤ 第五火次：滚圆拔长，锻出工件各部分的阶梯轴，本火次主要是成形控制，具体模拟过程不再赘述，成形锻件如图 9-13 所示。

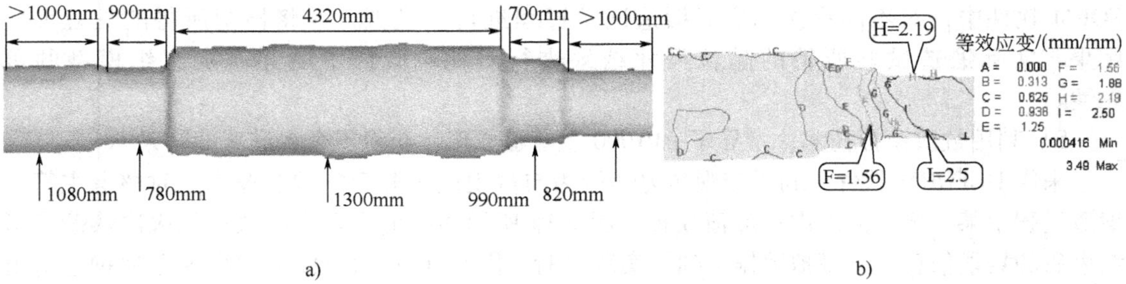

图 9-13　中压转子锻造第五火次

a）最终锻件外形图　b）锻件等效应变图

3. 核电 AP1000 主管道锻造工艺及组织控制模拟

锻造过程不仅要达到最终锻件的几何尺寸精度和形状，而且要得到优越的力学性能和良好的微观组织结构，金属的微观组织在很大程度上控制着材料的各种性能。在成形过程中，材料经历了一系列的变化，例如动态/静态回复、再结晶和晶粒长大。这些都影响到成形过程（如成形力、温度、应力和应变速率的分布）和最终产品的性能（包括强度、韧性、延展性等）。因此，研究微观组织随锻造过程的演化规律，成为材料加工过程中极为重要的一环。

核电 AP1000 主管道（见图 9-14）是连接反应堆压力容器和蒸汽发生器的大型厚壁管道，是核电蒸汽供应系统输出堆芯热能的“大动脉”，是核电站的核一级关键部件之一。我国引进的美国西屋公司的 AP1000 第三代核电技术，由于其设计寿命提高到 60 年，安全性能指标也大幅度提升，主管道要求采用整体锻造方法制造，国外也无现成的制造技术，要求我国在同期进行研制。因此，研究和掌握核电主管道整体成形制造核心技术、实现国产化是亟待解决的问题。

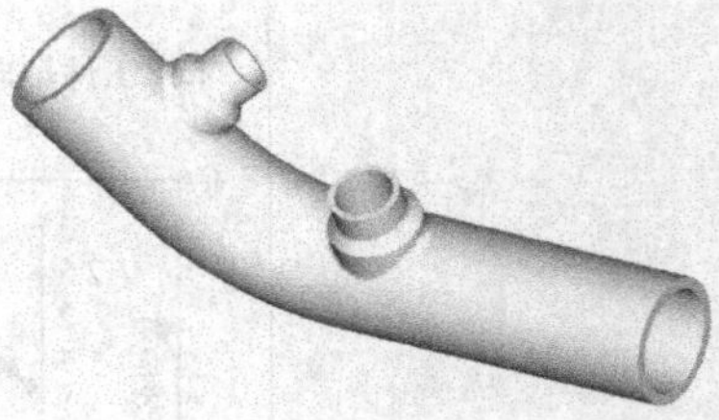

图 9-14　核电 AP1000 主管道

核电主管道材料采用美标 ASTM316LN（简称 316LN，国内对应牌号 022Cr17Ni13Mo2N）奥氏体不锈钢，该钢种具有较好的力学性能和耐晶间应力腐蚀性能，而应用到大型锻件中时存在着粗晶和混晶等质量问题，严重影响锻件的力学性能。

本研究采用物理实验和数值模拟相结合的技术手段，从晶粒长大、动态再结晶、静态再结晶以及亚动态再结晶等方面开展了基础研究，建立了准确的组织演变模型，利用数值模拟技术，指导了生产实践。具体方法如下：

1）采用以回归误差平方和最小为优化目标的方法，给出了晶粒长大模型，该模型能够较为准确地预测热处理中的晶粒长大过程。

2）在 Gleeble-1500D 热力模拟试验机上，采用热压缩实验研究了 316LN 不锈钢的高温流变行为，确定了动态再结晶的临界应变值，建立了动态再结晶动力学方程。

3）采用双道次热压缩实验，研究了 316LN 不锈钢静态软化行为，得出静态再结晶和亚动态再结晶的软化曲线都符合阿夫拉米方程，呈现典型的 S 型曲线特征。

4）结合宏观热力学行为与微观组织演变的耦合技术，将微观组织演变模型输入 DEFORM 软件中，对不同火次的实际锻造试验过程进行了模拟，并将模拟所得的晶粒尺寸结果与实际锻造试验所得的晶粒尺寸结果进行对比，验证了所建微观组织模型的可靠性。

5）利用数值模拟技术，指导了 AP1000 主管道成形，获得了令人满意的效果。

采用 DEFORM 软件，利用宏观热力学行为与微观组织演变的耦合技术，对核电主管道锻造过程中某一拔长火次进行数值模拟，图 9-15 所示为核电主管道某次拔长火次热锻变形结束后的场量信息，该模拟数据得到了实践检验。图 9-16 所示为核电 316LN 不锈钢主管道的缩比试验件。

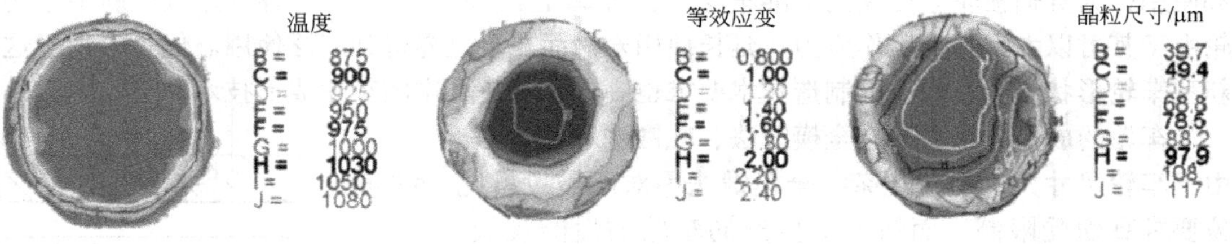

a)　　　　b)　　　　c)

图 9-15　核电主管道某次热锻变形结束后的场量信息

a）温度场　b）等效应变场　c）晶粒度场

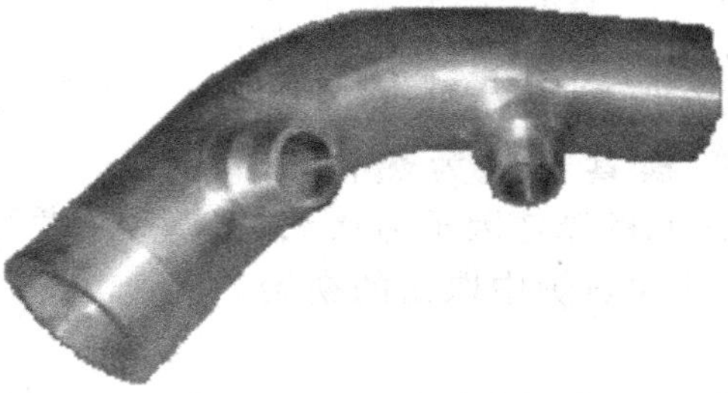

图 9-16　核电 316LN 不锈钢主管道的缩比试验件

9.2.2　模锻

模锻也称模型锻造，是在专用模锻设备上利用模具使金属坯料变形而获得所需形状、尺寸与内部质量锻件的方法。它是在自由锻和胎模锻的基础上发展起来的一种利用模具使坯料变形而获得锻件的锻造方法。与自由锻相比，模锻具有如下优点：

1）生产效率较高。模锻时，金属的变形在模膛内进行，故能较快获得所需形状。

2）能锻造形状复杂的锻件，并可使金属流线分布更为合理，延长零件的使用寿命。

3）模锻件的尺寸较精确，表面质量较好，加工余量较小。

4）节省金属材料，减少切削加工工作量。在批量足够的条件下，能降低零件成本。

5）模锻操作简单，劳动强度低。

从模锻的主要成形方式看，模锻可分为开式模锻、闭式模锻和多向模锻等。开式模锻的模膛周围有飞边槽，成形后多余的金属流入槽内，最后将飞边切除；闭式模锻只在端部有很小的飞边，如果坯料精确，也可以不出飞边；多向模锻可以利用多向模锻液压机从几个方向分别或同时对多分型面模具内的坯料加压，生产复杂空心模锻件。

模锻的工序为制坯、预锻和终锻。终锻的模膛是按锻件的尺寸、形状，并加上余量和偏差确定的。对于某些航空用关键锻件，虽然批量不大，但是由于流线和性能以及工艺一致性等的要求，通常也采用模锻。

1. 快速车轮成形过程的模拟

车轮是铁路车辆的重要部件，在铁路车辆运行中实现着车辆的承载、行驶、导向和制动功能。它的运行工况极为复杂、工作条件十分恶劣，并且其使用安全性能要求也非常高，一直是车轮设计、制造和使用者强烈关注和重点研究对象。20 世纪 80 年代以前，世界铁路大都使用称为直辐板轮毂结构的标准车轮。进入20世纪80年代后，一种S形辐板新型结构车轮由于其可以大大降低工作应力、延长使用寿命而在全世界得到广泛使用。但是，由于这种新型车轮形状复杂，相应的制造技术要求也高，尤其是其中的车轮成形技术。

车轮的成形方法主要有全模锻法、轧锻法和铸造法。由于车轮尺寸大、形状复杂，全模锻法因对所需设备吨位要求高而受限制，而铸造法生产的车轮的性能较低，因而用轧锻法制造车轮较为合适。如图9-17所示，车轮经下料、镦粗、成形、轧制、冲孔和压弯等一系列工序才能最终成形。分析车轮锻造的工艺流程可知，镦粗和终锻冲孔之间的预成形是保证产品质量的关键工序。只有合理地设计预成形工步，才能保证获得合格的产品。

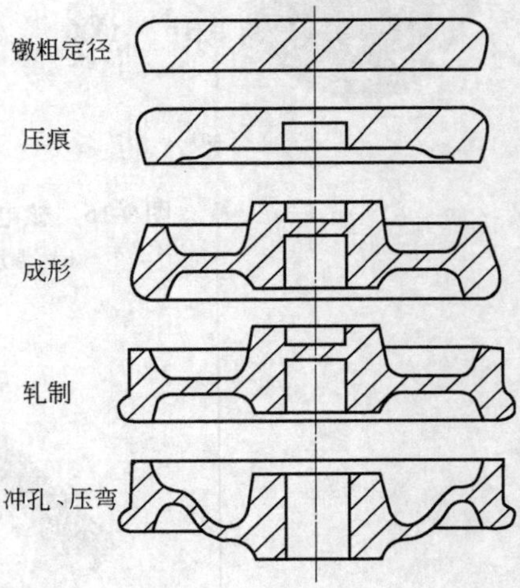

图9-17　车轮的热成形过程

（1）计算条件　以H36货车车轮的锻造过程为例。其中工件材料为60钢，模具材料为热作模具钢4Cr5MoSiV1，毛坯与模具之间的摩擦因子为0.5，上模运动速度为1mm/s，工件从加热炉中取出的初始温度为1250℃。

非等温热模锻仿真过程不仅要模拟模锻过程，还要模拟热传导过程。因此，整个仿真模拟过程分为以下三个阶段进行：

第一个模拟阶段——热传导过程。工件加热后移动到模具的过程中在空气中的移动时间为10s，该阶段工件与外界环境发生热传导。

第二个模拟阶段——热传导过程。工件移至下模上后，在进行锻造之前，停留在下模具的时间为3s，该阶段工件与下模发生热传导。

第三个模拟阶段——模锻过程。工件在上、下模作用下被锻压变形。

在分析过程中根据对称性，选择工件和模具的1/4对称面来进行分析，以此减小模拟计算时间。

（2）有限元模拟结果

1）镦粗工序的模拟。镦粗工步属平砧间的圆柱体自由镦粗，它不仅是为了满足下一步预成形的需要，更重要的是为了增加变形量，提高材料的组织性能。

镦粗时，毛坯局部区域网格变形非常剧烈，如外缘与砧面接触的角部，材料由外侧卷入砧面，造成网格畸变很大。相对压下率为75%的条件下，镦粗后的应变分布如图9-18所示。可见，大变形区是在坯料中心和两条对角线附近，而在与砧面接触中部变形最小。

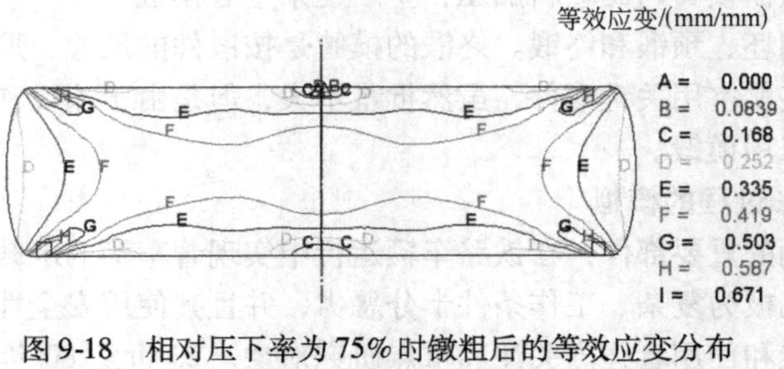

图9-18　相对压下率为75%时镦粗后的等效应变分布

2）预成形工序的模拟。镦粗后，坯料转到预成形模进一步加工。预成形过程中，变形更加不均匀。图 9-19 所示为预成形过程中网格图和等效应变分布图。通过对比表明，新网格的边界不仅可以很好地描述变形体的轮廓特征，而且网格质量较高。另外，网格及等效应变分布趋势吻合良好，其精度可以满足塑性变形模拟的要求。

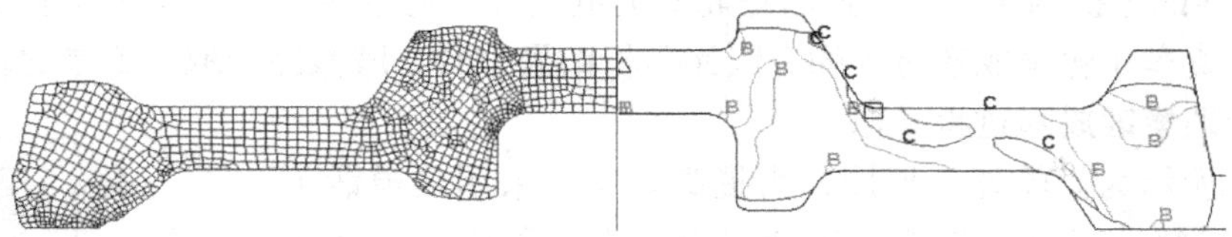

图 9-19　变形过程中网格和等效应变分布对比

图 9-20 所示为预成形过程中不同典型阶段的速度矢量图，表明了金属的流动模式。从图 9-20 中可清楚地看到，在变形初期，辐板处材料首先被镦粗；随着变形的继续，材料在幅板处形成一个分别向轮毂和轮辋下腔流动的分流层，由于金属向模膛下腔的流动速度较其他空腔大，所以下腔先充满；在模具的下腔充满后，材料受到了一定的阻力，分别向轮毂和轮辋的上方流动，直至充满整个模膛。

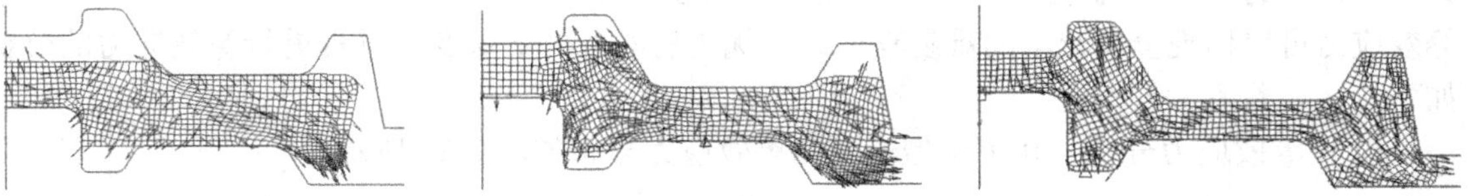

a)　　b)　　c)

图 9-20　预成形过程速度矢量图

3）摩擦对充满度的影响。摩擦对锻压成形有明显的影响，它不但影响成形力，还直接影响金属的流动状况，因此，要保证金属流动状态合理以及轮毂和轮辋中金属的分配能满足要求，除了要合理设计成形模具外，还必须控制模具表面的摩擦状况，提供合适的润滑条件。为此，研究了不同的剪切摩擦因子（$m=0.2\sim0.7$）时车轮预成形的充满度。轮毂和轮辋的充满是预成形的主要目标。轮毂在后续轧制工序中没有进一步的变形，轮毂的充满是预成形阶段必须达到的目标。图 9-21 所示为摩擦因子对车轮预成形充满度的影响。可见，$m\leqslant$

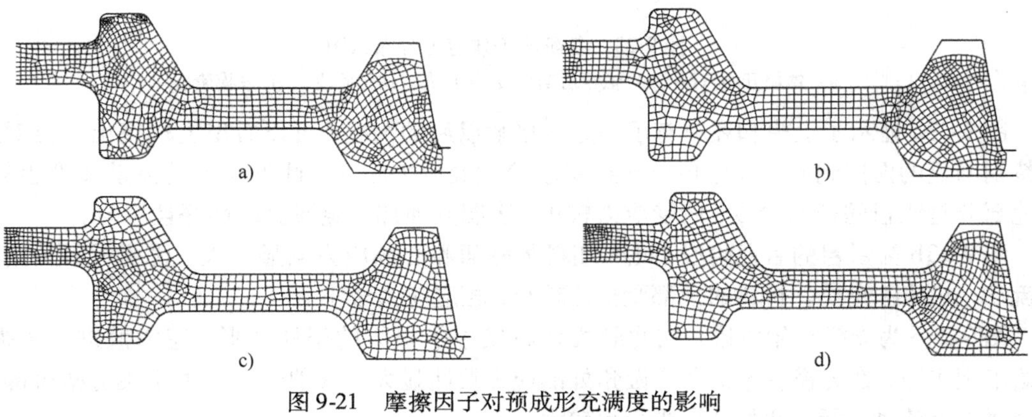

a)　　b)　　c)　　d)

图 9-21　摩擦因子对预成形充满度的影响

a）$m=0.2$　b）$m=0.3$　c）$m=0.5$　d）$m=0.7$

0.3 时，轮毂明显未充满，大量金属沿辐板径向流至轮辋及轮缘处；$m \geqslant 0.3$ 时金属的径向流动阻力增大，轮毂处的金属充满良好；m 继续增大，轮毂处出现过充满倾向，此时成形力会急剧增加。

摩擦因子主要由预成形中的润滑工艺来控制。合理调整润滑工艺可使金属的流动更合理。选择合适的摩擦因子，除了应考虑轮毂充满度外，还应该注意到摩擦因子对成形力的影响。从 H36 货车车轮预成形过程的有限元分析结果来看，摩擦因子取 0.5 是比较合理的。

2. 齿轮坯模锻成形过程模拟

图 9-22 所示为齿轮坯外形图，为提高效率，采用热模锻工艺。在基于刚塑性有限元与热力耦合的思路上，采用金属体积成形过程模拟软件 DEFORM 对其锻造过程进行数值模拟分析，获得了成形过程中的内部应力、应变、金属流动规律，以及影响锻件成形、应力分布和温度的因素。结合 DEFORM 的模拟结果对模具和锻件的尺寸进行适当修改，并优化了工艺方案。

图 9-22　齿轮坯外形图

对各个不同参数下模拟结果的对比分析，得出最终的工艺方案：工件始锻温度为 1000℃，上模下压速度为 1000mm/s，模具桥部圆角为 2mm，油脂润滑。在塑性变形的过程中，材料的等效应力可以体现金属流动的难易程度，在优化后的条件下对变形过程进行等效应力的分析如下。

（1）等效应力分析　几个典型步骤的等效应力分布如图 9-23 所示。

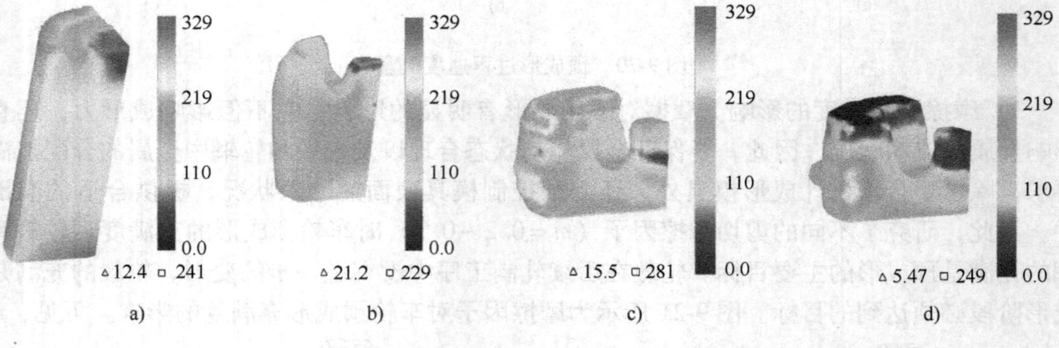

图 9-23　各阶段等效应力分布云图

a）镦粗开始阶段　b）镦粗后期阶段　c）充模初始阶段　d）靠模阶段

图 9-23a 显示了上模和坯料有了一定的接触以后的情况，可以看出上模突出部分对工件有特别明显的内嵌趋向，这势必会导致变形较大处应力较大，此处材料的流动速度也较大。其他部分是镦粗的开始阶段，所受应力较小，表明其他部分金属流动性好且均匀。

图 9-23b 为镦粗的后期阶段，此时坯料圆柱面和心部应力明显增大，说明材料开始沿径向流动，并准备充模。材料的顶部受挤压较小，相应应力较小。

图 9-23c 为充模初始阶段，在此阶段坯料发生了很大的塑性变形，应力值进一步提高，开始出现飞边，在充模较难的各个圆角处的应力要明显大于其他部分。由于飞边槽桥部要阻止金属向外流动，所以此处金属受力也较大。

图9-23d为最后靠模阶段，此时金属基本充模完毕，金属流动减弱，各部分受力也变得较均匀，以前的应力集中现象逐渐消失。充模较早、较好的上模所受应力基本为0，只有最后充模的部分还存在应力。

以上应力分布状况符合金属塑性成形规律。

（2）破坏系数分析　破坏系数反映了工件在成形过程中最容易发生断裂等破坏性的部位。充模过程中典型步骤的破坏系数分布如图9-24所示。

图9-24a为上模下压开始阶段，由于上模突出部分向毛坯中嵌入程度较深，同时在镦粗的效果下，使毛坯圆柱表面有向外鼓的趋势，所以此处的破坏系数较大。

图9-24b为镦粗的后期，随着上模嵌入深度的增加，坯料圆柱表面受的应力加强，致使此处破坏系数变得更大。

图9-24c为充模初始阶段，由于充模的完成，使坯料圆柱表面与模具内壁有了接触，模壁对工件产生作用力，使此处应力减小，所以破坏系数也减小。

图9-24d为靠模完成时期，模具进一步下压，使多余金属流入飞边槽，最后成形部位的金属也有相应的流动，使得此处破坏系数再次升高。总体来说，工件的破坏系数在0~0.541之间，对工件无损坏性影响。

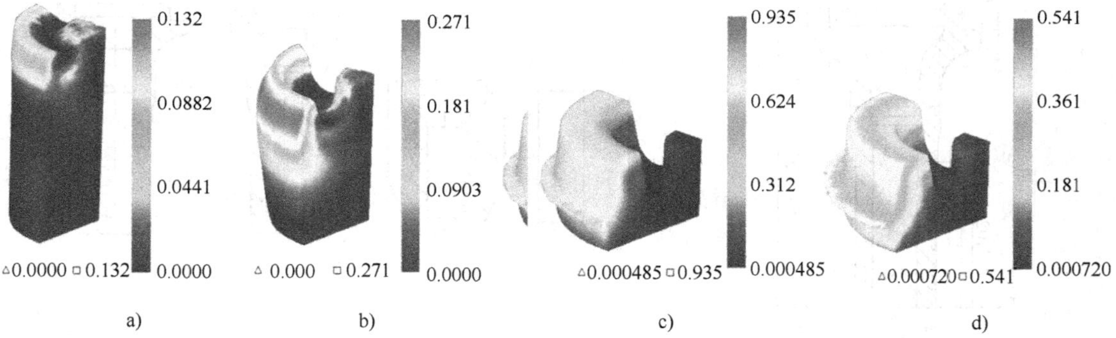

图9-24　各阶段工件各部位的破坏系数分布云图

a）镦粗开始阶段　b）镦粗后期阶段　c）充模初始阶段　d）靠模阶段

9.3　挤压成形工艺

9.3.1　挤压工艺简介

挤压是用冲头或凸模对放置在凹模中的坯料加压，使之产生塑性流动，从而获得相应于模具的型孔或凹凸模形状的制件的锻压方法。挤压工艺材料利用率高、操作简单、生产率高、制件组织和力学性能好，可制作长杆、深孔、薄壁、异型断面零件，是重要的少、无切削加工工艺。挤压主要用于金属的成形，也可用于塑料、橡胶、石墨和黏土坯料等非金属的成形。

按挤压金属相对于挤压杆的流动方向，挤压可分为正挤压和反挤压。

按挤压工艺特点，可分为热挤压、冷挤压、等温挤压、带润滑挤压（指润滑挤压筒和挤压模）和不带润滑挤压等。

9.3.2 半轴套管热挤压成形数值模拟与实验

半轴套管是汽车底盘部分的关键零件，工作条件为重负荷、强冲击和振动。因此要求零件内部组织致密，流线分布合理，抗疲劳强度高。本研究采用 DEFORM-3D 软件对半轴套管热挤压成形工艺进行数值模拟，分析变形过程中材料流动情况、温度场分布和凸模载荷变化情况，合理预测成形缺陷，为半轴套管的实际生产提供参考依据。

1. 热挤压工艺方案

图 9-25 所示为某车用半轴套管，材料为 45 钢，该半轴套管属于长轴类空心锻件，而且是一个带法兰的变径截面的阶梯管件，其法兰直径与小端直径之比较大，锻造成形难度较大，拟采用热挤压工艺制造该零件毛坯。热挤压工艺过程如图 9-26 所示，工艺过程包括下料—加热—制坯（镦粗、冲孔）—正挤压（含去冲孔连皮）—镦粗法兰。选用 $\phi80\text{mm}\times114.5\text{mm}$ 圆钢坯料。

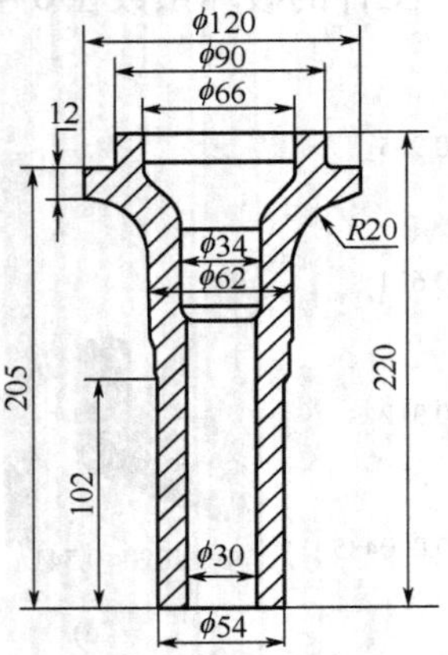

图 9-25 半轴套管零件

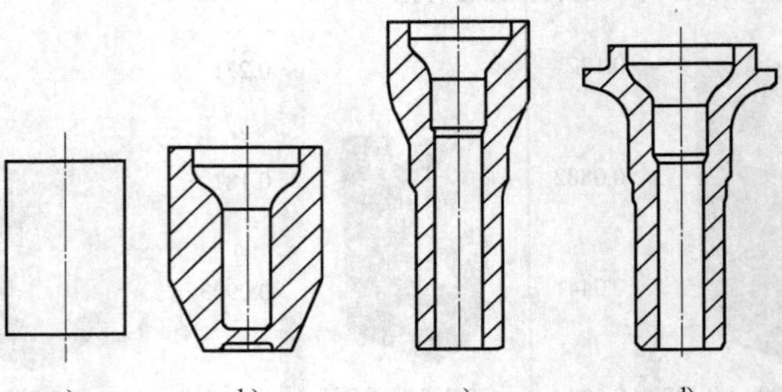

图 9-26 工艺过程简图

a）坯料 b）制坯 c）正挤压 d）镦粗法兰

2. 有限元参数设置

采用基于热力耦合刚黏塑性有限元分析技术，坯料材料为 AISI-1045，模具材料为 AISI-H13，坯料加热温度为 1150℃，模具预热温度为 300℃，外界环境温度 20℃，坯料与环境的对流因子为 0.02N/（s · mm · ℃），与模具接触面传热系数为 11。摩擦模型采用塑性剪切摩擦，摩擦系数为 0.3。凸模挤压速度为 50mm/s。

3. 热挤压成形过程模拟结果分析

（1）制坯工序 图 9-27 所示为制坯工序结束时的模拟结果，可以看出，金属变形主要集中在凸模下部。随着凸模下行，变形区逐渐下移；坯料在与型腔和凸模接触的表面处温度下降较快，但变形区的温度一直保持在 1180℃ 左右，其中最高温度达到 1190℃。从凸模行程-载荷曲线图可以看出，在制坯的整个过程中凸模载荷较小，在制坯结束时由于形成了封闭型腔，载荷急剧上升，达到 3485kN。在制坯过程中，当凸模载荷达到图 9-27c 中的 A 点，即 1817kN（达到设备吨位极限）时，就可结束制坯过程。此时仍可满足后续挤压工序的要求，冲孔连皮厚度约为 7mm。

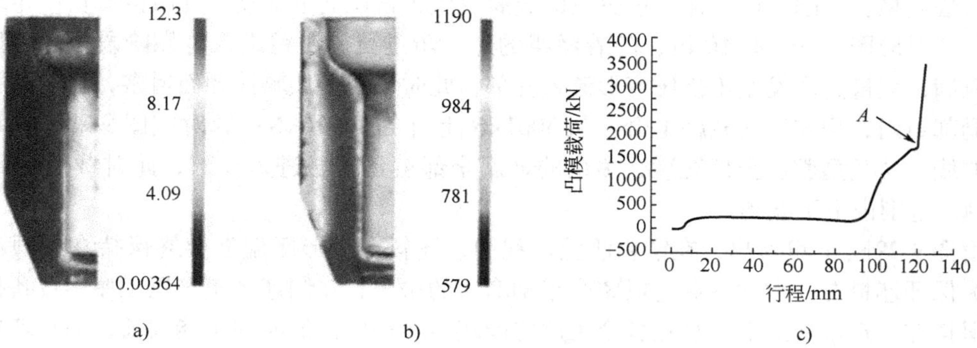

图 9-27 制坯工序结束时的模拟结果

a）应变分布 b）温度分布 c）制坯凸模行程-载荷图

（2）正挤压成形过程 图 9-28 所示为正挤压工序结束时的模拟结果，正挤压工序的凸模是带芯轴的，凸模在正挤压之前，随着凸模下行，凸模芯轴先把冲孔连皮冲掉，再随着凸模的进一步下行完成正挤压过程。图 9-28a、b 为正挤压工序结束时坯料的应变和温度分布情况，从图 9-28a 可看出，变形主要集中在凸模芯轴与凹模形成的挤压工作带处。由于内孔已部分成形，成形后的部分内孔对正挤凸模具有导向作用，坯料在凸模的作用下产生轴向变形，金属在环形间隙中向下流动，坯料高度增加形成深孔，有利于减小壁厚差，避免了挤压深孔冲头高径比太大而出现弯曲失稳现象。由图 9-28b 可看出，正挤压过程中，坯料在与模具接触处温度下降较快，但在挤压工作带的整个环形变形区温度保持在较高水平，有利于金属的塑性变形。图 9-28c 为凸模行程-载荷曲线，从图中可看出，变形区的温度始终都在终锻温度之上，从而使正挤压过程凸模载荷最大时也只有 4800kN。

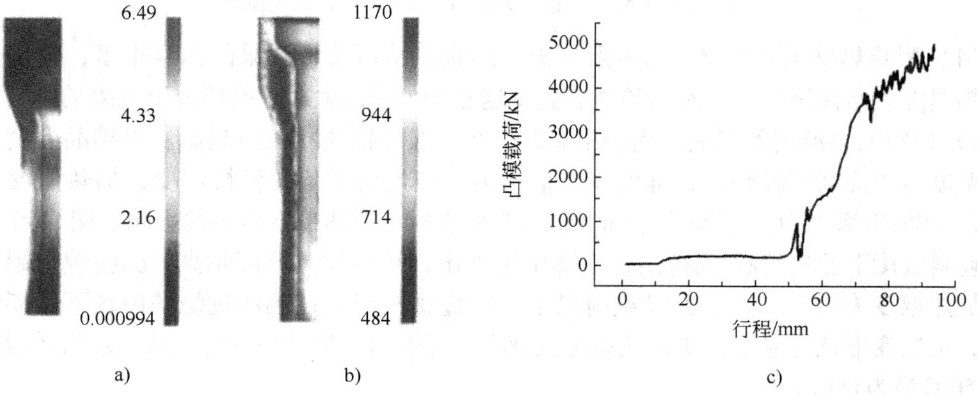

图 9-28 正挤压工序结束时的模拟结果

a）应变分布 b）温度分布 c）制坯凸模行程-载荷图

（3）镦粗法兰成形过程 热挤压成形镦粗法兰工序是半轴套管热挤压工艺中最关键的一道，决定着整个工艺的成败。图 9-29 所示为镦粗法兰工序结束后数值模拟结果。由图 9-29 中可以看出，镦粗法兰工序金属变形可以分为 3 个阶段：①对应凸模载荷-行程曲线，即图 9-29c 中的 A 点之前的曲线，随着凸模下行，在凸凹模之间头部的坯料发生镦粗变形，坯料流入法兰型腔之间，此时伴有极少量的金属发生正挤压向下流动，此阶段载荷平稳缓慢地上升；②对应图 9-29c 中 *AB* 段，随着镦粗的进一步进行，镦粗进入打靠阶段，法兰型腔逐渐被充满，大量金属发生正挤压变形流入杆部，此时，由于坯料接触面增多，法兰型腔充满形成局部封闭，型腔载荷急剧上升，从 3001kN 上升到 10916kN；③对应图 9-29c 中 *B* 点之后的曲线，法兰型腔已全部充满，多余的金属全部被正挤压进入杆部，此时载荷在 8622 ~ 10831kN 范围内上下波动。

由图 9-29b、c 可看出，在镦粗法兰过程中，坯料在变形区温度始终保持在终锻温度之上。为保证坯料在一次加热后完成整个半轴套管的挤压，在制坯和正挤压工序中设备挤压速度应保持在一定水平之上，且在各个工序之间坯料转移停留的时间不能太长，防止坯料温度下降太快造成镦粗法兰凸模载荷过大。

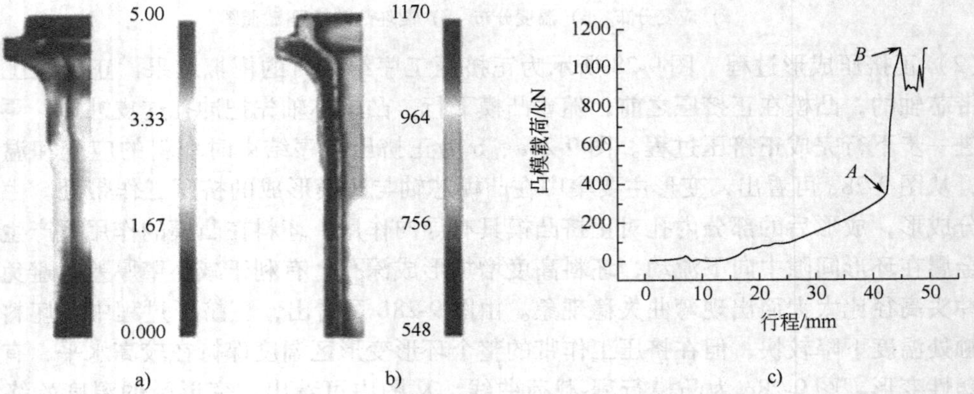

图 9-29 镦粗法兰工序结束后数值模拟结果

a）应变分布 b）温度分布 c）制坯凸模行程-载荷图

（4）影响热挤压成形效果的因素分析 影响热挤压成形效果的因素很多，着重分析坯料加热温度、凸模挤压速度和模具预热温度这三个主要因素对正挤压成形效果的影响。

1）坯料加热温度的影响。热挤压成形工艺一般是把坯料加热到金属再结晶温度以上的某个温度，以提高坯料塑性，降低其变形抗力。其他成形条件保持不变，加热温度分别取 950℃、1050℃和 1150℃，研究不同坯料加热温度对正挤压成形效果的影响。图 9-30 显示了不同坯料温度下凸模行程-载荷图，由图中可看出，坯料加热温度越高，凸模载荷越小，当坯料加热温度为 1150℃时，凸模载荷最小。在金属不产生过热和过烧的前提下，坯料温度越高，金属变形抗力越小，所需设备吨位越小。通过与模拟结果进行比较，坯料始锻温度选用 1150℃最为合适。

2）凸模挤压速度的影响。在始锻温度为 1150℃，其他变量保持不变的条件下，研究不同凸模挤压速度对成形效果的影响。根据挤压机的速度特点，设定凸模挤压速度分别为 10mm/s、50mm/s 和 100mm/s。图 9-31 为不同凸模挤压速度下坯料温度的分布情况，由图 9-31 中可看出，坯料整体温度随着凸模挤压速度的增加而增高。当凸模挤压速度为 10mm/s 时，坯料最低温度只有 347℃，坯料最高温度也只有 1120℃，比坯料加热温度 1150℃下降了 30℃；当凸模挤压速度为 100mm/s 时，坯料最高温度与坯料加热温度相比没有降低反而上升了 40℃，这是因为金属变形产生变形热，在后续的挤压过程中可能导致坯料的过热或过烧；当挤压速度为 50mm/s 时，坯料的最高温度上升到 1170℃左右，能满足后续的挤压要求。

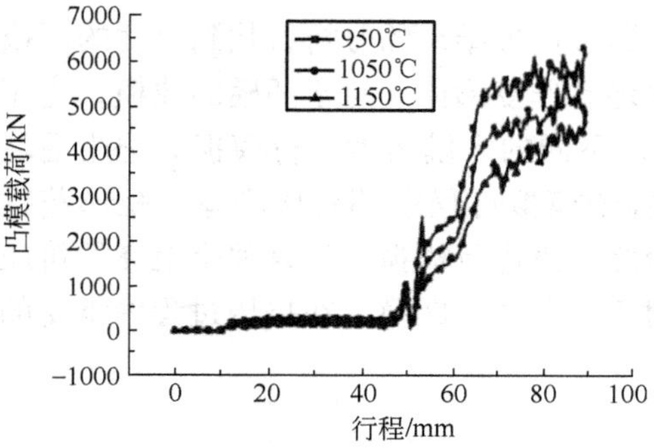

图 9-30 不同坯料温度下凸模行程-载荷图

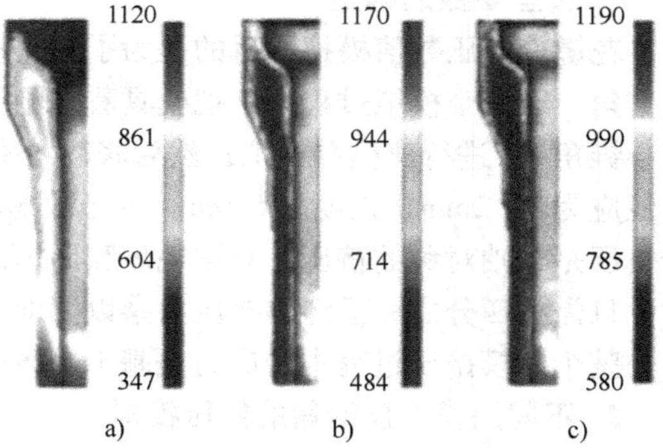

图 9-31 不同凸模挤压速度下坯料的温度分布

a）10mm/s b）50mm/s c）100mm/s

由图 9-32 可看出，凸模载荷随着凸模挤压速度的增大而下降。当凸模挤压速度较小时，由于坯料温度的下降导致凸模载荷显著增大；当凸模挤压速度较大时，由于坯料与模具的接触时间短，坯料散失的热量少，加之变形热效应的作用，凸模载荷较小。

加热温度为 1150℃的 45 钢，温度散热较快，因此在挤压时，可以采用较高的凸模挤压速度挤压，以减少坯料与模具的接触时间，减少坯料热散失，同时降低模具的温度，延长模具寿命。通过对不同凸模挤压速度下坯料温度分布和凸模载荷的分析，根据挤压机的速度特点，综合考虑，应取凸模挤压速度 50mm/s 较为合适。

3）模具预热温度的影响。热挤压模具与其他锻造模具一样，在使用之前都需要预热，以减少模具与工件间的热传导，防止坯料温度下降过快，同时避免模具因温度变化过大而产生的应力集中，降低模具使用寿命。在其他变量保持不变的条件下，研究不同模具预热温度对成形效果的影响。根据 H13 钢模具预热温度区间，分别取 100℃、200℃和 300℃三种模具预热温度。不同模具预热温度下凸模行程-载荷如图 9-33 所示，从图中可看出，随着模具预热温度的增大，所需的挤压力不断减小，但减小量并不显著。当模具预热温度较高时，坯料和模具的温差较小，坯料温度下降较小，所需的挤压力较小。但当模具的温度过高时，模具的寿命急剧降低。根据实际生产经验，模具预热温度选用 300℃较为合适。

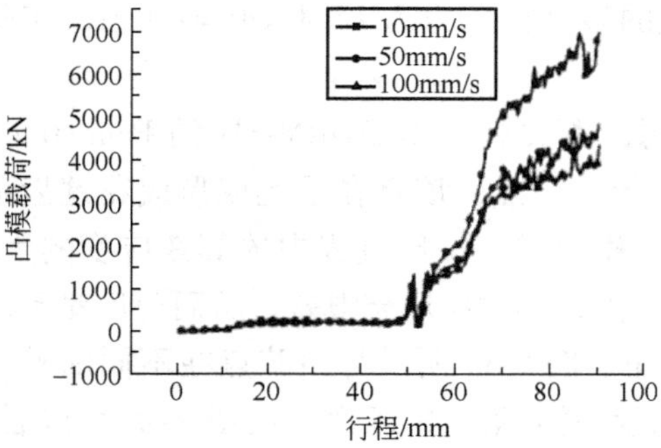

图 9-32 不同凸模挤压速度的凸模载荷行程

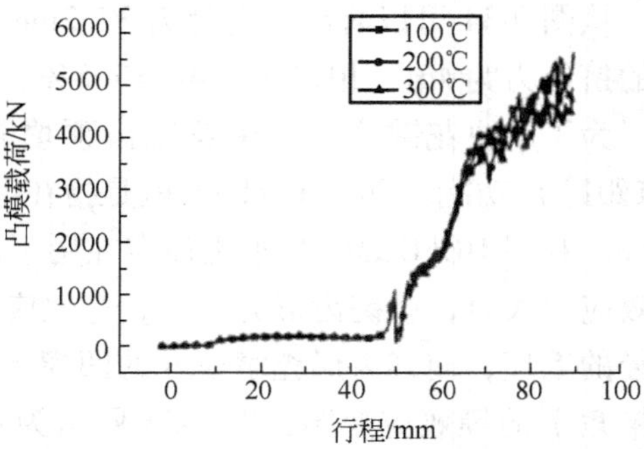

图 9-33 不同凸模挤压速度的凸模行程-载荷图

9.3.3　汽车半轴花键冷挤压工艺数值模拟

1. 模型参数的确定

花键冷挤压数值模拟的目的是为了优化参数，通过模拟结果的分析，找到合适的凹模入模锥角。在这个模拟过程中，把模具看作刚体，毛坯看作变形体。对于凹模的建模，先用入模半锥角30°进行建模并模拟；然后修改入模角，用不同的入模角度进行模拟。选用毛坯的直径应为37.2mm，长度为60mm。对于凸模，在整个模拟过程中都看作刚体。矩形花键的冷挤压是个轴对称的挤压，只取毛坯和凹模的四分之一来进行模拟，计算整个毛坯的挤压力时，只需把四分之一毛坯的挤压力乘以四即可。对于四分之一凹模，在挤压过程中承受的应力与整个凹模挤压过程中的应力是基本一致的。

2. 不同凹模入模锥角的挤压模拟

采用直径为37.2mm的毛坯的四分之一部分在凹模入模半锥角为30°时DEFORM模拟的结果如图9-34所示。

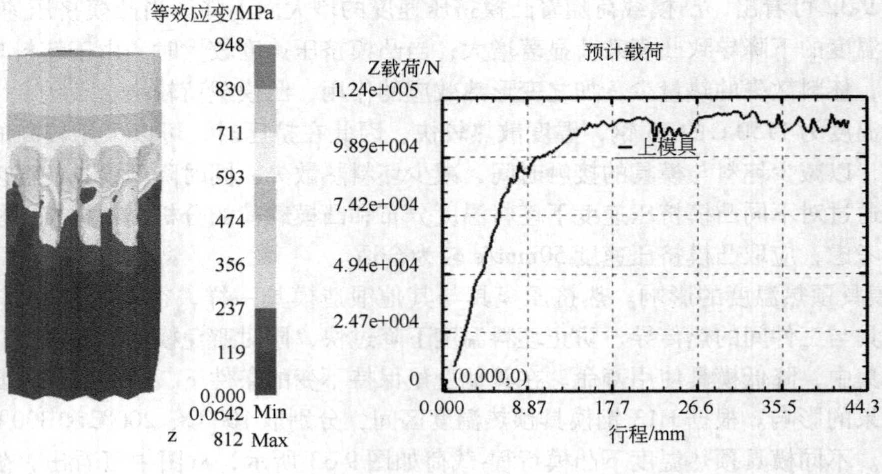

a)　　b)

图9-34　矩形花键矩形花键镦粗的模拟结果

a）矩形花键镦粗的模拟结果　b）冷挤载荷

从图9-34可以看出，直径为37.2mm的毛坯的最大挤压力为12.4×4t=49.6t，实验测得的挤压力为46t，相差3.6/46=7.8%。

为了解决花键冷挤压中花键齿顶填充的问题，本文利用DEFORM-3D的Point tracking（点跟踪）功能。Point tracking就是指在毛坯上选择一个点，该点在毛坯成形成花键齿顶的部分。利用DEFORM-3D求出该点在用不同凹模入模半锥角挤压过程中的等效应变的大小，等效应变大时，花键齿形充填好，等效应变小的时候，花键齿形充填差，从而得出对于同一直径的毛坯，使其齿形充填最好的凹模入模半锥角。图9-35所示为追踪点在不同凹模入模半锥角下的等效应变图，图9-36所示为不同凹模入模半角的挤压力。从图9-35可以看出，该追踪点的等效应变总的趋势是随着凹模入模半锥角的增大而增大。比较图9-35和图9-36可知，对于直径为37.2mm的花键冷挤压毛坯，其最佳凹模入模半锥角是22.5°。其原因为：

对于直径为37.2mm的毛坯，毛坯屈服应力为478MPa，若挤压力超过51.95t，则毛坯的传力段发生屈服，从图9-34可以看出，当凹模入模半锥角为20°、25°、27.5°、30°的时候，挤压力均超过51.95t，所以凹模入模半锥角不能取上述数值。由图9-36可以看出，对于直径为37.2mm的毛坯，随着入模半锥角的增大，毛坯上同一点的等效应变也随之增大。这说明随着凹模入模半锥角的增大，齿形的充盈效果也越好。

综上所述，为了防止毛坯传力段上应力达到屈服应力，且使齿形的充盈效果最好，直径为37.2mm的花键冷挤压毛坯的最佳凹模入模半锥角应选择22.5°。

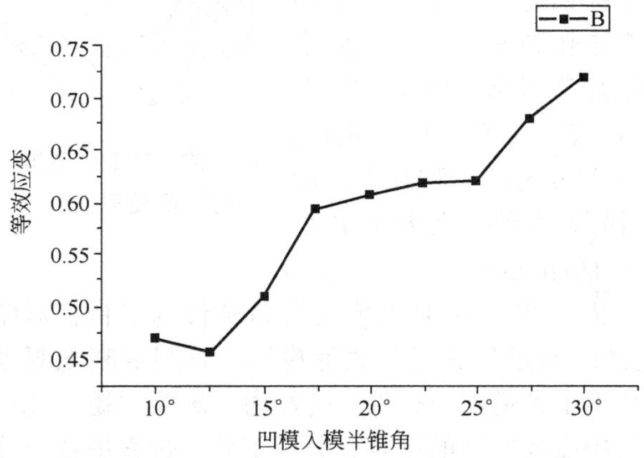

图9-35 追踪点在不同凹模入模半锥角下的等效应变

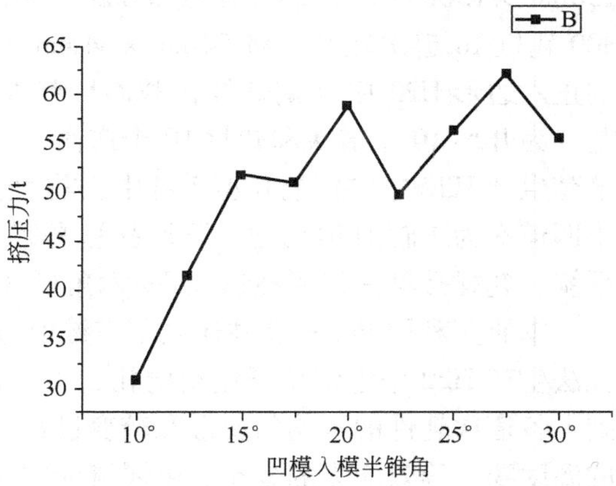

图9-36 不同凹模入模半锥角的挤压力

9.4 轧制成形工艺

9.4.1 轧制成形工艺概述

轧制是让金属坯料从两个或两个以上旋转轧辊之间通过，使其产生压缩塑性变形，从而使坯料横断面面积减小，纵向长度增加的塑性成形方法。轧制是金属材料最主要的加工方法，绝大多数金属材料都是经过轧制而成的。

根据轧制时金属坯料的温度，可将轧制分为热轧与冷轧。热轧是将金属材料加热到再结晶温度以上所进行的轧制；冷轧则是在金属材料再结晶温度以下所进行的轧制。根据轧辊与轧件相互之间的运动关系，轧制可分为纵轧、横轧和斜轧三种方式。两轧辊旋转方向相反，轧件的纵轴线与轧辊轴线垂直的轧制称为纵轧。金属不论在热态或冷态都可以进行纵轧。纵轧是生产矩形断面的板、带、箔材，以及断面形状复杂的型材常用的金属材料加工方法，生产效率很高，且能加工长度很大和质量较高的产品。纵轧是钢铁和有色金属板、带、箔材以及型钢的主要加工方法。横轧是指两轧辊旋转方向相同，轧件的纵轴线与轧辊轴线平行，轧件获得绕纵轴的旋转运动的轧制方法。横轧可加工回转体工件，如变断面轴、丝杠、周期断面型材以及钢球等。两轧辊旋转方向相同，轧件轴线与轧辊轴线成一定倾斜角度，轧件在轧制过程中，除有绕其轴线的旋转运动外，还有前进运动的轧制方法称为斜轧。斜轧是生产无缝钢管的基本加工方法。

9.4.2 中空钢轧制过程数值模拟

目前，世界上凿岩钎杆用中空钢材的生产工艺大体上有5种。主要分为铸管法、热穿孔-热轧法、热穿孔-冷温拔法、钻孔法和涂料法。

H22中空钢利用钻孔法轧制H22钎杆用六角形中空钢分为两个步骤：一是500轧机的开坯；二是300轧机轧制成品。500轧机的开坯首先是插入芯棒的方坯加热，经三架500轧机10道次的轧制，将150mm×150mm的钢坯轧制成54mm×54mm的钢坯。第二步经五架300轧机10道次轧制，将54mm×54mm的钢坯轧制出符合尺寸要求的正六边形H22中空钢钎杆，截面形状如图9-37所示。整个生产工艺分为开坯10个道次和轧材10个道次，共20道次（20孔型）轧制。该套生产H22中空钢的孔型系统中，前六道次为三辊非对称孔型，后十四道次为二辊对称孔型。开坯孔型是采用箱形-菱形-方形混合孔型系统，轧材孔型是采用菱形-方形-六角形-立压-成品孔型。

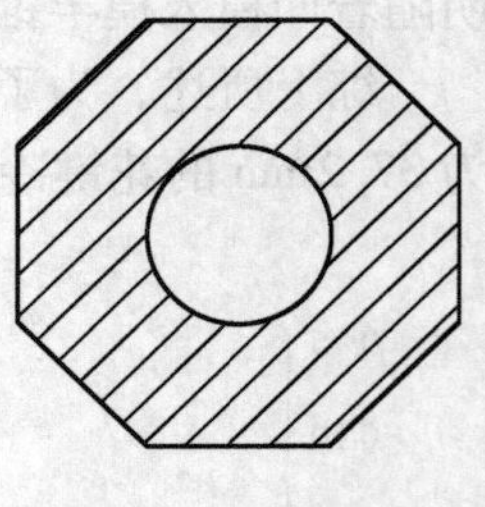

图9-37 H22中空钢钎杆截面示意图

本研究利用Pro-E软件建立了三维模型，以DEFORM-3D有限元分析软件为平台，对钻孔法生产H22中空钢从开坯到精轧二十个道次轧制过程进行了数值模拟。直观清晰地观察到了各道次轧件的不均匀变形和畸变过程，得出了各道次中轧件的轧制力、轧制力矩、轧件的温度场、等效应力的分布、金属流动的速度场以及轧件的形状，分析了轧制过程中各个孔型变形区的金属流动规律。对现有设计孔型进行了数值模拟，指出了设计孔型在轧制过程中存在的问题，对优化设计工艺和完善技改方案有着重要的现实意义。

1. 模型建立

中空钢开坯和轧材采用的是横列式布置，依照设计孔型系统建立轧辊几何模型（共20道次），图9-38为第一道次几何模型。

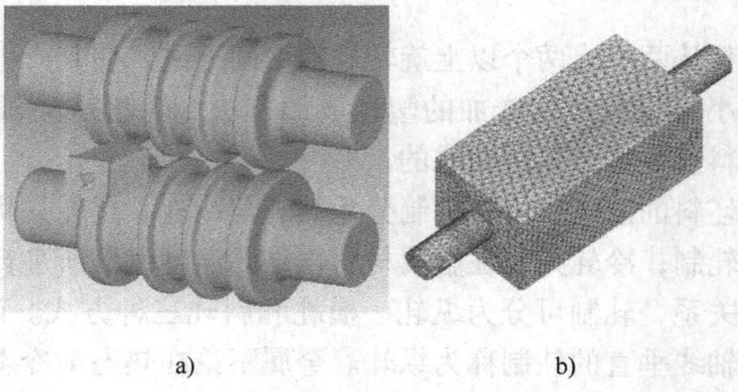

a) b)

图9-38 H22中空钢的轧制第一道次几何模型

a）几何模型 b）初始坯料

2. 有限元计算结果分析

（1）等效应力 图9-39给出了开坯和轧材过程稳定轧制阶段典型道次轧件应力云图。

从图9-39中可直观地观察到轧制过程中轧件内部的应力情况。可以看出，各道次最大等效应力均出现于孔型内圆角部位，该部位相对压下量最大，变形剧烈。而且从某一单道次轧制来看，在变形区域，轧件等效应力沿轧制方向从入口处开始增大，增大至某一位置后逐渐减小至出口处。这是因为变形区内存在前滑区和后滑区，在后滑区内，轧制单位压力从轧件入口开始向中性面逐渐增加；在前滑区内，轧制单位压力从中性面向出口逐渐变小。

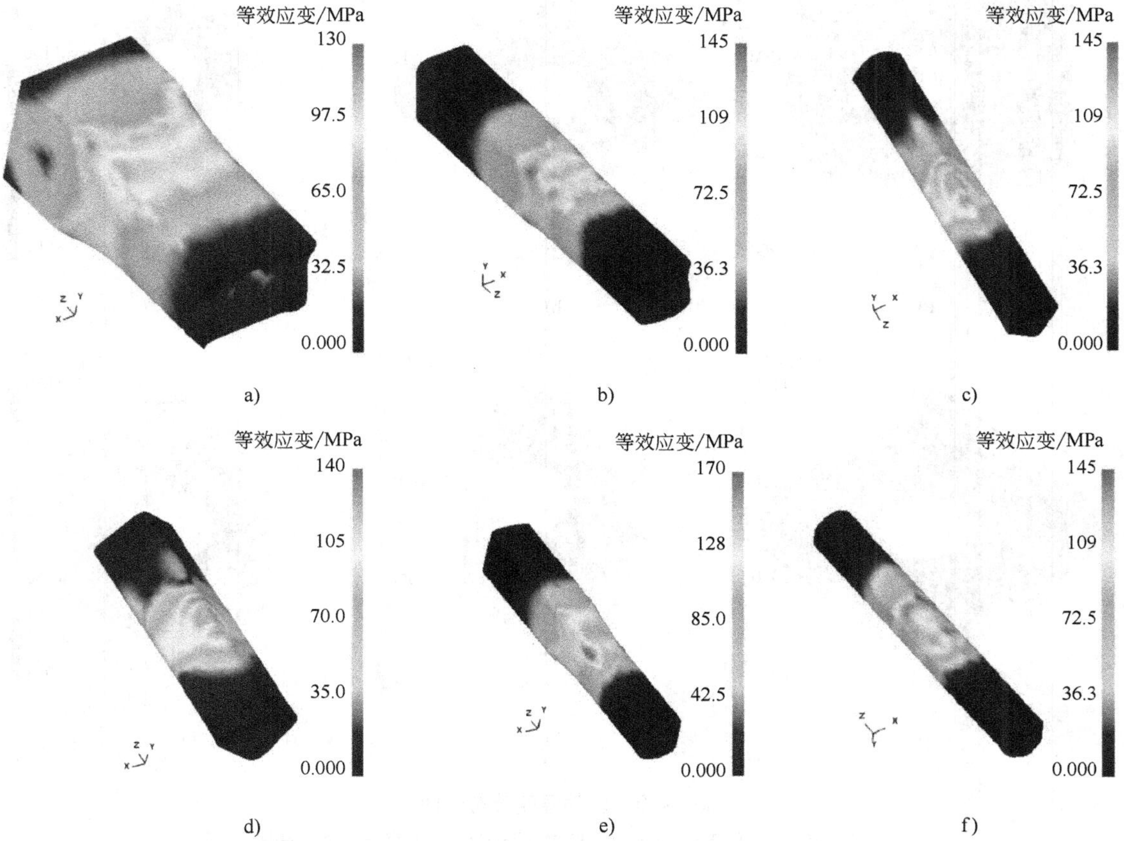

图9-39　轧制阶段典型道次轧件应力云图

a）第一道次（开坯）　b）第六道次（开坯）　c）第十道次（开坯）

d）第十一道次（轧材）　e）第十八道次（轧材）　f）第二十道次（轧材）

（2）温度场　图9-40分别为模拟开坯和轧材轧制过程中的各孔型轧制完成后轧件横断面上温度分布云图。在开坯和轧材初始，都需要加热到1150℃，如图9-40a、c所示，然后开始轧制。由图9-40可知，轧件表面节点的温度变化很大，尤其是轧件与轧辊接触的区域，主要是热传导的影响。到轧制后期，表面温度在1000℃左右。

（3）轧制力和轧制力矩　图9-41给出了开坯和轧材轧制过程中，各道次从轧件咬入到轧件出辊整个过程中轧制力的变化情况。可以看出，开始轧制时，在轧件还没有进入轧辊前轧制力为零，随后，轧制力在很小的时间间隔内达到了一个最大值，这个阶段为咬入阶段，此阶段有一定的冲击载荷产生；随着时间的增加，这个值在一个很小的范围内波动，波动幅度比较均匀，这表明轧制由非稳态进入稳态过程；此后，轧制力开始下降，轧制进入抛钢阶段，轧制由稳态变为非稳态，直至轧制结束，轧制力的值也迅速降低为零。轧件经过20道次孔型轧制，各道次分别经过咬入阶段、稳定轧制、抛钢阶段。图9-42给出了相应轧制力矩的变化情况，与轧制力变化情况类似。

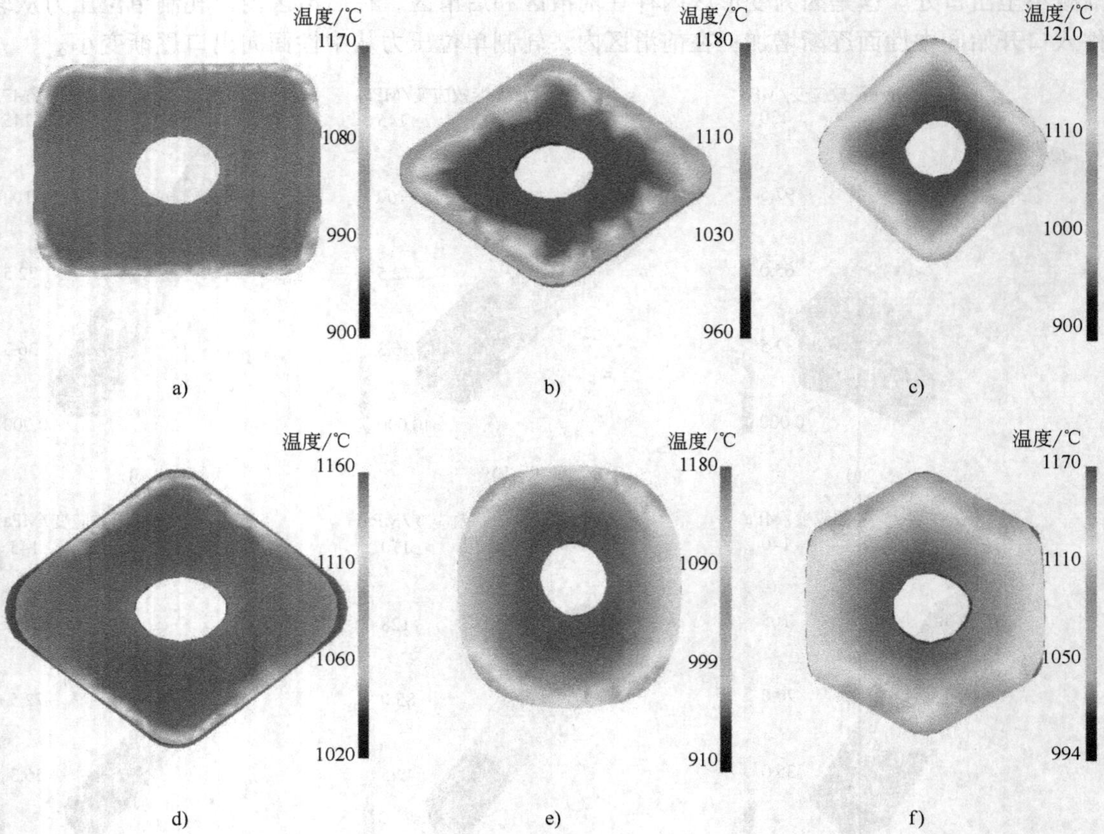

图 9-40　轧件温度分布云图

a）第一道次（开坯）　b）第七道次（开坯）　c）第十道次（开坯）

d）第十一道次（轧材）　e）第十八道次（轧材）　f）第二十道次（轧材）

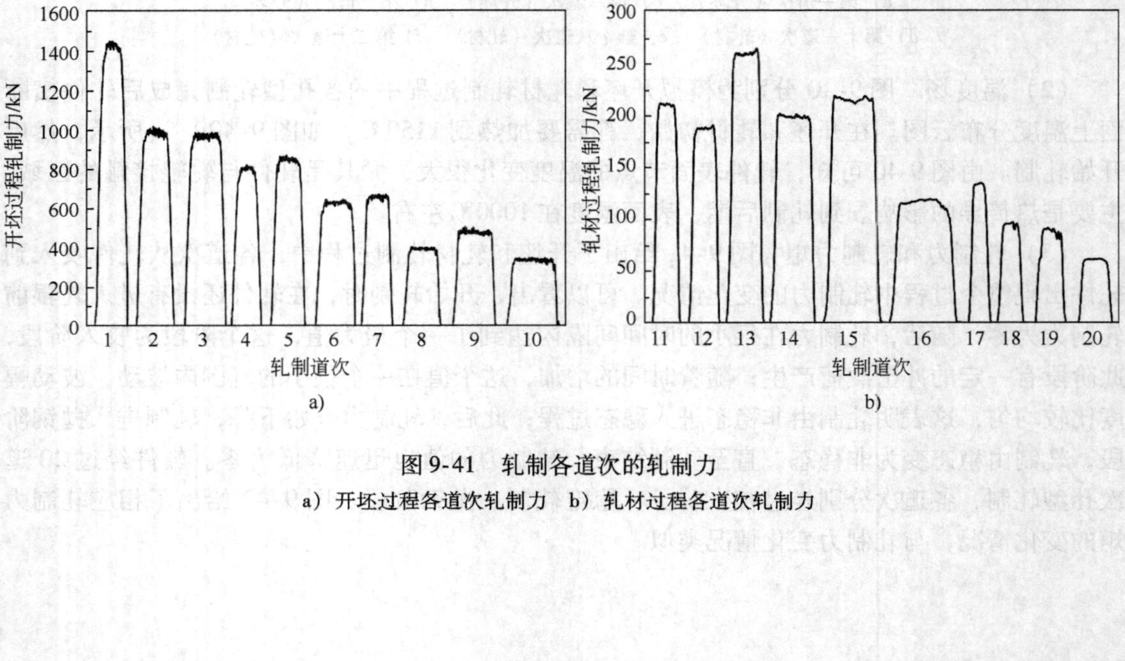

图 9-41　轧制各道次的轧制力

a）开坯过程各道次轧制力　b）轧材过程各道次轧制力

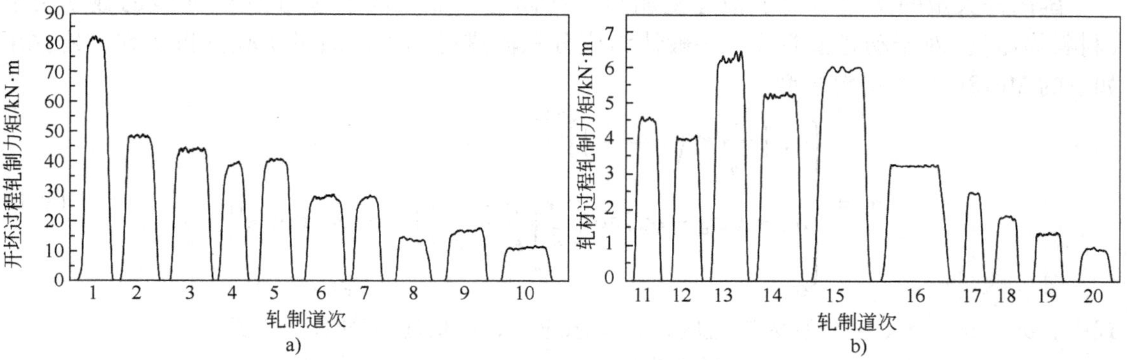

图9-42　轧制各道次的轧制力矩

a）开坯过程各道次轧制力矩　b）轧材过程各道次轧制力矩

9.5　其他

除前面所述典型的金属塑性成形技术外，随着现代生产技术日新月异的发展，在成形技术方面涌现出了越来越多的新方法、新技术。作为一种最先进的虚拟制造技术，有限元数值模拟也会越来越多地应用在新方法、新技术的开拓中。

9.5.1　护环热成形微观组织模拟

护环是大型发电机上的一个重要锻件，其在工作过程中受力复杂，技术要求较高。传统工艺中，护环热锻过程包括钢锭镦粗、芯轴扩孔等工艺，由于芯轴扩孔操作复杂，并且使得成形后环件内部的热力参数沿轴向分布不均匀，从而造成混晶、粗晶等严重缺陷影响产品品质。为克服芯轴扩孔这些缺陷，实现控锻控冷技术，基于冲扩孔方法开发出了护环模内限制包套扩挤复合热成形工艺，原理如图9-43所示。该工艺是将环坯放置于筒形凹模内，球面凸模向下压入，环坯产生自由扩孔变形；凸模继续下压，环坯外壁与凹模接触，扩挤复合变形开始，随着接触区的增大，挤压变形逐渐显著，当完全接触后，环坯产生反挤压变形；最后凸模通过环坯，变形过程结束。变形后环坯内外径扩大，壁厚减薄，并且内外径尺寸完全靠凸凹模工作尺寸保证，故形状尺寸能很好地满足设计要求，并大幅度减小加工余量，提高生产效率和材料利用率。

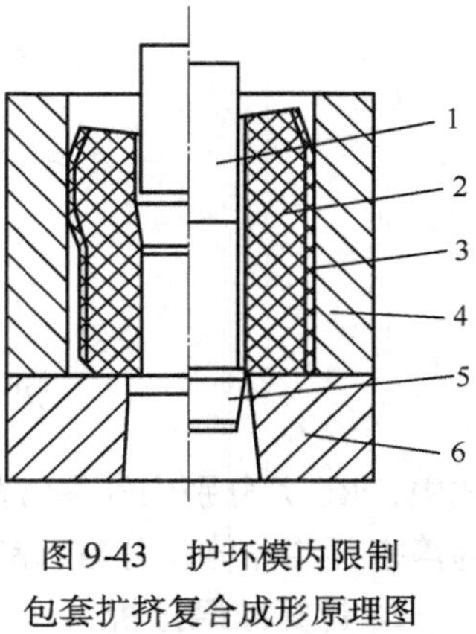

图9-43　护环模内限制包套扩挤复合成形原理图

1—接杆　2—坯料　3—包套　4—模套　5—扩挤冲头　6—凹模

1. 计算模型

护环材料为Mn18Cr18N，热力模拟试验和微观模拟试验表明，该钢具有较大的动态再结晶临界应变，因此很难利用动态再结晶细化晶粒。即使获得了动态再结晶组织，晶粒大小仍不很均匀，且其形状不规则，晶界凹凸不平，呈锯齿状。因此，细匀化晶粒必须借助于热成形后高温状态下的静态再结晶。

国内外大量的文献讨论了描述金属材料在高温变形条件下应力-应变曲线的数学模型（材料模型）。对于动态型曲线，一般认为应分三段进行描述。通过实验分析研究，建立了如下的 Mn18Cr18N 材料模型

$$\sigma=\begin{cases}\sigma_p\left[\dfrac{\varepsilon}{\varepsilon_p}\exp\left(1-\dfrac{\varepsilon}{\varepsilon_p}\right)\right]^{0.221} & \varepsilon\leqslant\varepsilon_p\\ \sigma_s+(\sigma_p-\sigma_s)\sin\left[\dfrac{\pi}{2}\left(\dfrac{\varepsilon-\varepsilon_s}{\varepsilon_p-\varepsilon_s}\right)\right] & \varepsilon_p<\varepsilon<\varepsilon_s\\ \sigma_s & \varepsilon\geqslant\varepsilon_s\end{cases} \tag{9-1}$$

式中，σ_p、σ_s、ε_p、ε_s分别为峰值应力、稳态应力、峰值应变和稳态应变

$$\begin{cases}\sigma_p=0.65Z^{0.1865} & \varepsilon_p=4.2\times10^{-5}d_0^{0.78}Z^{0.15}\\ \sigma_s=0.135Z^{0.236} & \varepsilon_s=0.262d_0^{0.025}Z^{0.024}\end{cases} \tag{9-2}$$

式中，d_0 为初始晶粒尺寸。

1）动态再结晶模型。

$$\varepsilon_c=3.36\times10^5d_0^{0.78}Z^{0.15} \tag{9-3}$$

$$X_d=1-\exp\left[-0.639\left(\frac{\varepsilon-\varepsilon_c}{\varepsilon_s-\varepsilon_c}\right)^2\right] \tag{9-4}$$

$$d_d=3.98\times10^3Z^{-0.139} \tag{9-5}$$

式中，Z 为 Zene-Hollomon 参数；X_d、d_d 分别为动态再结晶体积分数和晶粒尺寸。

2）静态再结晶及晶粒长大模型。

$$X_s=1-\exp\left[-0.639\left(\frac{t}{t_{0.5}}\right)^k\right] \tag{9-6}$$

$$\begin{aligned}&\varepsilon<\varepsilon_c\quad t_{0.5}=1.1996\times10^{-12}d_0^{3.12}\varepsilon^{2.28}\exp\left(\frac{119603}{RT}\right)\\ &\varepsilon>\varepsilon_c\quad t_{0.5}=5.13\times10^{-2}Z^{-0.174}\exp\left(\frac{119603}{RT}\right)\end{aligned} \tag{9-7}$$

$$\begin{aligned}&\varepsilon<\varepsilon_c\quad d_s=0.158d_0^{0.933}\varepsilon^{-1.05}\\ &\varepsilon<\varepsilon_c\quad d_s=52.59Z^{-0.0028}\end{aligned} \tag{9-8}$$

$$d^{10}=d_s^{10}+3.5\times10^{32}t\quad\exp\left(\frac{-406685.96}{RT}\right) \tag{9-9}$$

式中，R、T 分别为气体常数和热力学温度；$t_{0.5}$ 为再结晶达 50% 时所需的时间；X_s、d_s 分别为静态再结晶体积分数和晶粒尺寸。

2. 计算结果分析

基于上述工艺模型、材料模型和微观组织演化模型，采用 DEFORM-2D 软件对护环扩挤复合热成形工艺过程的塑性形变、应力分布及晶粒度变化进行模拟计算，分别讨论如下：

（1）变形特点　该工艺中，由于环坯是在凸模冲扩和凹模限制的条件下发生变形的，属轴对称变形，变形均匀；凹模的限制变形又可以有效防止环坯外缘的开裂，图 9-44 表示变形不同阶段环坯切向应力分量 σ_θ 的分布。在自由扩孔变形阶段（见图 9-44a），凸模工作区附近和环坯下端外侧区域的 σ_θ 均为压应力，其余大部分区域均为拉应力，并且扩孔区外侧拉应力最大。在扩挤复合变形阶段（见图 9-44b），由于环坯外壁与凹模接触而受到约束

作用，该区的 σ_θ 由较高拉应力变为较大的压应力，而最大拉应力区随凸模下行沿外壁向下移动。当进入反挤压阶段（见图 9-44c）时，拉应力区基本消失，环坯内大都为压应力。所以，采用该工艺可以成形扩孔量较大的环；另外，变形过程中，金属的流动属于扩挤复合流动模式，从而在环坯内产生较大的剪切变形。图 9-45 表示凸模行程到中下部时，环坯内等效应变 ε、应变分量 γ_{rz} 和 ε_r 分布情况。由分布云图和数值可知，等效应变 ε 和剪切应变 γ_{rz} 接近。也就是说，在环坯扩挤总变形中剪切变形占有较大的比例，这样有利于破碎铸态结构，细化晶粒。

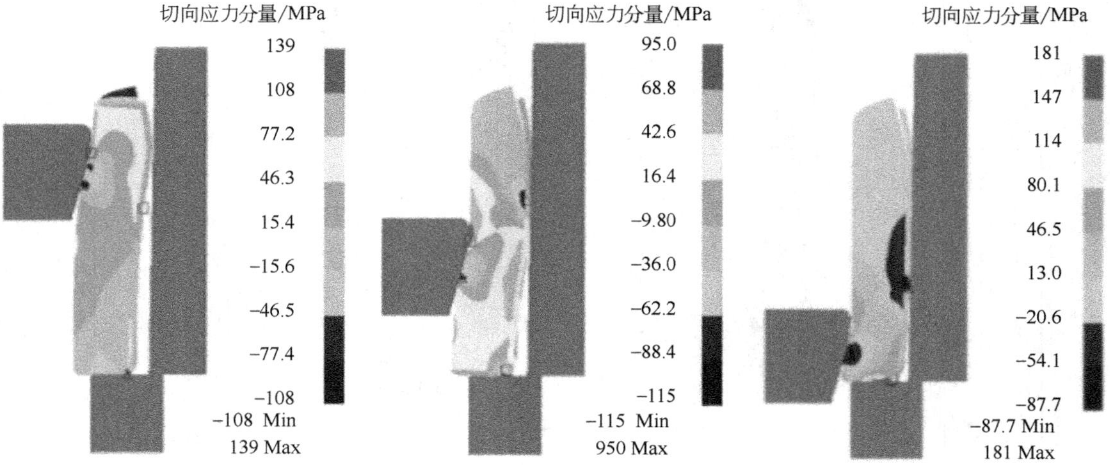

a)　　b)　　c)

图 9-44　变形不同阶段环坯切向应力分量 σ_θ 的分布

a）自由扩孔变形阶段　b）扩挤复合变形阶段　c）反挤压阶段

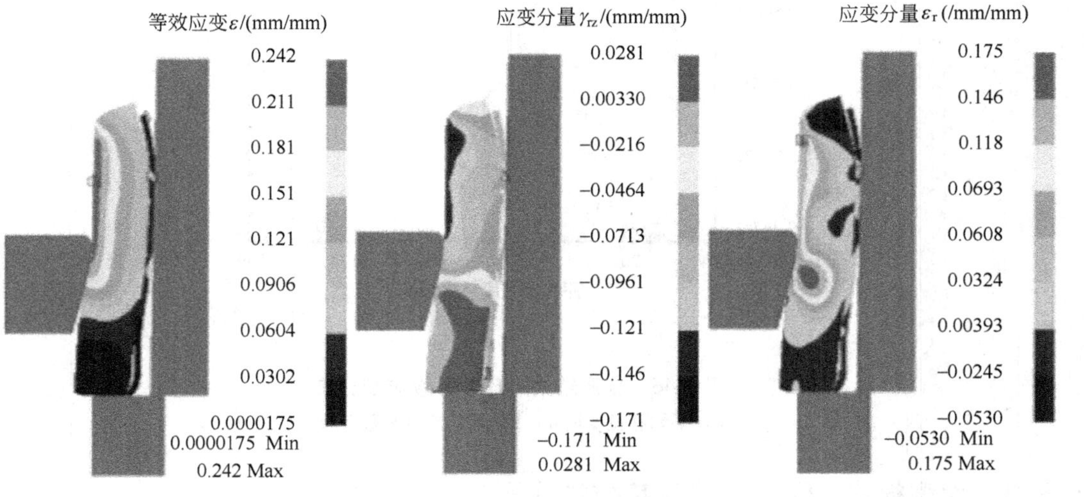

a)　　b)　　c)

图 9-45　凸模行程到中下部时，环坯内等效应变 ε、应变分量 γ_{rz} 和 ε_r 分布情况

a）ε　b）γ_{rz}　c）ε_r

（2）微观组织预测　图 9-46 所示为环坯在 1150℃的始锻温度和锻造比为 1.1 条件下变形结束后环坯等效应变分布。从图 9-46 中可以看出，预设平均晶粒尺寸为 200μm，经过热变形后，发生动态再结晶、亚动态再结晶、静态再结晶等，内壁附近晶粒尺寸已经细化到 70～90μm，中间为 113～115μm，最外层晶粒尺寸约在 157μm 以下，只有两头端部细化不明显依然在 178～200μm，整体晶粒细化明显。

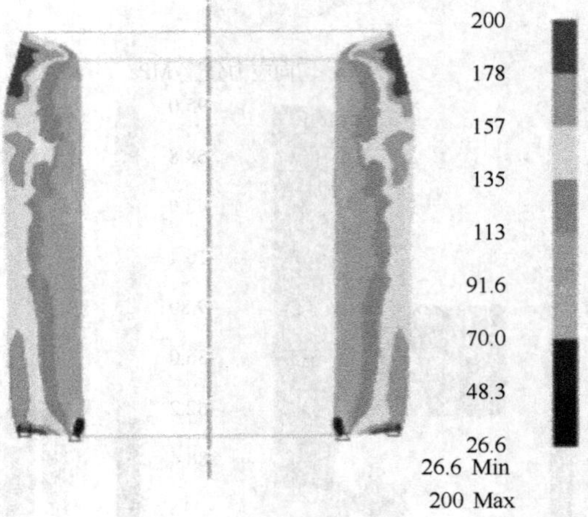

a)

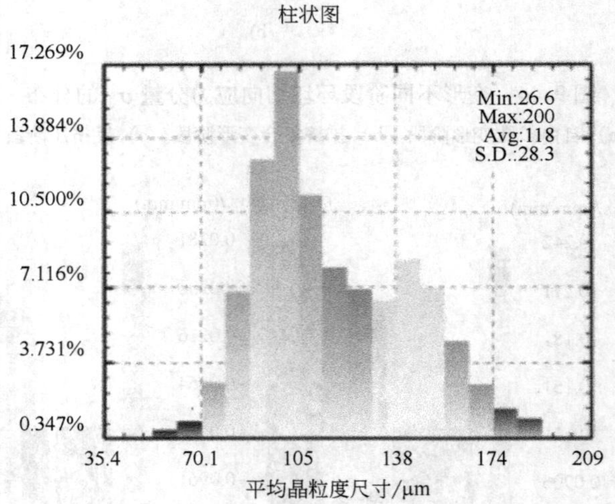

b)

图 9-46　变形结束后环坯等效应变分布
a）平均晶粒度尺寸　b）晶粒度百分数分布

9.5.2　大型核电 SG 水室封头热拉深成形

大型核电 SG 水室封头是核电关键部件，带有接管和四个支承台，形状复杂，而且壁厚要求非常严格，制造困难。

锻造工艺过程：钢锭→压实锻造→制坯（异型饼）→预成形→封头成形→其他局部成形，整个工艺过程复杂、冗长，多火次成形。

采用有限元数值模拟技术，模拟了封头成形及翻孔过程，如图9-47所示，同时进行了缩比试验，试件如图9-48所示，模拟与缩比试验获得了很好的一致性，为后续生产提供了可靠依据和技术保障，最终产品制造获得成功。

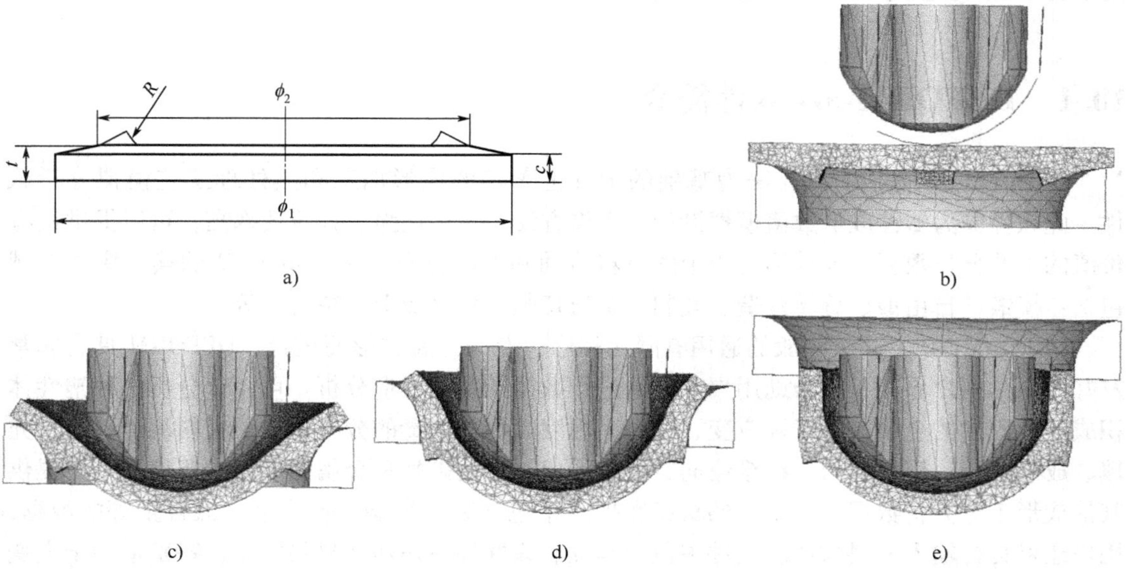

图9-47 大型核电SG水室封头成形数值模拟

a）坯料 b）成形预备 c）成形初期 d）成形中期 e）成形后期

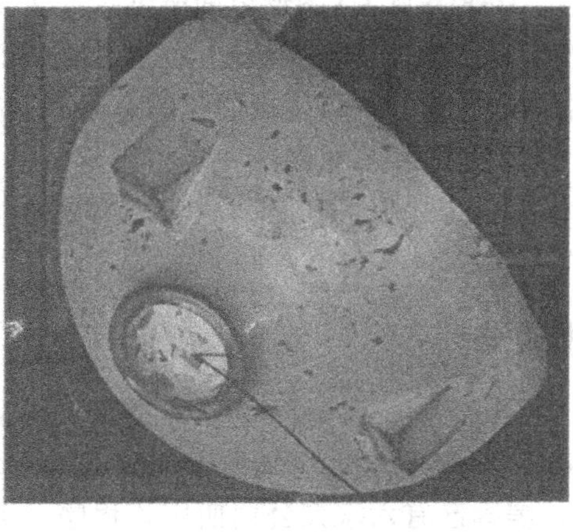

图9-48 大型核电SG水室封头缩比试验件

思考题

1. 结合所学金属塑性成形专业知识，试讨论刚（黏）塑性有限元在该专业范围内的应用。

2. 从你熟悉的专业范围内，选择一个典型塑性成形过程，利用刚（黏）塑性有限元数值模拟技术进行分析，与实际情况相对照，说明计算结果与实际是否相符，并说明理由。

第10章 刚塑性有限元模拟软件DEFORM

10.1 DEFORM-3D软件简介

DEFORM-3D是以有限元法为基础的国际上著名的成形加工和热处理工艺模拟分析软件。此软件专为塑性成形数值模拟设计，操作方便，专用性强，计算效率高，可以提供极有价值的工艺分析数据，如成形过程中的材料流动和温度分布。DEFORM-3D的典型应用领域包括：模锻、自由锻、旋转锻造、轧制、金属切削、板材成形、热处理等。

DEFORM-3D不同于一般的通用有限元程序，专为金属成形而设计，DEFORM具有非常友好的图形用户界面，可帮助用户方便地进行数据准备和成形分析。可用于分析各种塑性体积成形过程中的金属流动以及应变、应力、温度等物理场量的分布，提供材料流动、模具充填、成形载荷、模具应力、纤维流向、缺陷形成、韧性破裂和金属微观结构等信息，并提供其他成形工艺分析数据。其丰富的材料数据库中包含有各种钢、铝合金、钛合金等的数据，用户还可自行输入材料数据。软件中包含刚性、弹性和热黏塑性材料模型，特别适用于大变形成形分析，其中弹塑性材料模型适用于分析残余应力和回弹问题，烧结体材料模型适用于分析粉末冶金成形。软件中包含各种成形设备模型，可以分析液压成形、锤上成形、螺旋压力机成形和机械压力机成形。DEFORM-3D图形界面既强大又灵活，为用户准备输入数据和观察结果数据提供了有效的工具。DEFORM-3D提供了模型的3D几何操作和修改工具，必要时能够自行触发自动网格重划生成器，可生成优化的有限元网格，这对于3D过程模拟极为重要。DEFORM-3D的计算精度和结果可靠，一些相当复杂的工业零件，如连杆、曲轴、扳手、具有复杂筋-翼的结构零件、泵壳和阀体等，都能够采用DEFORM-3D进行令人满意的模拟分析。

10.1.1 DEFORM的发展史

20世纪70年代后期，美国Battelle Columbus研究室在美国空军基金的资助下开发的有限元计算程序ALPID（Analysis of Large Plastic Incremental Deformation）开创了塑性加工模拟技术的新纪元。到1985年，美国已有六家大公司使用该程序，当时的ALPID只能分析平面问题和轴对称问题，没有考虑非等温成形问题和加工设备的影响，也没有网格再划分功能。随后几年中，ALPID的开发人员针对用户提出的种种要求，逐渐将程序完善，并采用Motif界面设计工具，将计算程序发展为商品化分析软件DEFORM。为了推广应用，1990年成立了SFTC（Scientific Forming Technologies Corporation）公司，推出了DEFORM-2D。2002年发布DEFORM-2D 7.2版，目前最新版本为9.0版。1998年推出了三维系统DEFORM-3D，2002年发布DEFORM4.0版，目前最新版本为6.1版。

10.1.2 DEFORM-3D 软件的特点

1）DEFORM-3D 是在一个集成环境中完成成形和热传导的模拟分析的软件，适用于热、冷、温成形。能提供极有价值的工艺分析结果，如材料流动、模具填充、锻造负荷、模具应力、微观组织和缺陷的演化等。

2）具有完善的与 CAD 和 CAE 软件的接口，如 IGES、STL、IDEAS、PATRAN、NASTRAN 等，方便用户导入模型。

3）系统集成了必要时能够自行触发自动网格重划生成器，可生成优化的网格模型。在精度要求较高的区域，可以划分较细密的网格，从而降低问题的规模，显著提高计算效率。

4）集成有成形设备模型，其中包括液压机、锻锤、螺旋压力机、机械压力机、轧机、摆辗机和用户自定义类型（如胀压成形）。

5）单步模具应力分析方便快捷，适用于多个变形体、组合模具、带有预应力环时的成形过程分析。

6）材料模型有弹性、刚塑性、热弹塑性、热刚黏塑性、粉末材料、刚性材料及自定义类型。

7）提供多达 230 种材料数据的材料库，几乎包含了所有常用材料的弹性性能数据、塑性性能数据、传热性能数据、热交换数据、晶粒演化数据和破裂性能数据，方便用户计算过程中使用。

8）实体之间或实体内部的传热分析既可以单独求解，也可以与成形模拟耦合求解。

9）具有 FLOWNET 和点迹示踪、变形、云图、矢量图、力-行程曲线等后处理功能，具有 2D 切片功能，可以显示工件或模具剖面结果。

10）可处理多个变形体，能够分析多个塑性工件和组合模具应力。

11）后处理包含镜面反射功能，方便用户将具有对称面或周期对称面的模型高效地显示为整个模型。

12）用户可自定义流动应力、断裂判据等材料模型，以及冷却速率等相关工艺过程模型。

13）可并行求解，显著提高求解速度。

10.2 DEFORM-3D 软件的模块结构

DEFORM 是一个高度模块化、集成化的有限元模拟系统，它主要由前处理器（Pre Processor）、有限元模拟器（Simulator）和后处理器（Post Processor）三大模块组成。有一个较完整的 CAE 集成环境，具有强大而灵活的图形界面，使用户能有效地进行前后处理。

10.2.1 前处理器

前处理器主要用于模拟模型的建立以及边界条件的设定。包含以下几个模块：

（1）Simulation Controls 子模块　此模块用于变形条件的输入，包括模拟类型和模拟模式的选取、增量步的设置，以及变形终止条件、迭代控制和其他工艺参数输入等。

（2）Material Data 子模块　此模块提供常用金属材料及性能数据库，可以直接选用，也可输入材料实验数据和有关的性能参数，定义新材料。

（3）Object Material Data 子模块　此模块用于模拟模型的建立，包括工模具几何图形的建立、工模具网格的划分和重分参数的设置、工模具类型（刚性、弹性、塑性、弹塑性及多孔材料）的定义、工模具材料的选择、工模具的初始条件、边界条件和属性的设置。

（4）Interobject Definition 子模块用于工、模具工艺参数的输入和控制，如工模具定位和接触边界的定义，工模具之间的摩擦类型和摩擦因子的选择和设置等。

10.2.2　模拟处理器

DEFORM 的求解器是集弹性、弹塑性、刚（黏）塑性和热传导等于一体的有限元求解器，是 DEFORM 软件的核心组成部分。真正的有限元分析过程是在模拟器中完成的。模拟过程可以通过 Simulator 模块进行监控。DEFORM 运行时，首先通过有限元离散化将平衡方程、本构关系和边界条件转化为非线性方程组，然后通过一定的迭代法进行求解，求解的结果以二进制的形式保存，以便在需要时读取。

10.2.3　后处理器

DEFORM 提供了有效的后处理工具，让用户能对有限元计算结果进行详细分析。后处理器将模拟结果可视化，支持 OpenGL 图形模式，结果可以是图形显示，也可以是数字、文字混编的形式。DEFORM 软件的后处理系统提供：

1）变形过程的几何图形，包括每步的模具运动和变形网格图等。

2）以彩色线形和云纹图显示的状态变量（即计算结果），如应变、应力以及温度等物理量的分布。

3）以速度矢量图显示的节点位移或速度，包括大小和方向。

4）载荷-时间曲线。

5）点跟踪和网格跟踪功能，不仅可以显示材料的流动模式和流线分布，而且可以预测成形中充不满、折叠等缺陷的产生。

10.3　DEFORM-3D 软件功能介绍

10.3.1　操作图标的功能

本节将详细介绍 DEFORM-3D 软件 V6.1 版本的前处理与后处理中主要操作图标的功能。

1. 文件操作图标

前处理和后处理的窗口左上端显示了六个文件操作图标，功能如下：

——打开数据库“.db”文件。

——打开“.key”文件。

——存储文件。

——打印文件。

——捕捉照片。

——捕捉照片到剪切板。

2. 视窗操作图标

——清理图面操作。

——调整视窗到合适的大小。

——返回上一步视窗。

——树形窗口打开开关。

——选择窗口打开开关。

3. 模型显示方式操作图标

——以实体图形显示模型。

——以透明网格的方式显示模型。

——以划分好的网格方式显示模型。

——以轮廓方式显示模型。

——以实体加轮廓方式显示模型。

4. 模型操作图标

——标尺。此功能用来测量两点的距离。单击显示窗口内的清理图面操作按钮可清除标尺线。

——选择按钮。选择模型上的点或单元。

——模型移动按钮。单击此按钮后，鼠标放于操作视窗内，接着按住鼠标的左键，平移鼠标，即可平移模型，直至得到你想要的视区后释放鼠标。加速方式：可按住〈Shift〉键后操作鼠标。

——模型缩放按钮。单击按钮后，鼠标放于操作视窗内，接着按住鼠标的左键，向窗口的上方移动为放大，向窗口的下方移动则为缩小，直到满意时放开鼠标键。加速方式：可按住〈Shift〉键后操作鼠标。

——模型放大按钮。单击按钮后，鼠标放于操作视窗内，接着按住鼠标的左键，向窗口的上方移动为放大，向窗口的下方移动则为缩小，直到满意时放开鼠标左键。加速方式：可按住〈Shift〉键后操作鼠标。

——模型旋转按钮。

——绕 X 轴旋转模型。

——绕 Y 轴旋转模型。

——绕 Z 轴旋转模型。

5. 视图方向操作图标

——模型以等轴测视图显示。

——模型以 YZ 平面视图显示。正负代表视图法向方向，法向由荧屏向外为正。

——模型以 XZ 平面视图显示。正负代表视图法向方向，法向由荧屏向外为正。

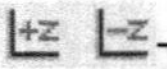——模型以 *XY* 平面视图显示。正负代表视图法向方向，法向由荧屏向外为正。

6. 环境菜单设置

单击 DEFORM 软件主窗口中【Options】按钮下的环境菜单设置按钮【Environment】，如图 10-1 所示，就会弹出图 10-2 所示的对话框，这个菜单分为以下几个标签。

【Region】——此标签中【Language】栏用来设置语言环境；【Units】是物理单位设定，有国际单位制（SI）和英制两种；【Material library】是材料库设定，默认值是标准材料库。

【User Type】——此标签针对的是用户使用软件的能力级别。

【User Directory】——此标签供用户设定工作目录和几何图形输入目录。

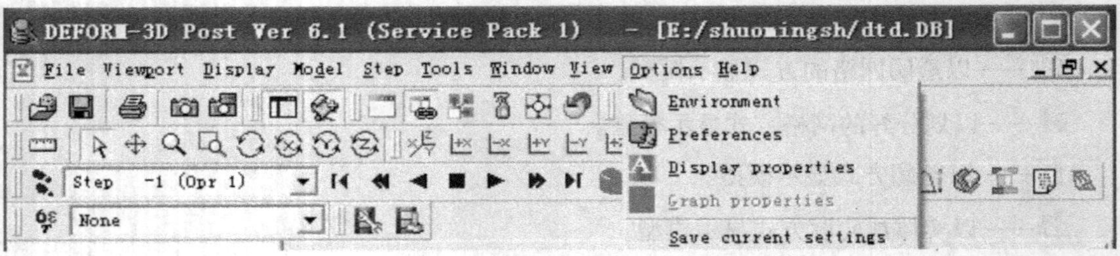

图 10-1　环境菜单设置按钮

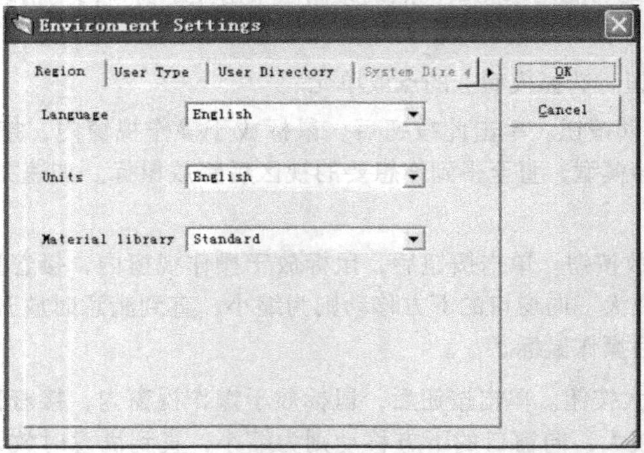

图 10-2　环境设置对话框

10.3.2　前处理功能操作

在 DEFORM 软件的主窗口，单击前处理器（Pre-Processor）下的【DEFORM-3D Pre】按钮可进入前处理窗口，如图 10-3 所示。

前处理窗口右上角的主要功能键的作用如下：

——模拟控制按钮。

——材料按钮。

——定位按钮。

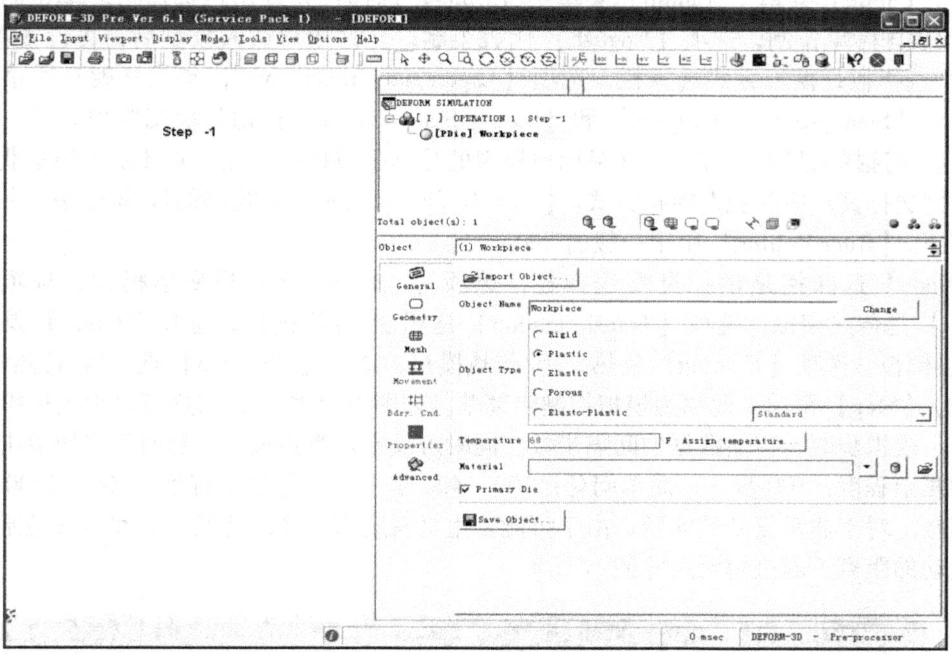

图 10-3　前处理窗口

——定义对象间关系按钮。

——数据文件生成按钮。

——关闭前处理窗口按钮，可返回 DEFORM 软件的主窗口。

1. 模拟控制对话框

单击按钮将进入模拟控制对话框，如图 10-4 所示。用户需要在这个对话框中进行参数的设置。

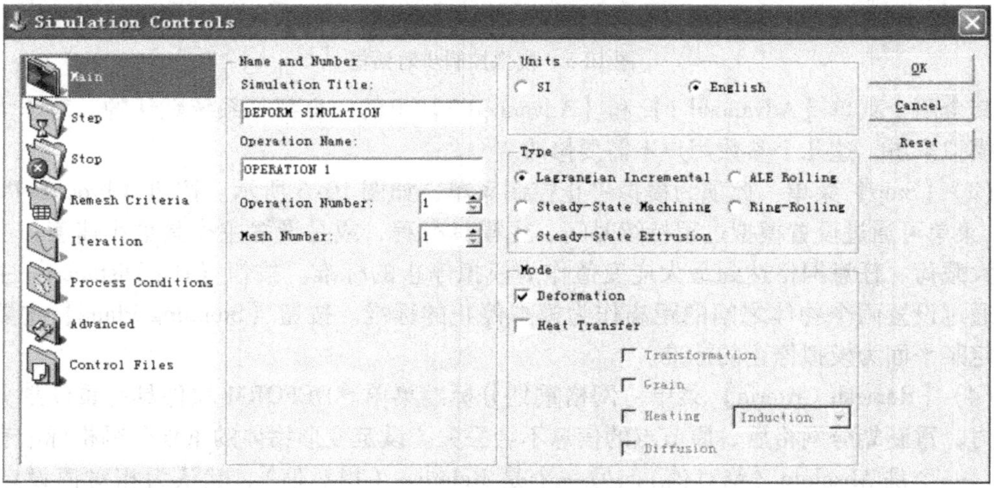

图 10-4　模拟控制对话框

（1）【Main】菜单　【Main】菜单中【Units】选择栏允许用户选择物理单位制，选项【SI】代表国际单位制，选项【English】代表英制，允许用户调入模型后，再设置单位制。【Type】选择栏是模拟方式选择栏，选项【Lagrangian Incremental】是拉格朗日增量模拟方式，选项【Steady-State Machining】和【Steady-State Extrusion】都是稳态模拟方式，一般模拟问题应该选择增量模拟方式。如果用户模拟的是车削或拉伸过程，并且使用的是欧拉计算方法，则选择其对应的稳态模拟方式。【ALE Rolling】表示任意拉格朗日-欧拉法，一般用于稳态挤压。【Ring-Rolling】用于一般的环轧。

【Mode】选择栏是模拟类型选择栏，选项【Deformation】是变形模拟，选项【Heat Transfer】是传热模拟，选项【Transformation】是相变/传热模拟，选项【Grain】是晶粒演化/传热模拟，选项【Heating】是热处理/传热模拟，选项【Diffusion】是扩散/传热模拟。

（2）【Step】菜单　此项为模拟控制步菜单。如图 10-5 所示，用户可以设定模拟的起始步序号、模拟步数、存储数据的间隔步数，同时可设定计算步长。计算时间步数取决于计算模型的复杂程度：100 步——简单问题；200～400 步——中等复杂程度；500～5000 步——复杂问题。对于非常复杂的问题，由于可能发生材料脱离工具的情况，时间步长控制应满足工具运动的距离不超过单元尺寸的 1/4。

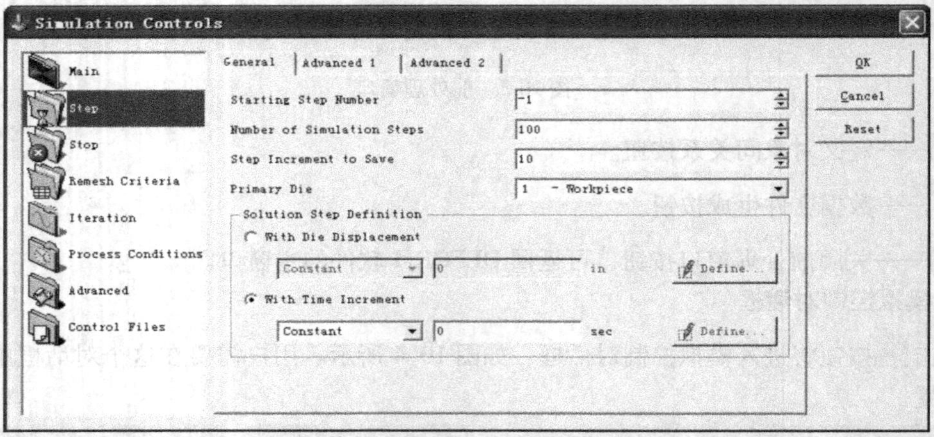

图 10-5　模拟控制步对话框

其余两个菜单【Advanced 1】和【Advanced 2】里的内容都是系统默认的，对于大多数数值模拟来讲，这几个参数用户不需要修改。

（3）【Stop】菜单　此项为模拟停止控制菜单，如图 10-6 所示。按钮【Process Parameters】菜单可通过设置模拟过程持续时间、主模具行程，或是设置主模具最小速度、主模具的最大载荷、任意网格达到最大应变值作为模拟停止的标准。按钮【Die Distance】主要功能是通过设置两个物体之间的距离作为模拟停止的标准。按钮【Stopping Plane】主要功能是设定某平面为模拟停止的标准。

（4）【Remesh Criteria】菜单　网格重划分标准菜单。DEFORM 软件具有重新划分网格的能力，重新划分网格后，原节点的信息不会丢失。设定变形物体的重划分网格标准有两种选择，一个是 Absolute（绝对值），另一个是 Relative（相对值）。默认为相对值设定 0.7，一般模拟用户按默认值即可，如图 10-7 所示。

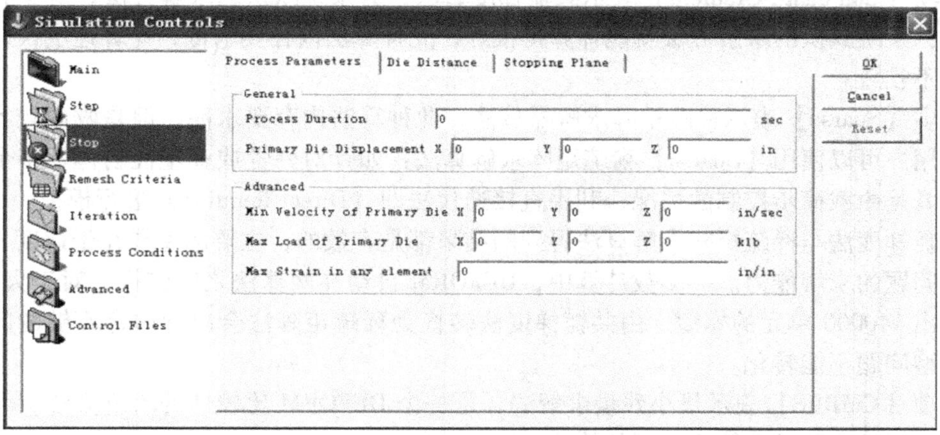

图 10-6 模拟停止设置对话框

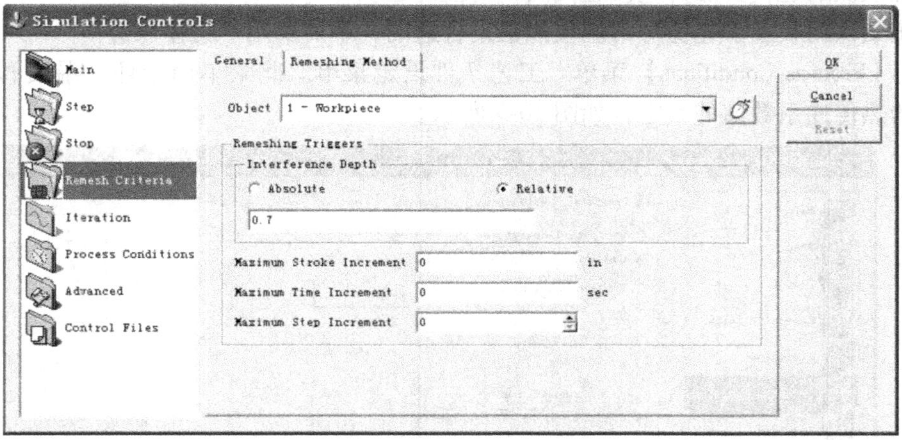

图 10-7 网格重划分标准设定对话框

（5）【Iteration】菜单 求解、迭代方法设定菜单，如图 10-8 所示。

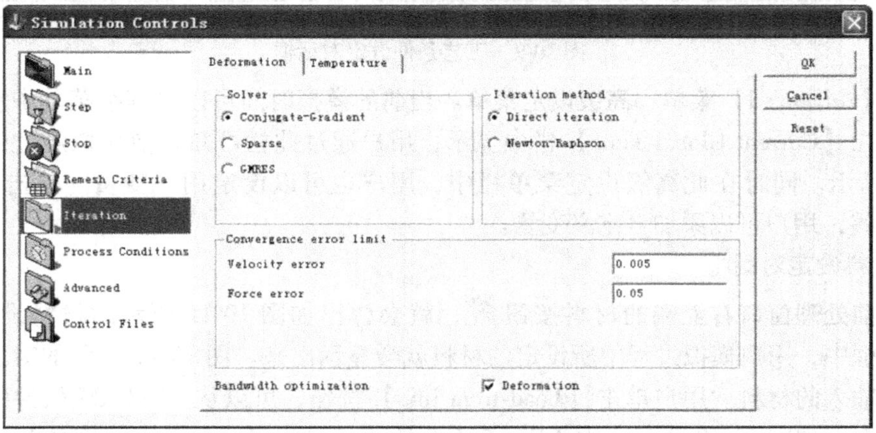

图 10-8 求解、迭代设定对话框

选项【Conjugate-Gradient】表示共轭梯度算法，为系统默认的求解方法，对于典型的成形模拟，系统默认的求解方法就能计算得很好，此种算法内存要求低，计算速度快，但是经常发生不收敛。

选项【Sparse】表示稀疏矩阵求解器算法，此种算法内存要求高，但是收敛较容易。以下情况用户可以使用【Sparse】稀疏矩阵求解算法：如针对弹性或弹塑性物体、多个变形物体、模具是由载荷步控制的情况，利用直接迭代法即【Direct iteration】进行模拟。

共轭梯度法与稀疏矩阵求解算法得到的结果都是有效的，主要的差异在于速度、收敛性及特殊问题的求解能力。大多数计算中，DEFORM 自动在两算法之间转换。对于大型问题，例如超出 140000 单元的模型，由共轭梯度法转换为稀疏矩阵法会出现内存不够的问题，故对于大型问题不能转化。

选项【GMRES】表示最小残量求解法，是一个 DEFORM 比较新的求解方法，介于共轭梯度法与稀疏矩阵求解算法之间的算法。

系统默认的迭代方法为直接迭代法，对应的选项为【Direct iteration】。

系统默认的收敛误差值对常规模拟也是合适的，不需要用户再修改。

(6)【Process Conditions】菜单　工艺条件设定菜单。此菜单用于环境温度和物体与环境之间的热传递系数值的设定，如图 10-9 所示。

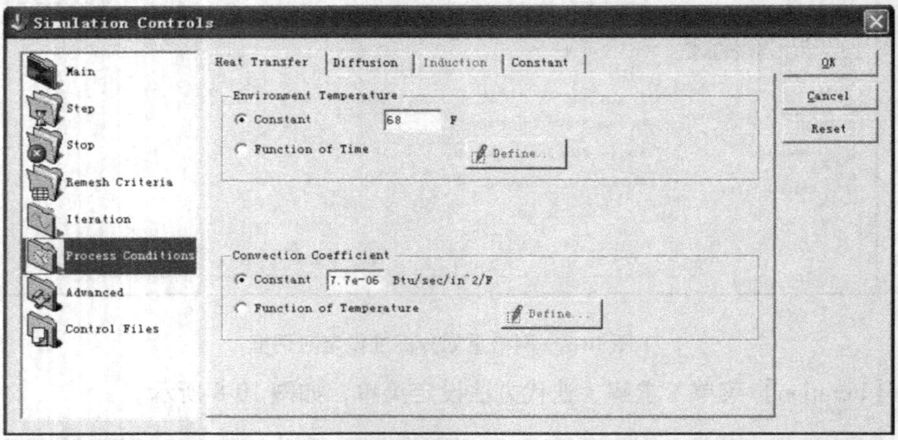

图 10-9　工艺条件设定对话框

(7)【Advanced】菜单　高级设定菜单。当前的模拟时间可以在高级菜单中看到，当前模拟时间在【Current Global Time】栏中显示，用户通过此栏可知目前模拟经过的时间，如图 10-10 所示。同时在此高级设定菜单栏中，用户也可以设定用户变量。单击【User Defined】标签，用户可以添加自定义变量。

2. 材料设定对话框

单击前处理窗口右上端的材料按钮，就会弹出如图 10-11 所示的材料设定对话框。在此对话框中，用户模拟过程中所设定的材料就会显示出来。图 10-11 所示的对话框显示了用户模拟输入的材料。用户单击【Load from lib.】按钮，可以从 DEFORM 软件的材料库中调用新材料，如图 10-12 所示。在 DEFORM 软件的材料库里，各种材料都被分成易于选择的类别。材料可以通过单位制或加工工艺类型进行检索，同样一段关于材料的简介会出现在

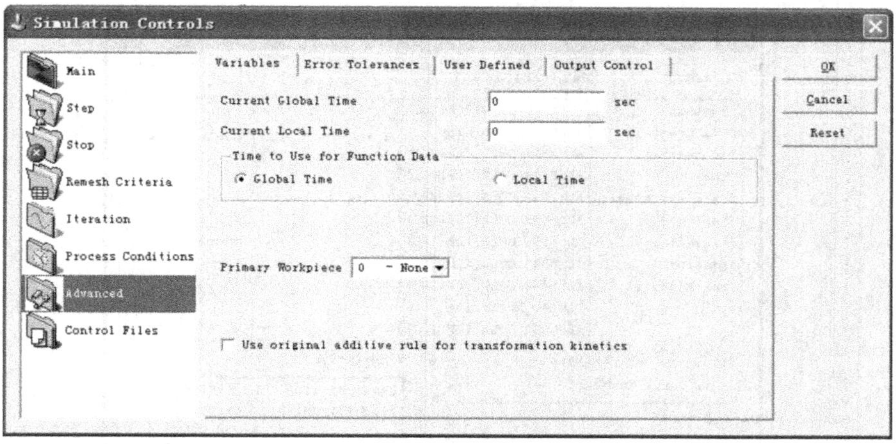

图 10-10　高级设定对话框

对话框中。当新材料被选定后，例如图 10-12 中所示的 AL-1100,COLD[70F(20C)]，单击【Load】加载按钮，就可以加载材料到图 10-11 所示的材料设定对话框中。在图 10-11 中用户单击【Import】按钮也可以调用自己建立的材料模型数据。

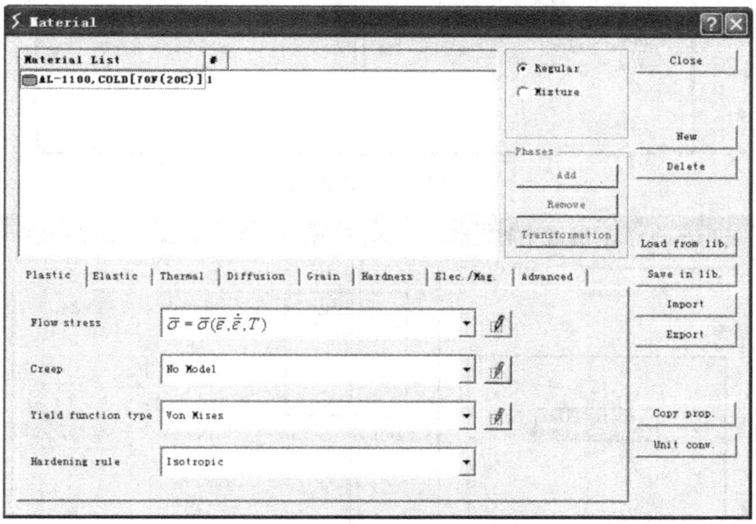

图 10-11　材料设定对话框

材料一旦被加入图 10-11 所示的材料设定对话框，其特性，例如塑性、弹性、传热特性都可通过以下的按钮 Plastic | Elastic | Thermal | Diffusion | Grain | Hardness | Elec./Mag. | Advanced 逐个阅览，其中与温度有关的特性，可通过单击其右边的编辑按钮进行编辑。图 10-11 中【Plastic】下的【Flow Stress】栏是流动应力区，常用 $\bar{\sigma} = \bar{\sigma}(\bar{\varepsilon}, \dot{\bar{\varepsilon}}, T)$ 形式来描述，单击右侧图标打开材料的流动应力曲线图，如图 10-13 所示，本图是材料 AL-1100，COLD[70F(20C)] 的流动应力曲线。

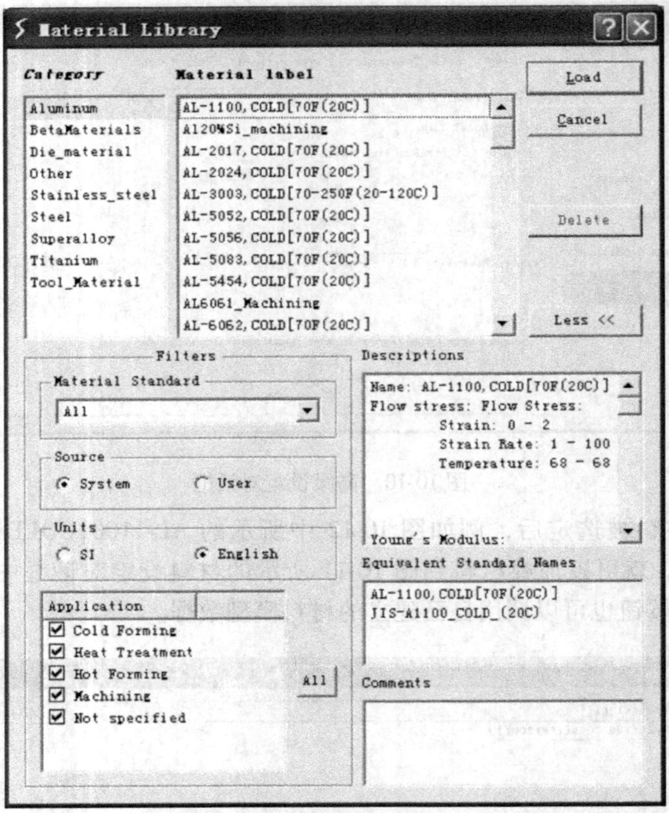

图 10-12　材料库

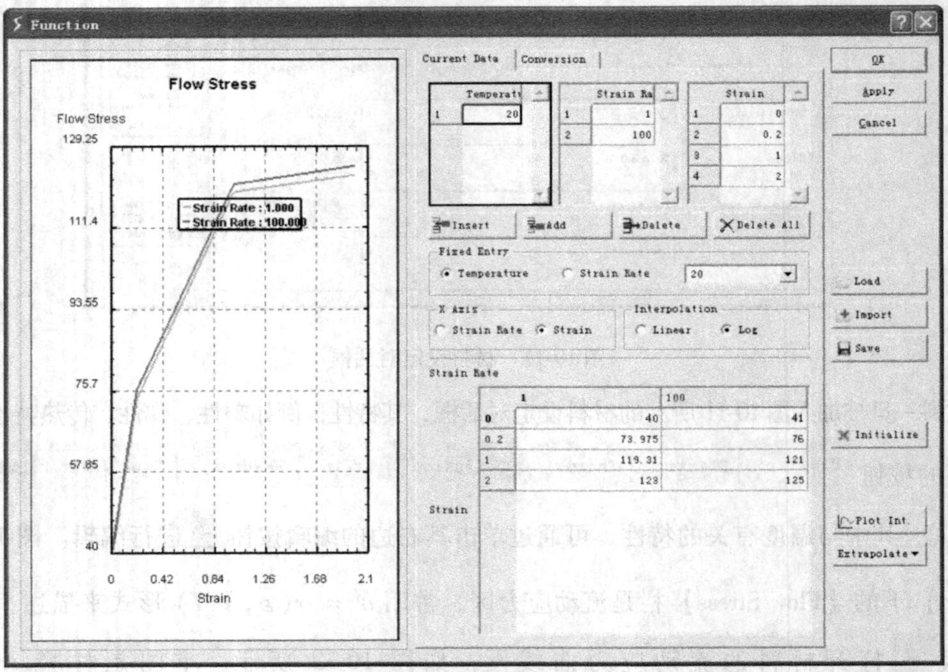

图 10-13　材料的流动应力曲线

用户可以根据试验数据修改或新建材料的流动应力曲线，具体步骤如下：

1）根据试验中的材料应变数值，输入试验温度及应变数值，如图 10-14 所示。

2）在图 10-15 所示的应变率数组栏中输入应变率数值。在【X Axis】栏选择【Strain】。

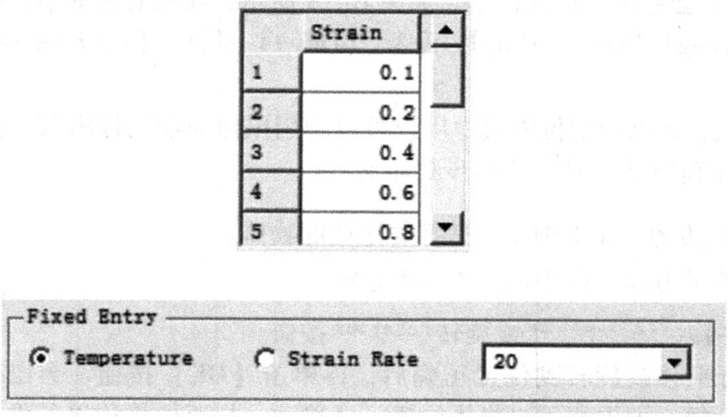

图 10-14　应变温度设定

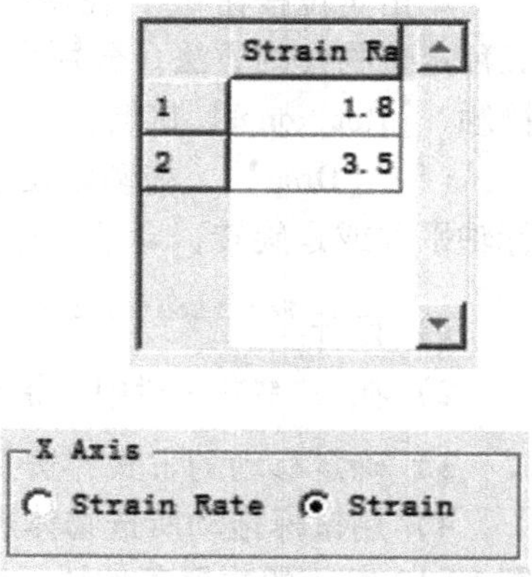

图 10-15　应变率选择

3）完成上两步操作后，会出现数组栏，填入相应的应力数值即可，如图 10-16 所示。

4）单击【Apply】按钮，出现如图 10-17 所示的流动应力曲线，如果曲线正确，则单击【OK】按钮。

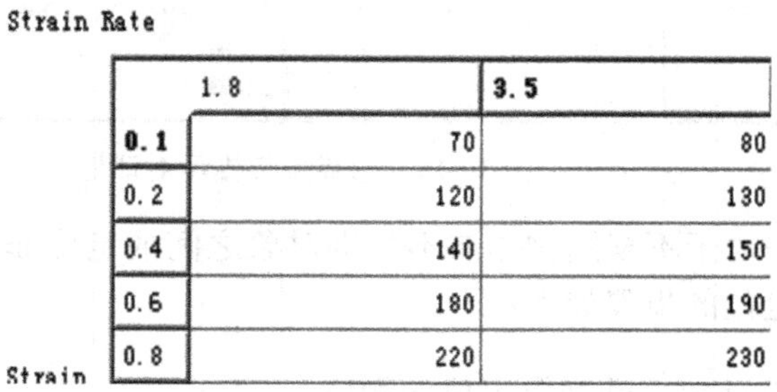

图 10-16　应力、应变、应变率数组栏

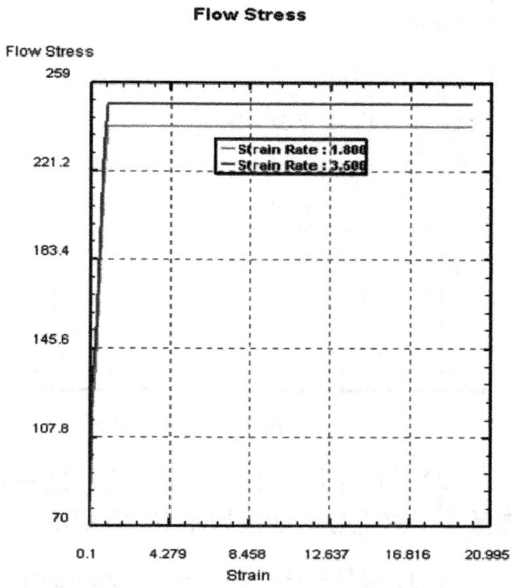

图 10-17　用户编辑的流动应力曲线

5）单击【OK】按钮后，菜单会返回材料菜单栏，单击菜单栏上的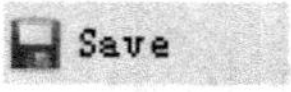按钮，存储数据，如果用户想以“.k”文件的形式存储此材料文件，可单击【Export】按钮存储到用户指定的目录，下次再用时，可直接调用“.k”文件。

上述步骤完成后，材料流动应力曲线就算编制成功了，可以把编辑好的材料运用到模型中去。

如果进行温度计算则需要传热性能数据；对于弹性和弹-塑性分析，需要弹性性能数据。

3. 定位对话框

单击定位按钮，在窗口中就会弹出定位对话框。如图 10-18 所示，在此对话框中，有五种定位物体的方法，分别为【Drag】拖动、【Drop】下落、【Offset】平移、【Interference】接触、【Rotational】旋转。

（1）【Drag】　拖动定位方式，在这种定位方式中用户可以利用鼠标拖动物体沿某一坐标轴平移或是旋转，属于一种粗定位方式。其定位的步骤如下：

1）打开 Positioning object 右边的下拉选项单，选择要定位的物体。

2）在 Direction 栏中，指定拖动方向，图中选择为 $-Z$ 方向。

3）确定移动的方式，选择平移 Translation 或旋转 Rotation 按钮。

4）用鼠标拖动所选物体进行平移或旋转到位置正确后，再单击【OK】按钮，会出现图 10-19 所示的边界条件提示对话框，即提醒用户物体位置已经移动，是否要将边界条件重新设定，单击【OK】即可，此提示窗口在所有物体移动后都会出现。

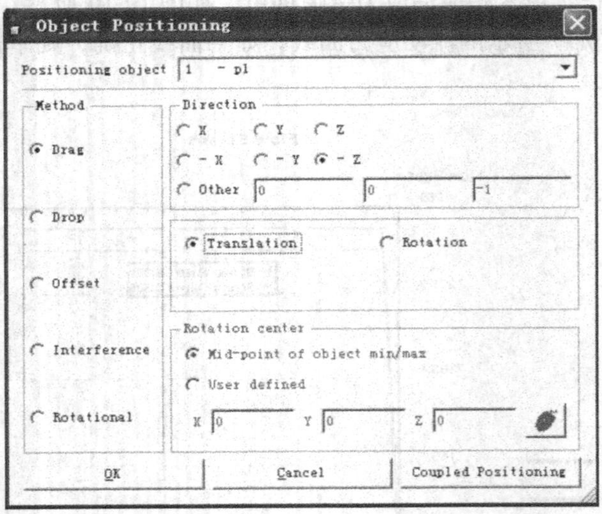

图 10-18　定位对话框

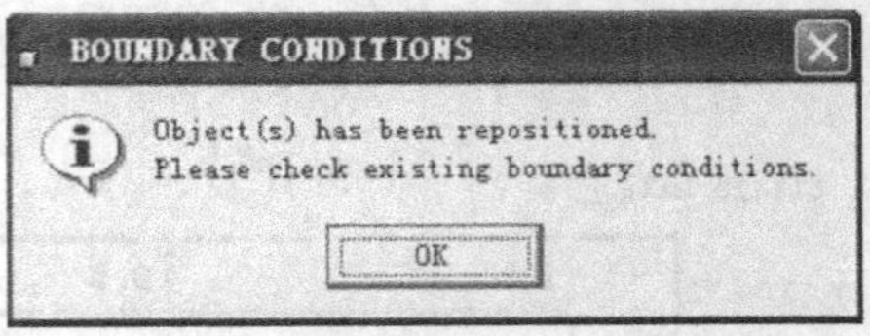

图 10-19　边界条件提示对话框

（2）【Drop】　下落定位方式，这种方法对于不规则物体与不规则对象之间的定位非常有效。下落定位对话框如图 10-20 所示，其定位的步骤如下：

1）打开 Positioning object 右边的下拉选项单，选择要定位的物体。

2）在【Direction】栏中，指定下落方向为 $-Z$。

3）在 Interference limit 后，指定接触深度值，如果允许旋转下落，请单击旋转轴设定 Allow rotation only about，如果不允许旋转，请选择 Don't allow rotation 按钮。

4）单击【Apply】按钮后，物体按所设定方向移动，直到满足所设定的接触条件后停止移动，如位置正确则可单击【OK】按钮。图 10-21 所示为下落定位示意图。

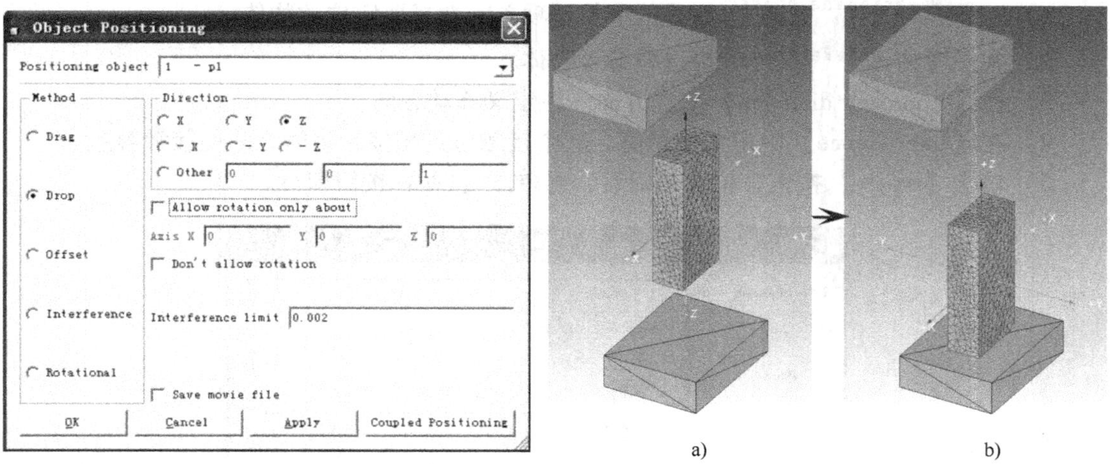

图 10-20　下落定位对话框图（图中应选 $-Z$）

a)　　b)

图 10-21　下落定位示意图

（3）【Offset】　平移定位方式是指按照给定的距离移动要定位的物体，如图 10-22 所示。其步骤如下：

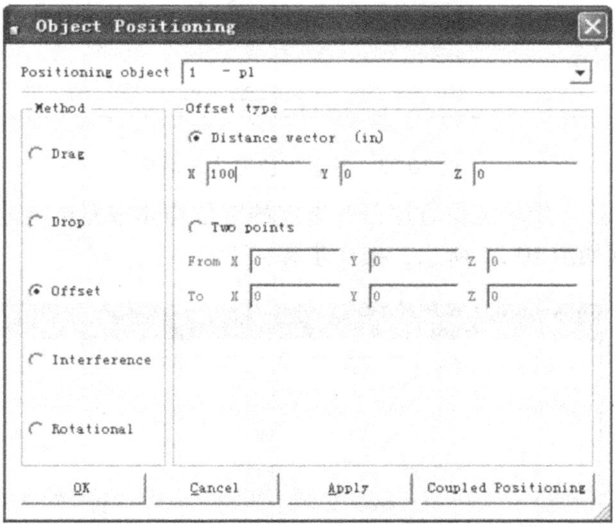

图 10-22　平移定位对话框

1）打开 Positioning object 右边的下拉选项单，选择要定位的物体。

2）接着可选择的定位方式有两种：一种是按坐标平移；另一种是两点定位。主要介绍第一种，选中距离矢量栏 Distance vector (mm)，在对话框中输入要移动的相对坐标值。

3）单击【Apply】按钮，当用户判断定位物体已按要求移动到所需的位置，则单击【OK】来确认。

（4）【Interference】　接触定位方式是指使被定位的物体与一参考物体发生接触，其对话框如图 10-23 所示。定位的具体步骤如下：

1）打开 Positioning object 右边的下拉选项单，选择要定位的物体。
2）在参考物体 Reference 一栏选择参考物体。
3）在【Approach direction】前进方向一栏定义移动方向。
4）在【Interference】中定义接触值。这个接触值是相接触物体之间的接触容差。
5）单击【Apply】按钮，位置正确后，再单击【OK】按钮即可。

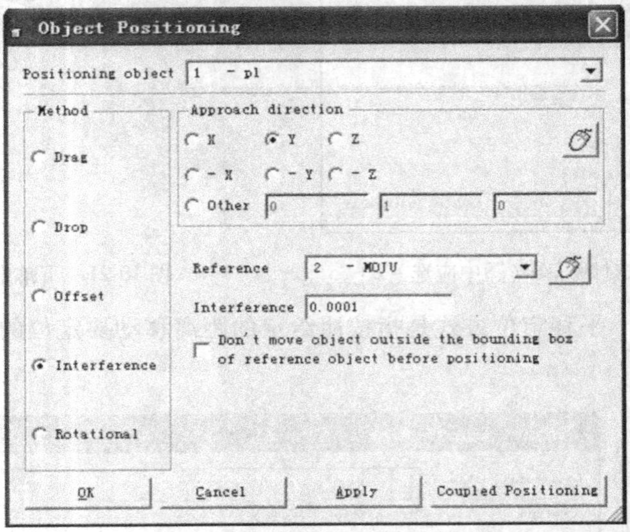

图 10-23　接触定位方式对话框

（5）【Rotational】　旋转定位方法是对选定的定位物体按照选定的坐标轴旋转设定的角度，旋转定位对话框如图 10-24 所示，操作步骤如下：

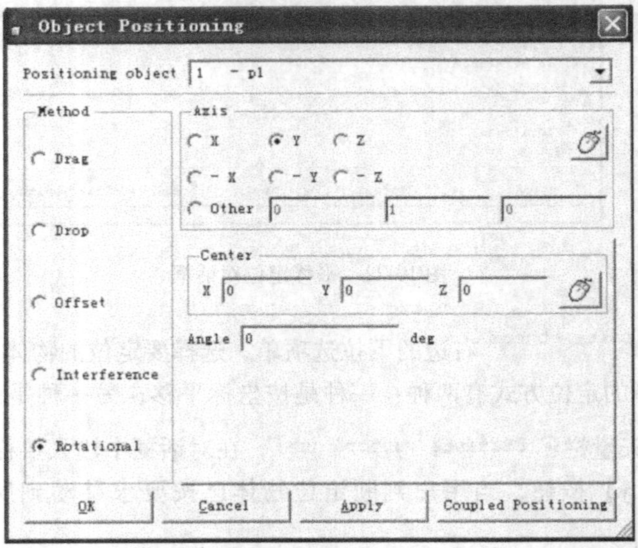

图 10-24　旋转定位对话框

1）打开 Positioning object 右边的下拉选项单，选择要定位的物体。

2）在 Axis 栏中选定旋转坐标轴。

3）在 Center 栏中指定旋转中心。

4）在 Angle 栏中指定相对旋转角度。

5）单击【Apply】按钮，位置正确后，再单击【OK】按钮即可。

4. 对象间关系定义对话框

单击按钮进入对象间关系定义对话框。在这个对话框中，所有物体的对象间关系被定义。默认状态下，定义的是变形体与所有刚体之间的关系，图 10-25 所示为物体对象间关系定义对话框。

定义物体对象间关系的具体步骤如下：

1）单击按钮，增加定义对象间关系对，出现如图 10-26 所示的对话框。

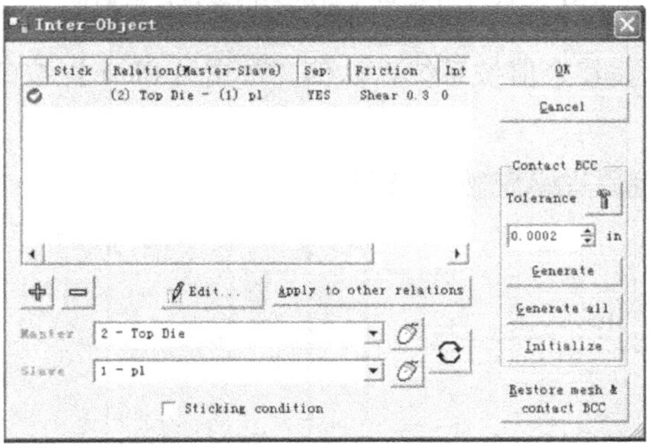

图 10-25　物体对象间关系定义

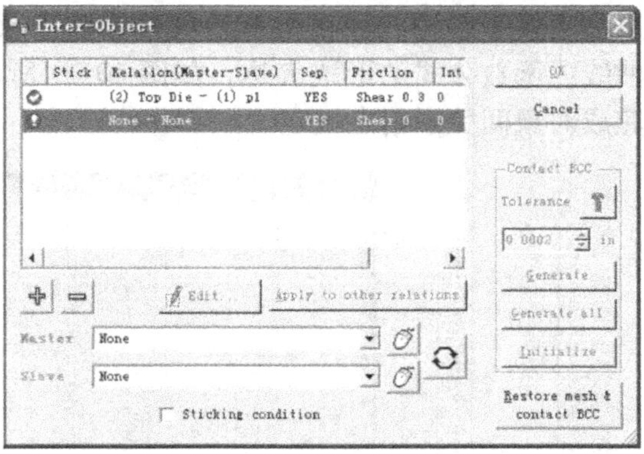

图 10-26　增加接触对象间关系对话框

2）定义主从关系。选择不变形物体作为主件，单击刚产生的对象关系对，在【Master】下拉选项单中选择 Bottom Die（下模具）。DEFORM 软件的主从关系是以不变形物体（刚体）为主件，以变形物体（塑性体）为从件。接着在【Slave】下拉选项单中选择变形体，此处选择 PL（工件）。完成这步后在对话框中出现如图 10-27 所示的结果。

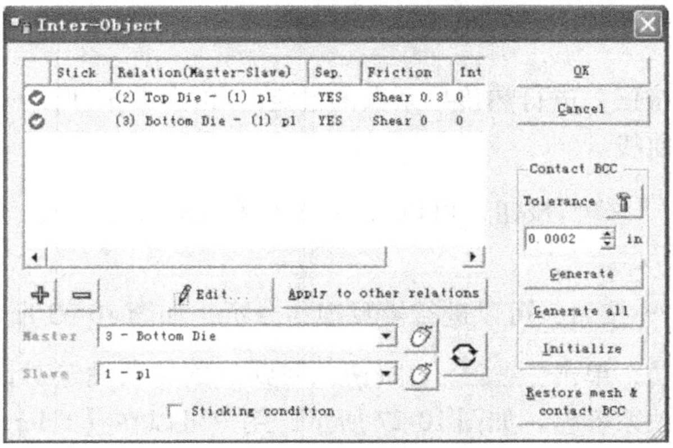

图 10-27　新定义的接触对

3）对象间关系信息设定。单击新定义的对象关系对，接着单击 Edit... 按钮，或者双击对话框中要定义对象间关系对，弹出对象间关系信息设定对话框，如图 10-28 所示。在【Friction】一栏的摩擦类型【Type】栏中有三种摩擦类型，分别为剪切摩擦【Shear】、库仑摩擦【Coulomb】、混合摩擦【Hybrid】，根据实际情况选择合适的摩擦类型。在摩擦值【Value】一栏中进行摩擦系数的设定。摩擦系数值可以是一常数值，如图 10-29 所示，在【Constant】下拉选项单中选择合适的工作状态，摩擦系数自动填入方框，当然如果没有合适的摩擦系数，也可以自己直接手动输入。摩擦系数也可以以函数曲线或函数公式的形式表达，如图 10-30 所示。其余值按系统默认值，单击【Close】按钮完成对象间关系信息设定。

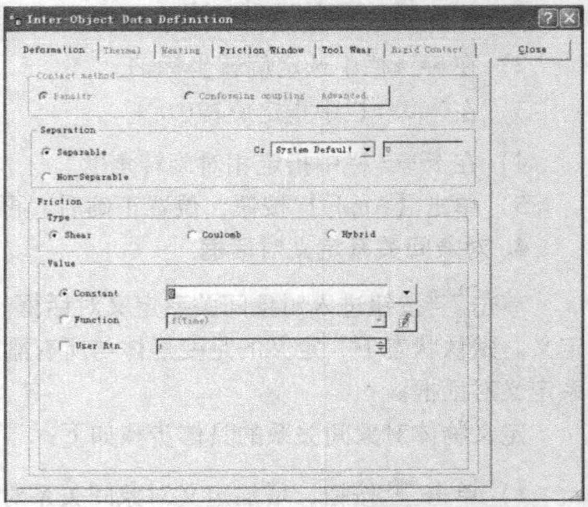

图 10-28　对象间关系定义信息设定对话框

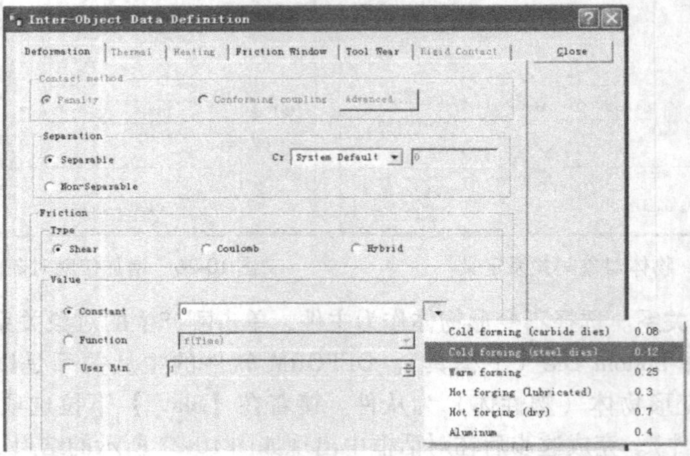

图 10-29　摩擦系数设定

4）单击 Thermal 按钮，进行热传导系数的设定。如图 10-31 所示，可以设定为常数或关于时间或压力的函数曲线。

5）单击 Friction Window 按钮，可以进行局部摩擦窗口的定义，单击 ✚ 按钮，增加定义窗口，如图 10-32 所示。

6）单击 Tool Wear 按钮，可以进行模具损伤分析，如图 10-33 所示。

对象关系设定成功，单击 Close 按钮，回到对象关系设定对话框，在这个对话框中允许用户改动对象间关系容差，如图 10-27 所示，用户可以在【Tolerance】栏中改动系统给定的对象间关系容差。接触容差值影响接触点数量。

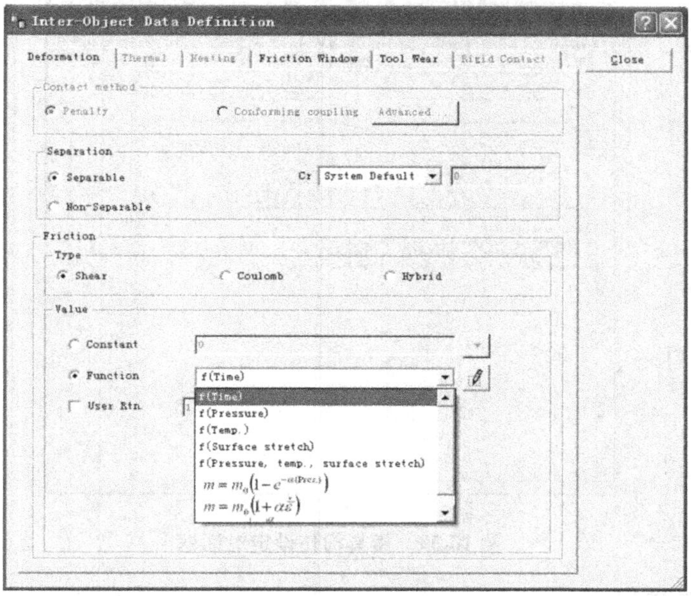

图 10-30　函数摩擦系数设定

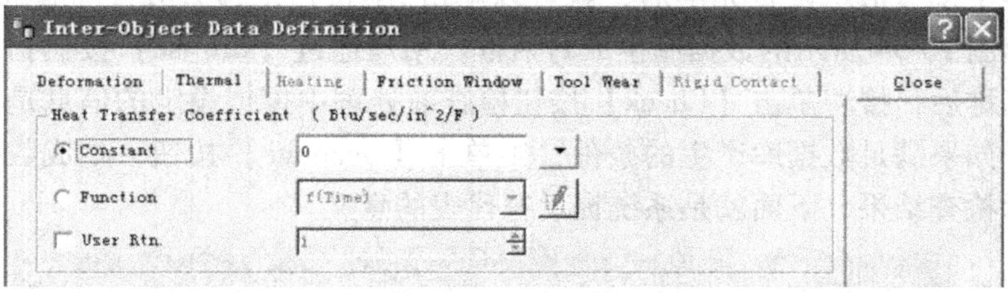

图 10-31　热传导系数设定对话框

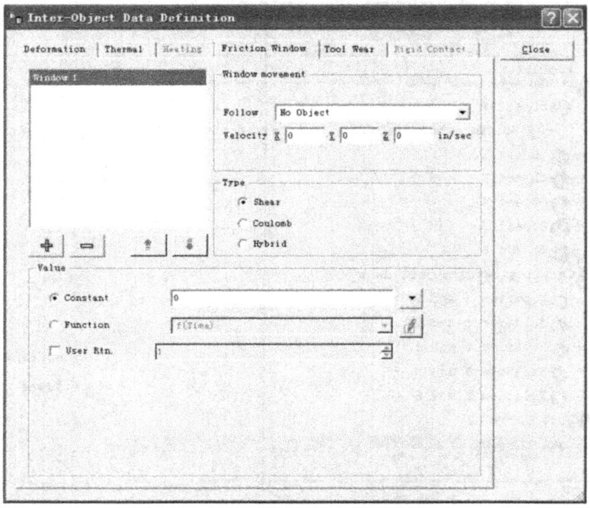

图 10-32　局部摩擦设定对话框

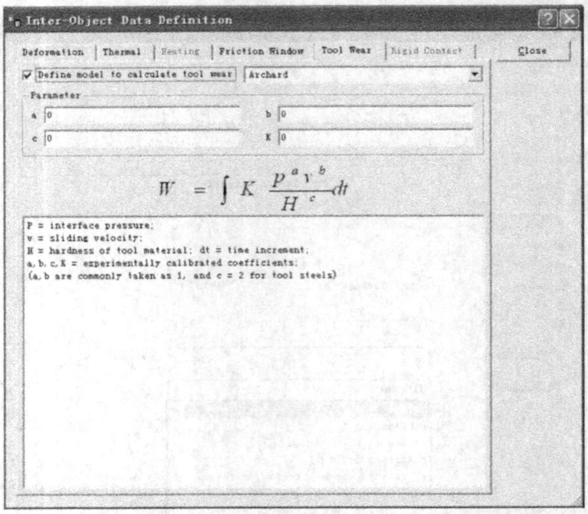

图 10-33　模具损伤设定对话框

5. 数据库产生窗口

在前处理中模拟信息设置完毕后，就可以单击按钮来检查并产生模拟用的数据库。单击后，弹出图 10-34 所示的数据库生成对话框。用户通过【Browse】按钮指定数据库储存的文件夹及名称后，接着单击【Check】按钮检查前处理中模拟设定的信息是否满足生成数据库的条件，如果满足数据库产生的条件，则单击【Generate】按钮，生成数据库。检查之后系统会显示检查结果，下面就是系统提示符代表的意义。

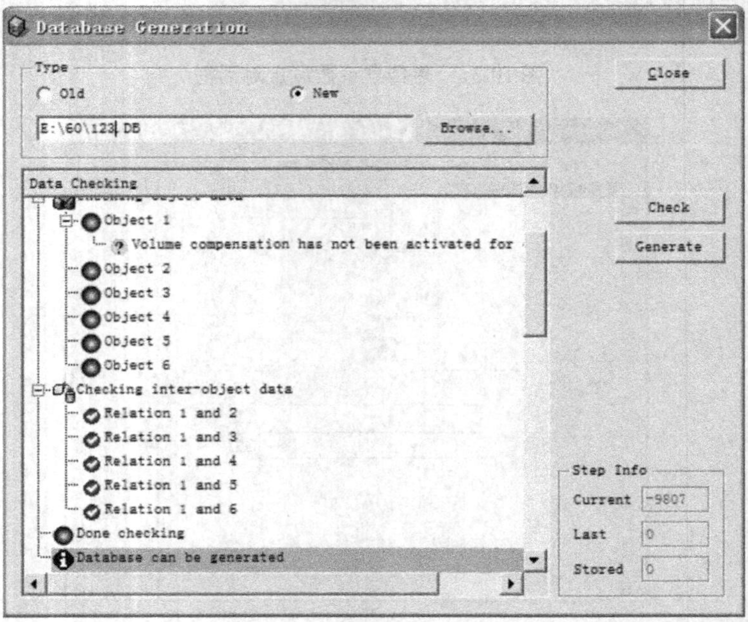

图 10-34　数据库生成对话框

符号表示此项设定正确。

符号表示此项设定是有问题的，可能影响计算精度或者导致计算失败，但不会影响生成数据库文件。用户通过手动检查确认是否有问题，如果用户确定没有问题，此项设定可以不改正，数据库仍然可以产生。

符号表示此项设定是错误的，用户必须进行修改，如果不改正，数据库将无法生成。

例如：①系统提示 Volume compensation has not been activated for object 5.，表明变形体的体积补偿未激活。如果模拟过程中变形体体积丢失严重，影响模拟精度，则用户应该激活此项，进入图 10-35 所示的提示 1 位置进行修改。当然如果变形中体积丢失不严重，也可以不进行修改。

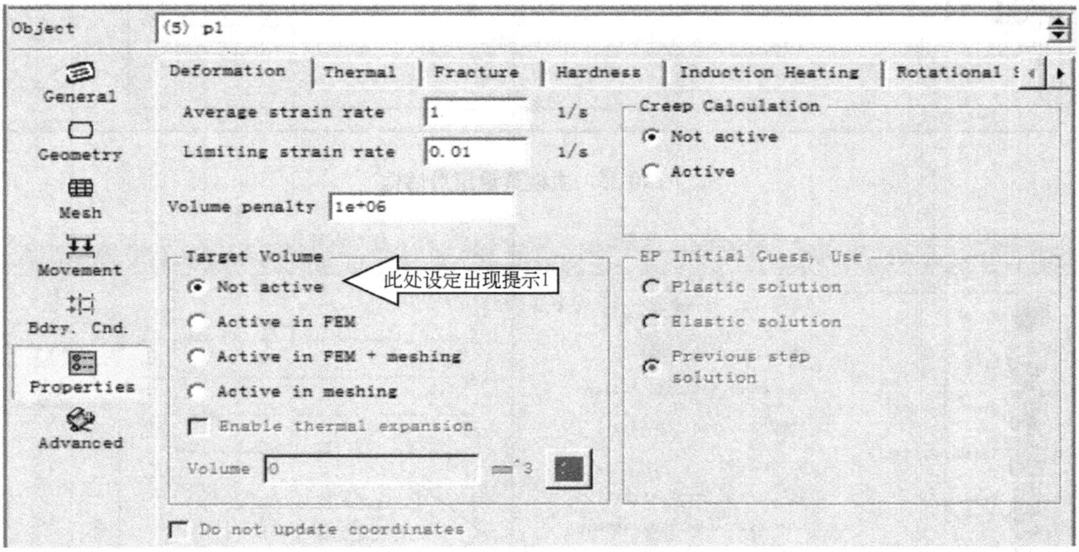

图 10-35　体积补偿设定对话框

② 系统提示 Primary die is not defined - Object 1 is assumed.，这项提示表示用户没有设定主模具，系统默认物体 1 为主模具，如果正确，则用户不需修改，如主动模具与系统默认模具不相符，则用户应该返回模拟控制窗口进行修改，如图 10-36 所示的提示 2 处，修改此项，用户应该打开【Primary Die】下拉选项单，选择正确的主模具。

数据库不能产生的原因有以下几种：

1）系统出现 Stroke per step or time per step must be defined and > 0.，这项错误表示用户未设定计算步长，用户应该返回模拟控制对话框，如图 10-37 所示的错误 1 。计算步长可以通过模具位移和时间两种方式来设定，一般情况下，根据模具位移来确定计算步长方式，计算步长应该大于零，小于所划分的网格尺寸的三分之一。用时间来确定计算步长的方法，计算步长时间应该大于零，小于模拟所需的总时间除以总计算步所得的时间。

2）系统提示 Invalid primary die defined - PDIE(1) = 1.，这项错误表示用户没有设定主模具，而且系统默认的主模具物体 1 不存在，用户必须返回图 10-36 所示的主模具控制对话框，修改此项错误，打开【Primary Die】下拉选项单，选择主模具。

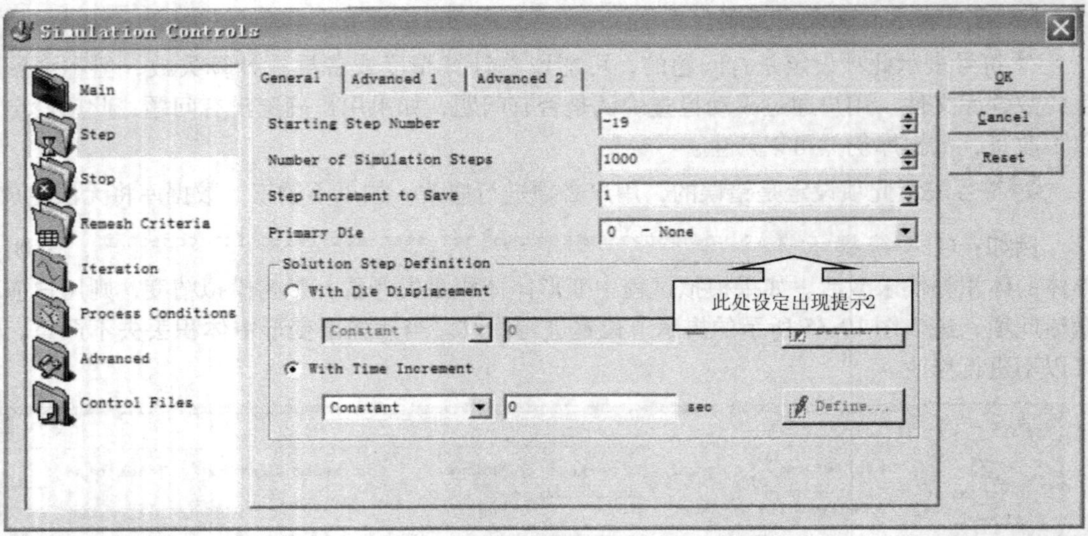

图 10-36　主模具设定对话框

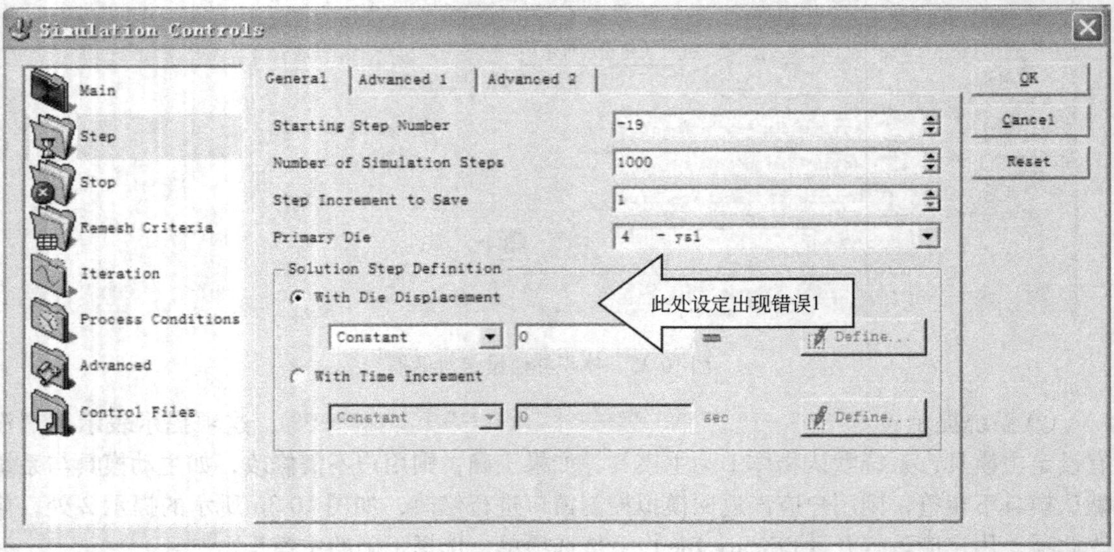

图 10-37　计算步长设定对话框

10.3.3　后处理功能操作

进入 DEFORM 软件的主窗口，设置好工作目录后，在主窗口中单击数据库文件或“.k”文件，接着单击【DEFORM-3D Post】按钮直接进入后处理窗口，如图 10-38 所示。

对后处理功能进行分类，得到三组功能操作按钮，具体分类如下所示：

针对物体树显示操作的功能按钮有：

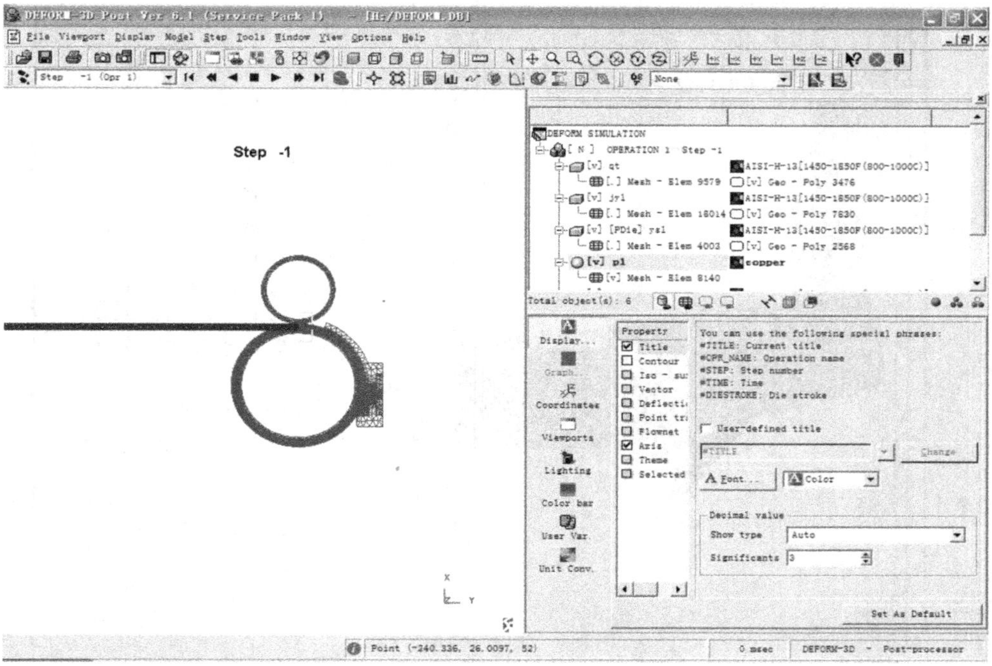

图 10-38　后处理窗口

用于分析模拟过程的按钮有：

用于后处理窗口设置及显示用户在后处理定义的状态变量的按钮有：

1. 物体树显示操作按钮功能介绍

按钮——此按钮用来控制物体的显示。用户用鼠标单击物体树中要操作的物体，接着单击此按钮切换物体的显示。

按钮——此按钮用来控制已划分网格物体的显示。与按钮配合使用，用户用鼠标单击物体树中要操作的已划分网格物体的显示，接着单击此按钮切换物体的显示。

按钮——此按钮用来控制几何体的显示。与按钮配合使用，用户用鼠标单击物体树中要操作的几何体，接着单击此按钮切换物体的显示。

按钮——此按钮用来控制状态变量的显示。如点跟踪产生的状态变量，用户用鼠标单击物体树中的状态变量，接着单击此按钮可在视图中隐藏或显示此状态变量。

按钮——此按钮用来控制接触点的显示。用户用鼠标单击物体树中的变形体，接着单击此按钮切换接触点的显示，如图 10-39 所示。

按钮——此按钮用来控制物体的透明显示。用户用鼠标单击物体树中要操作的物体，接着单击此按钮切换物体的透明显示。

按钮——此按钮用来控制物体后表面的显示。用户用鼠标单击物体树中的要操作的

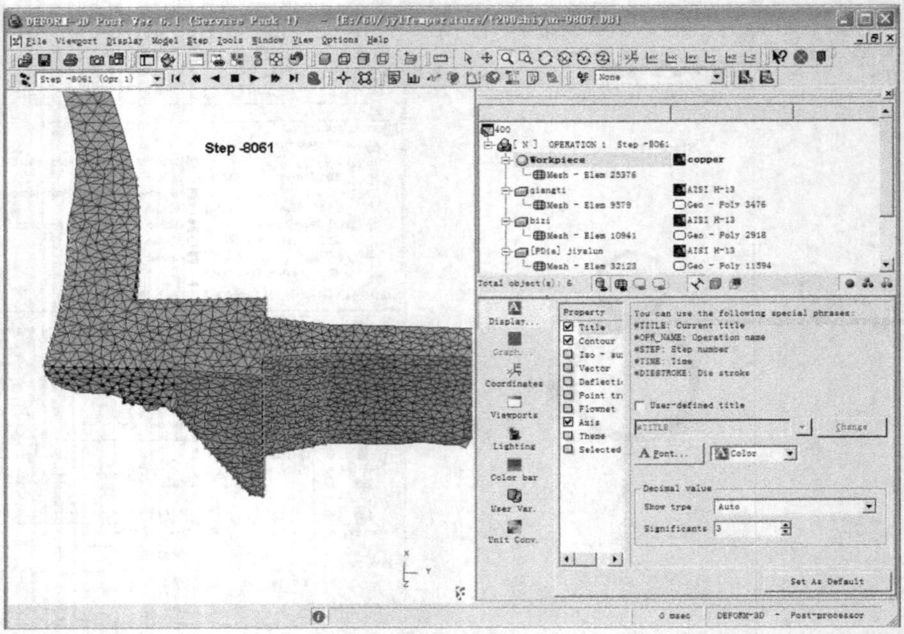

图 10-39　后处理窗口接触点的显示

物体，接着单击此按钮切换物体后表面的显示。

按钮——此按钮用来控制后处理窗口仅显示单个物体。用户用鼠标单击物体树中的要操作的物体，接着单击此按钮，则后处理窗口就只显示此物体。

按钮——此按钮用来控制后处理窗口多物体显示。

2. 模拟过程分析按钮功能介绍

按钮——此按钮的功能是提取模拟过程的概要信息。单击此按钮，出现如图 10-40 所示的菜单，首先在【Object】的下拉选项单选择要分析的物体，接着单击【Step】菜单栏中的模拟步，此例中选择“18 步”，在右上角【Step】栏中就会出现当前步的信息。图中的功能按钮 General | Deformation | Thermal | Heat Treat 依次指的是：抽取模拟过程中物体的一般概要信息、变形过程的概要信息、温度的概要信息以及热处理的概要信息。变形过程的概要信息包括：应变、应力、应变率、速度、位移、密度等，单击对应项后的按钮，就会得到其相应的曲线图。

按钮——此按钮的功能是以图形形式表达受力物体的载荷、速度等信息。单击此按钮，出现如图 10-41 所示的菜单栏。操作过程如下：

1）在 Plot objects 栏中选中要分析的受力物体，此例选中“jiyalun”。

2）在 X - axis 内选定横轴代表的变量，有时间、行程、模拟步、受力选项，此例选中时间坐标轴。

3）在 Y - axis 内选定要分析的变量。可提取的分析变量有 14 项：*X*、*Y*、*Z* 方向载荷，*X*、*Y*、*Z* 方向速度，*X*、*Y*、*Z* 方向的行程，扭矩，角速度，体积，能量，表面积。此例选中 *Z* 方向载荷。

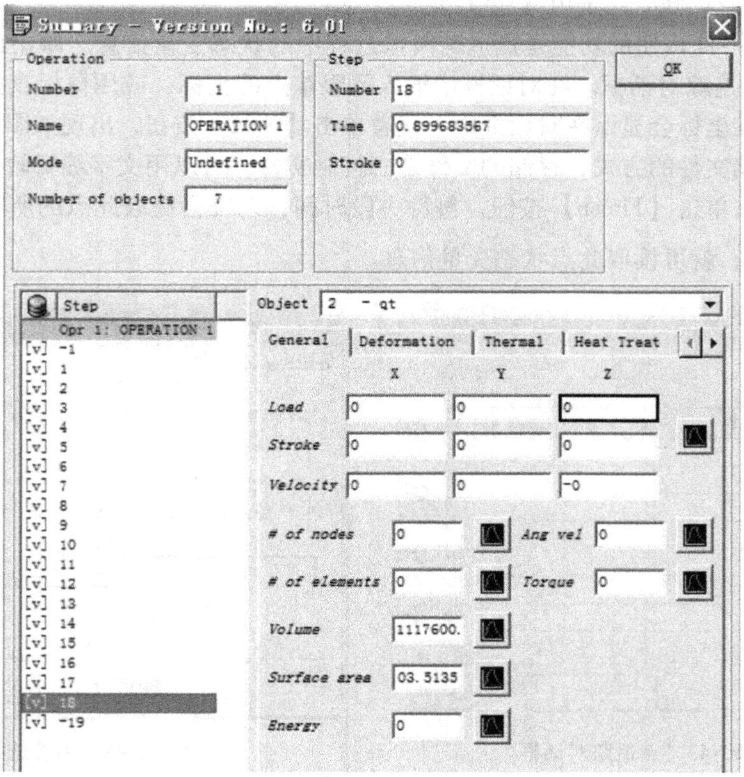

图 10-40　模拟过程概要信息

4）单击【Apply】按钮，出现挤压轮 Z 向载荷-时间曲线图，如图 10-42 所示。

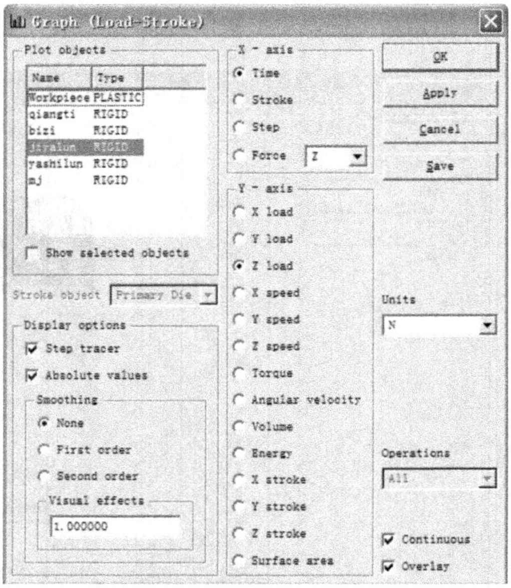

图 10-41　提取载荷对话框

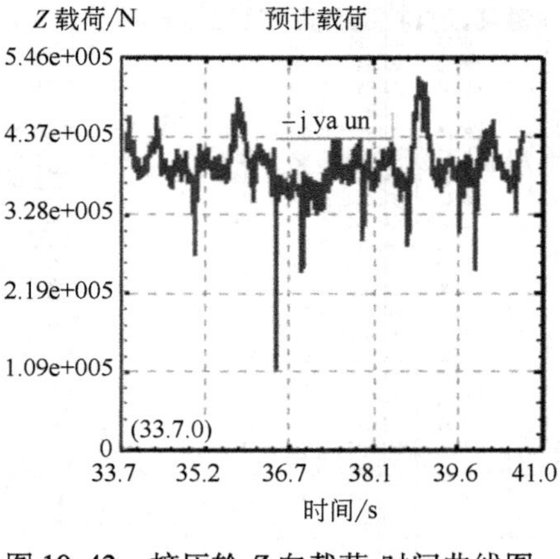

图 10-42　挤压轮 Z 向载荷-时间曲线图

5）判断图形正确后，单击【OK】按钮。

按钮——此按钮的功能是点追踪模拟过程中的状态变量信息。单击此按钮出现如图 10-43 所示的点追踪对话框。在对话框中输入要跟踪点的坐标，或用鼠标直接单击窗口中变形体上的点，其坐标会显示在对话框中。接着单击【Next】按钮，出现如图 10-44 所示的对话框，选取存储文件的方式，存储的文件是二进制文件，可以用文字编辑软件打开，例如记事本等。接下来单击【Finish】按钮，等待一段时间，系统会提取此点的所有信息，配合状态变量按钮，就可读取此点状态变量信息。

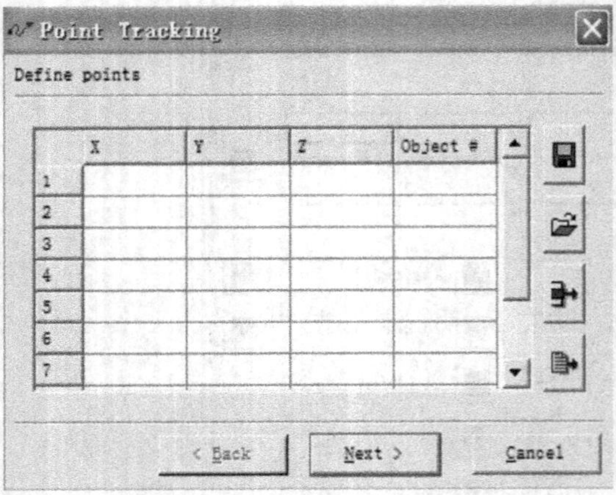

图 10-43　点追踪对话框

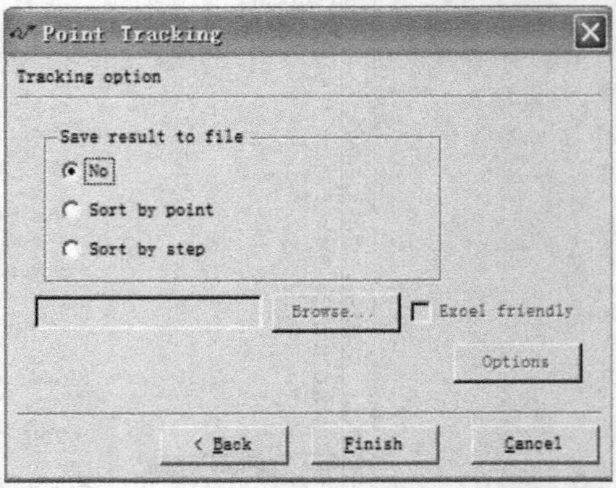

图 10-44　追踪选择

按钮——此按钮的功能是设定流动网格。单击此按钮出现如图 10-45 所示的对话框。在对话框中选择起始步和终点步，接着单击【Next】按钮，选择流动网格形状，再次单击【Next】按钮，进入区域选择对话框，再次单击【Next】按钮定义网格尺寸，如图 10-46 所示，接着单击【Next】按钮，选择好始末存储方式后单击【Finish】按钮。本例以矩形块作为流动网格。

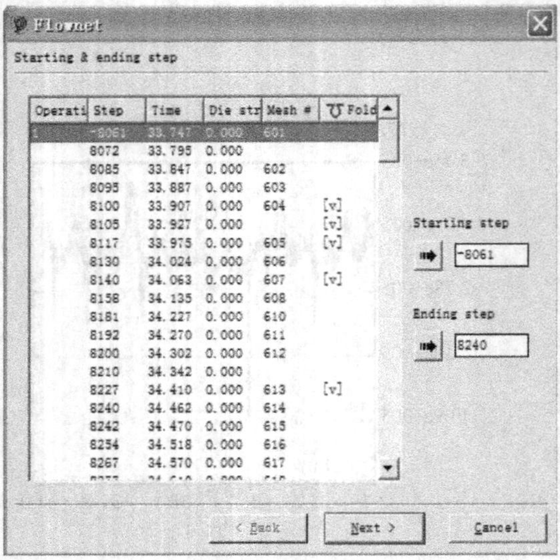

图 10-45　流动网格设定对话框

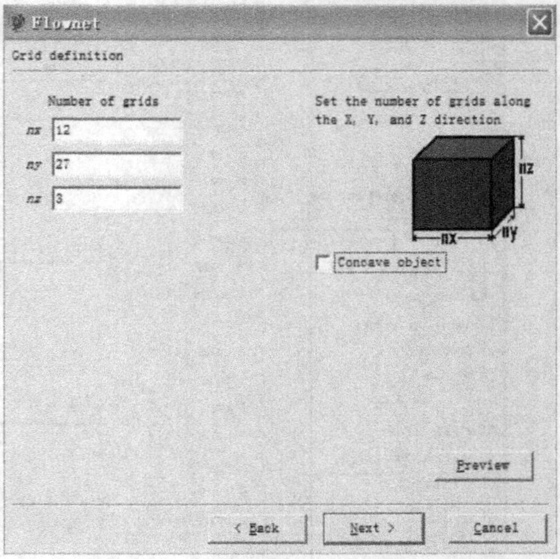

图 10-46　流动网格尺寸设定

按钮——此按钮的功能是绘制两点间状态变量分布曲线。单击此按钮出现如图 10-47所示的对话框，在【Point definition】栏中输入起点、终点坐标，也可以在窗口中单击变形体上的两点作为始末点，拖动【Sampling points】下的样例点数量指针，本例取 20 个样例点，接着单击【Calculate】，则在变形体上出现如图 10-48 所示的分布点。再单击按钮，选择要分析的状态变量，则可绘制出两点间状态变量的分布曲线。本例以温度表示，可得到如图 10-49 所示两点间温度分布曲线。

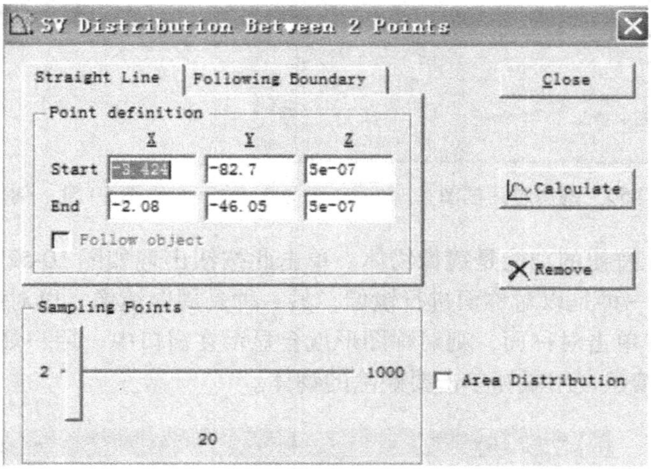

图 10-47　两点间状态变量分布对话框

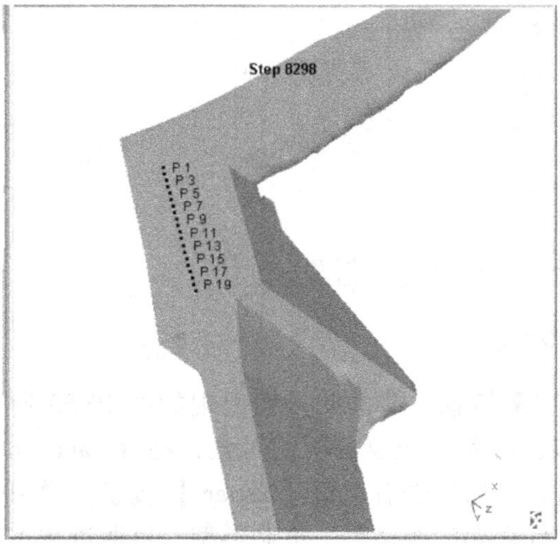

图 10-48　两点间的分布点

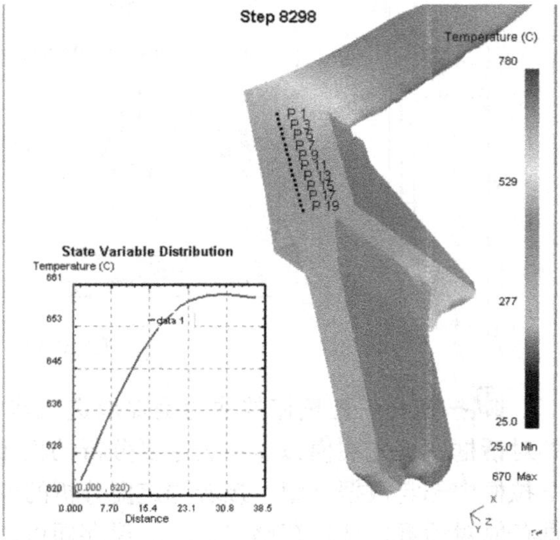

图 10-49　两点间温度分布曲线

按钮——此按钮的功能是对物体进行剖切。单击此按钮出现如图 10-50 所示的对话框，在【Mode】栏中选取剖切方式。有两种方式可以选择，一种是一点和一方向矢量，另一种是三点法，本例选用一点和一方向矢量法。接着在【Input】栏中输入一点和一个方向矢量。确定剖切正确后，单击【OK】按钮。图 10-51 所示为剖切前后对比图。

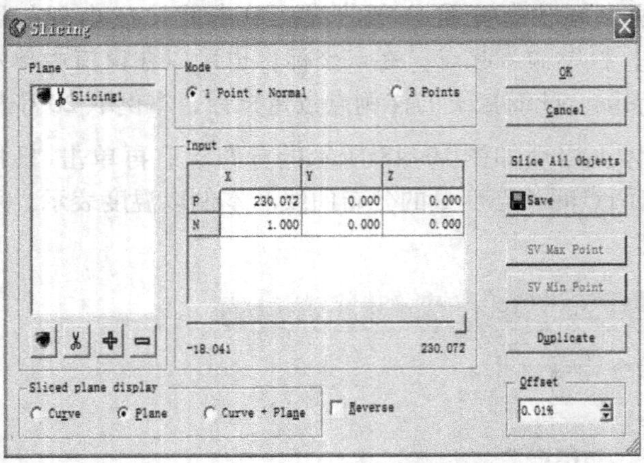

图 10-50　剖切对话框图

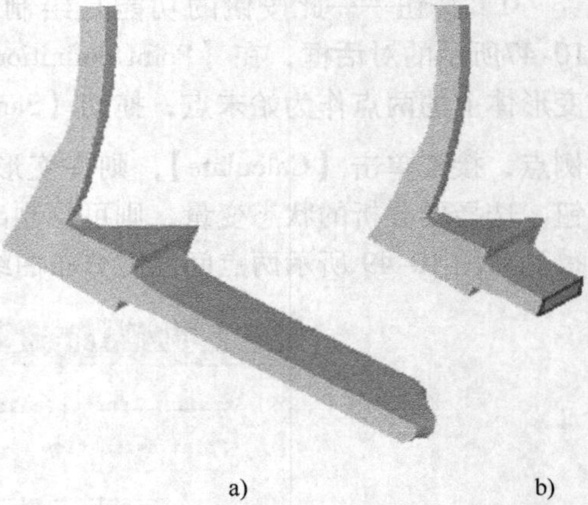

图 10-51　剖切前后对比图

按钮——此按钮的功能是镜像物体。单击此按钮出现如图 10-52 所示的镜向对话框。镜像功能分两种，一种是以对称面进行镜像，另一种是周向镜像。以对称面镜像为例，打开【Add】按钮，接着单击对称面，则对称图形就会显示在窗口中。用户如果要删除对称图形，则打开【Delete】按钮，用鼠标单击要删除的物体。

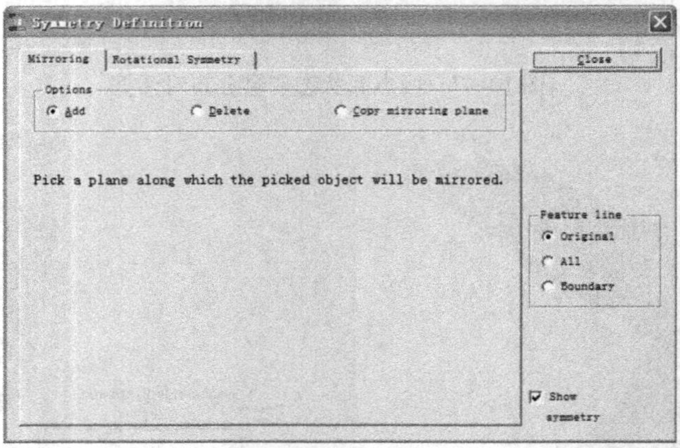

图 10-52　镜像对话框

按钮——此按钮的功能是提取选定步的变量信息。单击此按钮出现如图 10-53 所示的对话框。首先在模拟步中选定要分析的模拟步，接着选定要分析的对象，在【Data type】下拉框中选定数据类型，接着选定要分析的变量，最后单击右上角【Extract】按钮，弹出数据存储对话框，选定存储路径后，保存即可，文件存储的类型是二进制类型，可通过文本编辑软件打开，如记事本。

按钮——此按钮的功能是选取要分析的状态变量。单击此按钮出现如图 10-54 所示的对话框，选取要分析的变量，本例中选取【Temperature】为分析变量，接着在【Display】栏中选取变量显示方式，DEFORM 软件提供的显示方式有等高线、云图等，本例选取【Shaded】显示方式；接下来在【Deflection】下选取显示比例；用户可以在【Scaling】下选择

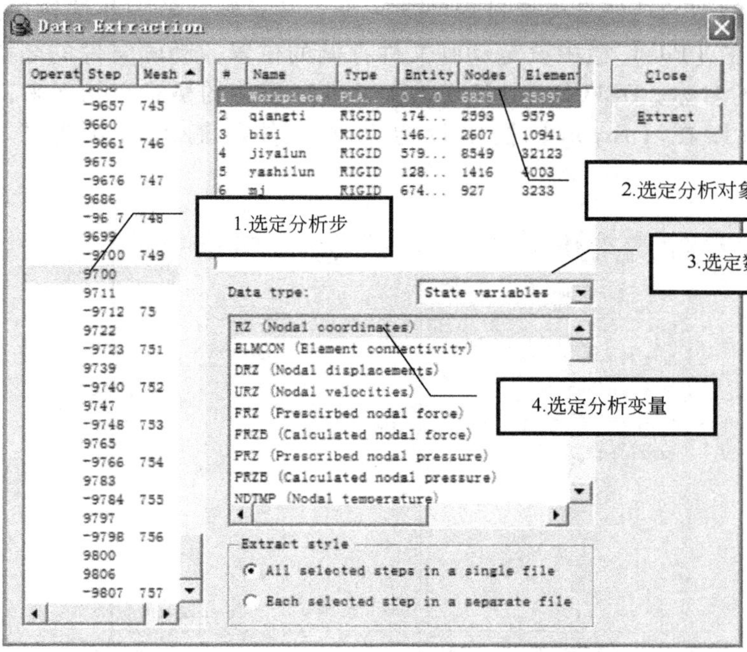

图 10-53　变量信息提取对话框图

【User】自定义显示变量的最大与最小值；利用 

可对所选取的显示方式进行设定，最后单击【Apply】按钮，图 10-55 所示为变形体以云图形式显示的温度分布情况。

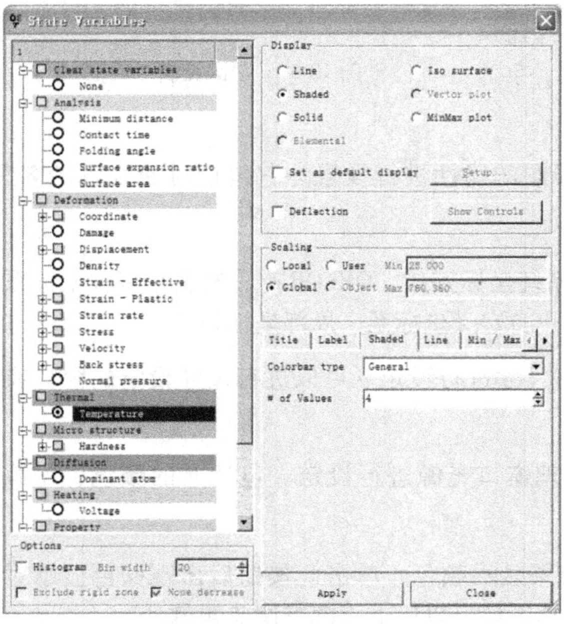

图 10-54　选取分析变量对话框

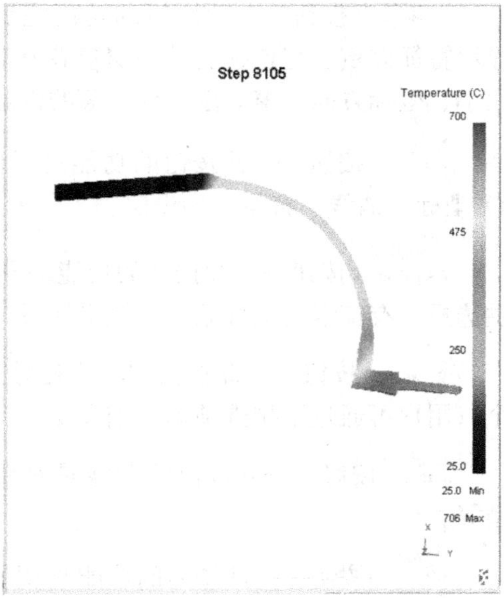

图 10-55　温度分布图

按钮——此按钮的功能是模拟过程的动画设置及录制。单击此按钮出现如图 10-56 所示的对话框，在【File】栏中设定动画文件存储的位置、动画文件的名称以及动画文件的第一个图片的名称。DEFORM 软件把动画文件以图片的格式存储下来，用 DefPlay 软件来播放。也可以在【Export】栏中设定动画文件的输出格式为“. WMV”或“. AVI”。

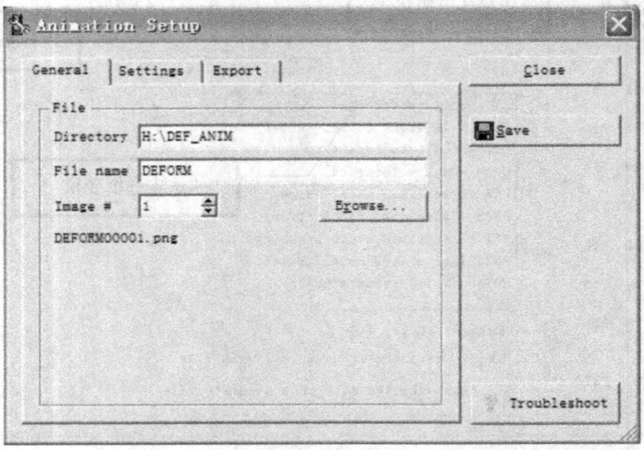

图 10-56　动画设置对话框

按钮——此按钮的功能是播放录制的动画，此播放器的功能键如图 10-57 所示。

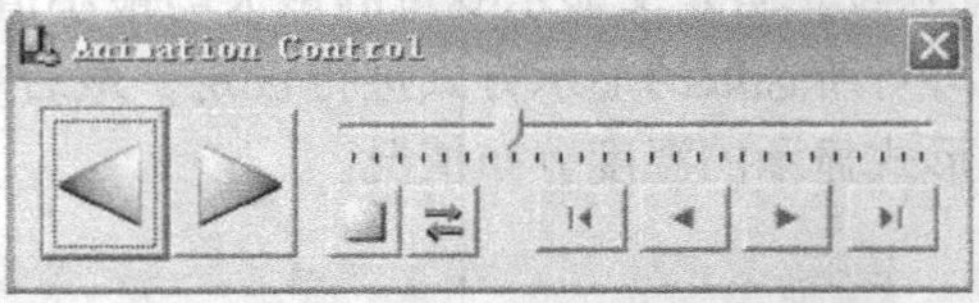

图 10-57　动画控制对话框

3. 其他后处理操作按钮功能介绍

Display... 按钮——此按钮的功能是后处理窗口显示特征设定。它包括后处理窗口背景颜色、字体大小、坐标方向、窗口激活标志等的设定。

Graph... 按钮——此按钮的功能是对曲线图的属性进行设置。它包括对曲线图的名称、*XY* 坐标、曲线、背景等的设定。

Coordinates 按钮——此按钮的功能是设定系统坐标方式。DEFORM 后处理有多种坐标系可供选择，有笛卡儿坐标系、圆柱坐标系、用户自定义坐标系、局部坐标系。

Viewports 按钮——此按钮的功能是对视窗尺寸进行设定。可以进行尺寸设定的窗口有四个，用户可通过下拉选项单分别设定。

Lighting 按钮——此按钮的功能是对后处理窗口光源进行设定。包括光的颜色、光源类型等。

Color bar 按钮——此按钮的功能是调节结果显示颜色。单击此按钮后出现颜色显示对话框，用户可以通过加减颜色来优化结果的表达，还可以用上下键来调节颜色。

Unit Conv. 按钮——此按钮的功能是进行物理单位转换。单击此按钮后出现物理单位转换对话框，用户可以转换成 SI 单位和英制单位，也可以自定义。

10.4　DEFORM-3D 软件应用实例

本节主要是对 DEFORM 软件模拟实例的介绍，采用顶凸垫锻压成形模拟，来说明 DEFORM模拟金属塑性成形的基本过程。

基本模拟过程主要包括以下步骤：

1）创建新项目。

2）定义模拟名称、类型。

3）定义几何模型。

4）工件划分网格。

5）定义边界条件。

6）定义材料属性。

7）定义模具运动控制。

8）定义各对象之间的关系。

9）定义模拟控制参数。

10）生成计算数据库文件，进行求解计算。

11）计算结果的后处理。

10.4.1　顶凸垫锻压成形模拟前处理

1. 创建新项目

首先在有较大空间的硬盘区域里创建工作目录，本例创建的文件夹路径为：F：\ dtd forming，通过开始菜单或在桌面上双击 DEFORM-3D 的图标运行软件，接着通过 DEFORM-3D 主窗口的按钮更改工作目录到 I：\ dtd forming。创建一个新的模拟项目应按以下步骤进行：

1）在主窗口左上端，单击按钮，进入项目类型对话框，用鼠标单击【Deform-3D preprocessor】，如图 10-58 所示。

2）接着单击【Next】按钮，进入如图 10-59 所示的对话框，点选【Under current selected directory】选项。

3）接着单击【Next】按钮，弹出如图 10-60 所示的项目名称设定对话框，在此对话框中输入“dtd”，最后单击【Finish】按钮。

完成以上三个步骤后系统自动进入 DEFORM-3D 前处理窗口。

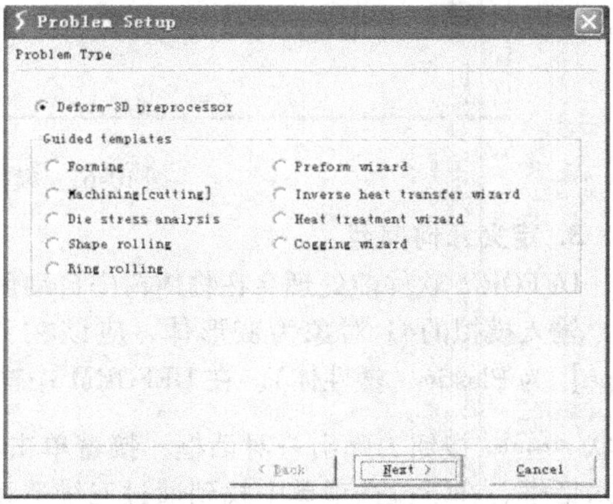

图 10-58　项目类型对话框

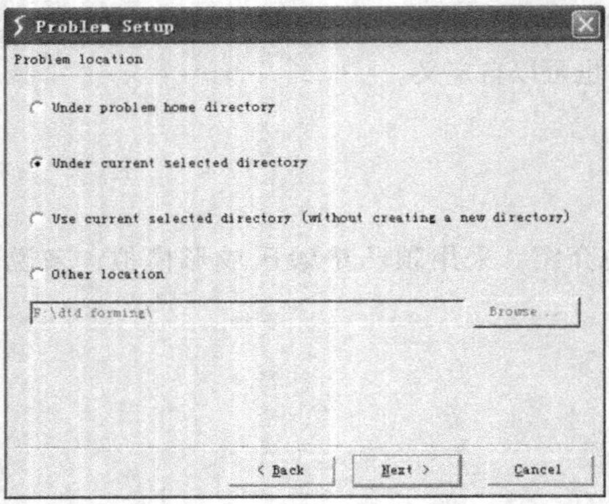

图 10-59　项目存储路径

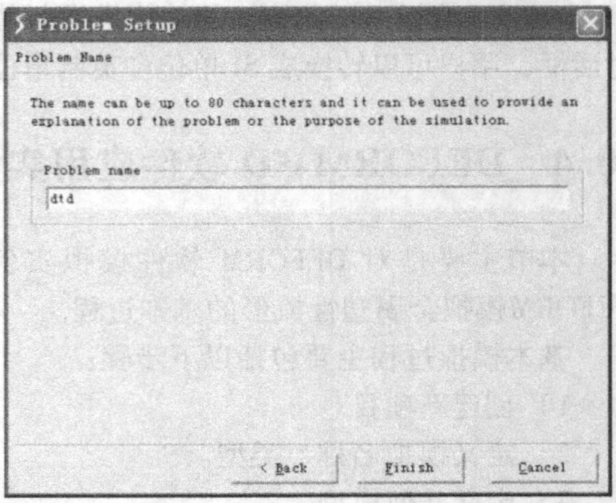

图 10-60　项目名称设定对话框

2. 定义模拟名称、类型

单击按钮，进入模拟控制设定窗口，如图 10-61 所示。在【Simulation Title】一栏中填入模拟名称“dtd forging”。单位类型选择国际单位制 SI，在模拟类型中选择【Lagrangian Incremental】，激活【Deformation】项，由于考虑变形过程的传热，所以接着激活【Heat Transfer】，单击【OK】按钮完成设置。

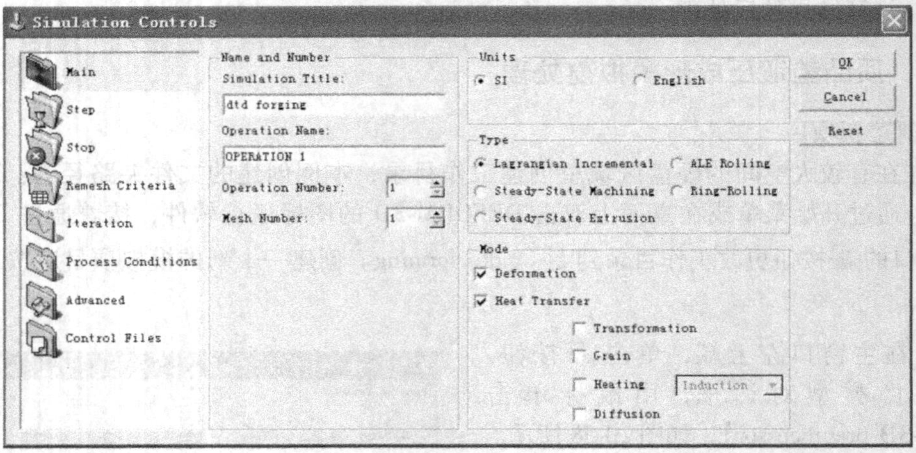

图 10-61　模拟控制设定窗口

3. 定义几何模型

DEFORM 软件前处理会在物体树中自动创建默认名为“Workpiece”的#1 对象。一般来讲，输入模拟的#1 对象为变形体，应该在【General】对话框中，设定对象类型【Object Type】为 Plastic（塑性体）。在 DEFORM 中输入的物体实际上是物体的几何形状，单击几何形状 Geometry 按钮，弹出一对话框，接着单击输入 Import Geo... 按钮，弹出输入几何对象的对话框，在下拉选项单中找到通过三维造型软件生成的“. STL”的工件几何模型，则工件对象就会显示在前处理窗口中，如图 10-62 所示。

通过按钮可加入其他对象进入物体树，设置对象#2，其默认名称为“Top Die”，与成形过程中模具名称相符，无需修改名称，且系统默认其为主动模具，在模型树中以【PDie】表示，与模拟过程相符，无需修改。用与工件相同的方式将上模几何模型输入。选择对象类型为刚体（rigid），单击 Check GEO 按钮和 Show/Hide Normal 按钮检查输入对象几何特征的正确性。图 10-63 所示为几何检查结果，对于一个封闭的几何体，必然有 1 个面，0 个自由边，0 个无效的实体，对于仅是个面的对象，将会有自由边，但仍然有一个面。检查对象的几何问题，包括对象外法线方向的检查，单击 Show/Hide Normal 按钮，对象的外法线方向就会在图中显示出来。正确的法线方向是指向对象外，如果方向反了，可单击 Reverse GEO 按钮。请注意，对象如果是个面，其法向应该指向变形体，如果方向反了，同样单击 Reverse GEO 按钮进行修正。

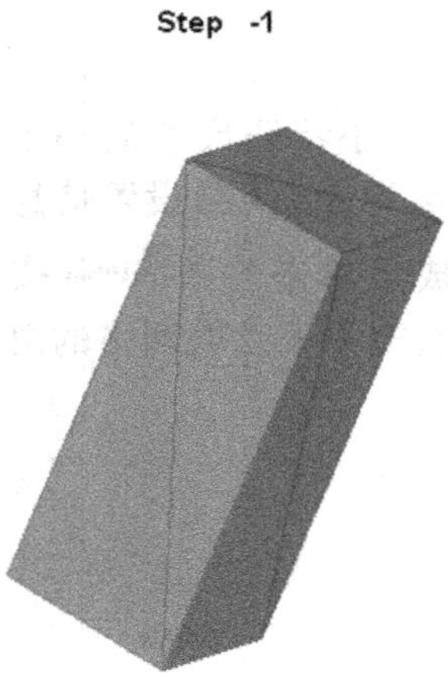

图 10-62　工件的显示

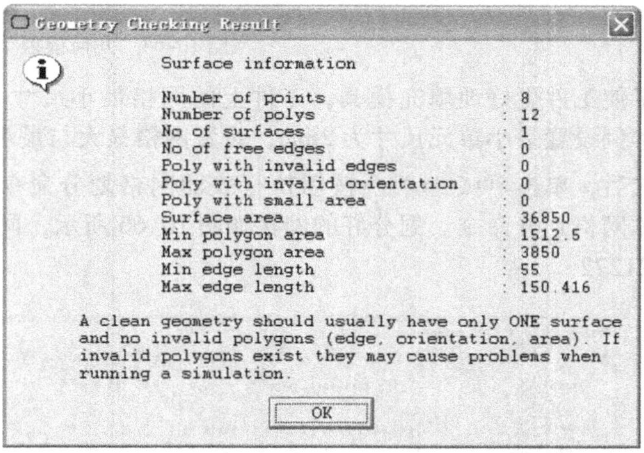

图 10-63　几何检查结果

最后通过按钮将对象#3 输入，其默认名称为“Bottom Die”，与成形过程中模具名称相符，无需修改名称。

此时三个对象会显示在【Pre-Processor】中的【Display】窗口中，根据实际情况将输入的三个物体进行定位，图 10-64 所示为定位好的几何模型。

4. 对象划分网格

对对象进行网格划分，单击物体信息栏中的 Mesh 按钮，出现【Mesh】对话框，单击【Detailed Settings】按钮，出现如图 10-65 所示的对话框，可以看到划分网格的方式有两种，一种是【Relative】相对网格划分方式，一种是【Absolute】绝对网格划分方式。使用相对网格划分方式，用户仅需指定单元的总数，系统自动调整单元尺寸来满足总的单元数。使用绝对网格划分方式，用户需定义单元尺寸，系统自动计算单元总数，网格尺寸将不变，随着物体形状的复杂，单元的数量也随之增加。本例对工件使用绝对网格划分方式，即选择【Absolute】。通过测量工具按钮测量模具上的最小特征尺寸为 6mm，

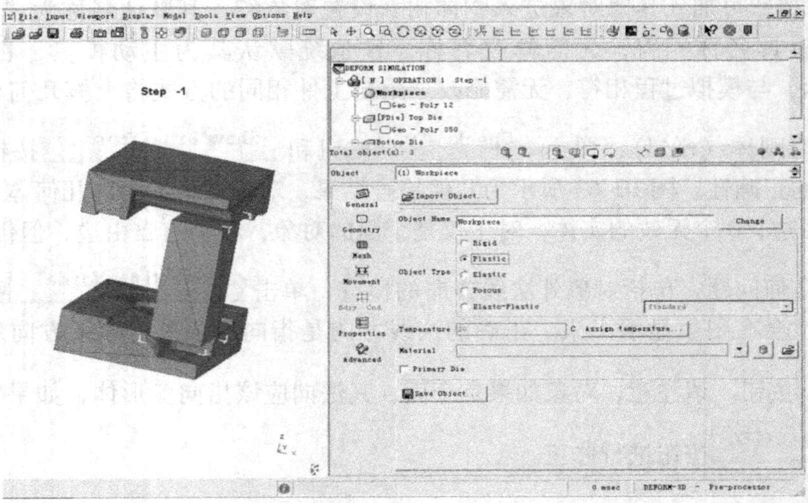

图 10-64　几何模型

为了使工件更好地填充模具，工件上的网格最小尺寸必须小于最小特征尺寸的一半，因此本例设置最小单元尺寸为 2mm，设置网格最大与最小尺寸比率为 3。网格设置信息设置完成后，单击 Surface Mesh 按钮执行表面网格划分命令，待完成后单击 Solid Mesh 按钮执行体网格划分命令。划分好的网格如图 10-66 所示，同时在模型树中可读取网格的总数目为 21272。

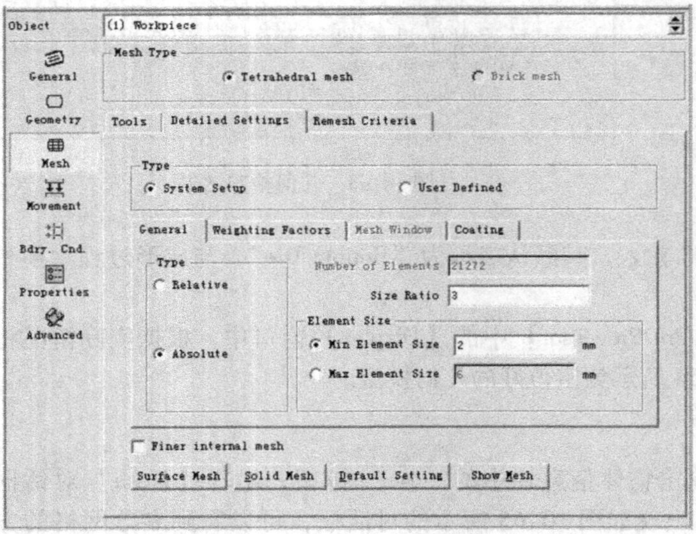

图 10-65　网格设置对话框

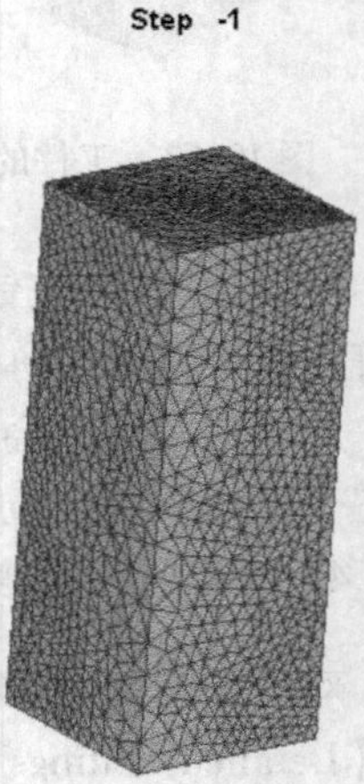

图 10-66　划分网格的工件

本例中考虑工件与模具的热传递，因此需要对模具进行网格划分。对模具采用相对网格划分方式，如图 10-67 所示的模具网格设定对话框。在【Detailed Settings】下选择【Relative】选项，设置网格最大与最小尺寸比率为 2.5，在【Number of Elements】栏中输入网格数目，或是通过设定【Tools】下的滑动控制块设置网格数目，如图 10-68 所示。接着单击【Generate】按钮生成模具网格。用同样的方法将下模的网格划分好。划分好网格的模拟对象如图 10-69 所示。

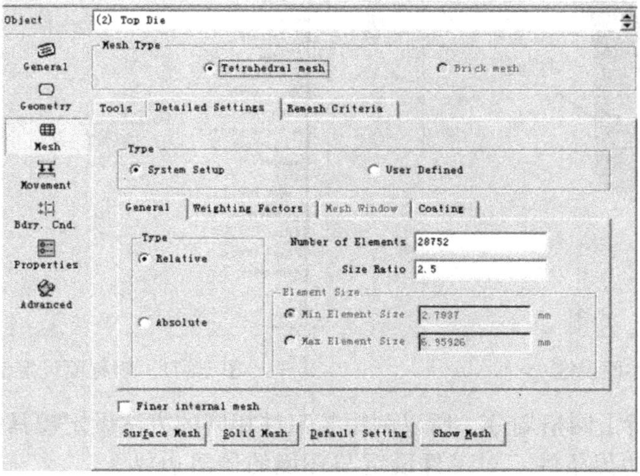

图 10-67　模具网格设定对话框

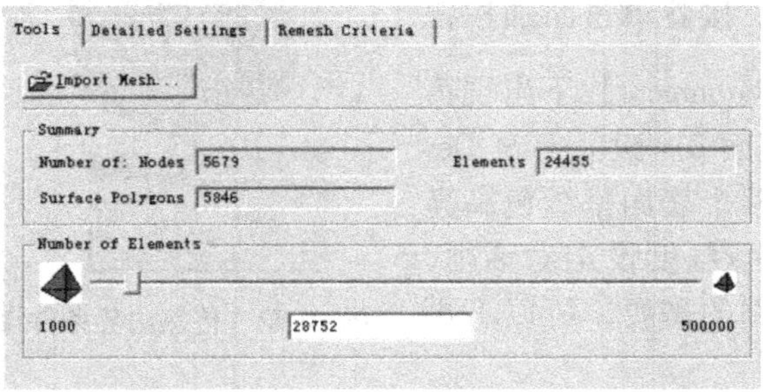

图 10-68　滑动控制块设置网格数目

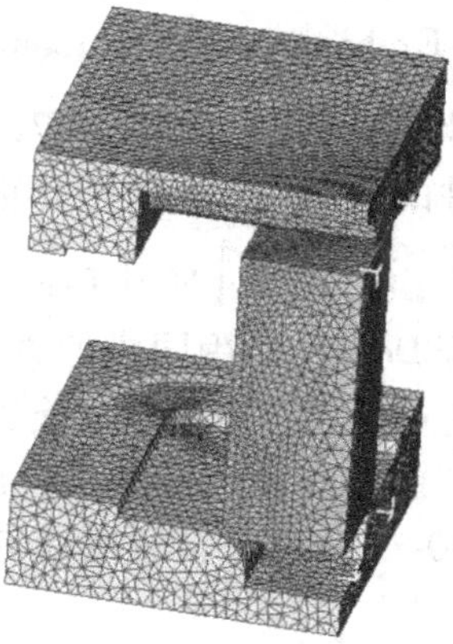

图 10-69　划分网格的模型

5. 定义边界条件

（1）设定对称边界条件　根据对称性，本例采用 1/4 的模型进行模拟计算，所以需要在对称面上设置对称边界条件。首先激活 Workpiece 工件，使其高亮显示，单击信息栏中的边界条件加载按钮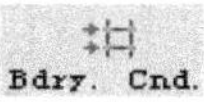

，系统默认激活【Symmetry Plane】，在图形显示窗口中会出现选择节点对话框，如图 10-70 所示，选择面上点按钮，然后单击工件的对称面，此时对称面上的节点高亮显示。接着单击【Symmetry Plane】下的添加按钮，则在【Symmetry Plane】下出现对称面的法向矢量（1，0，0）。用同样的方法设定对称面 2。设定好的对称面信息如图 10-71 所示。

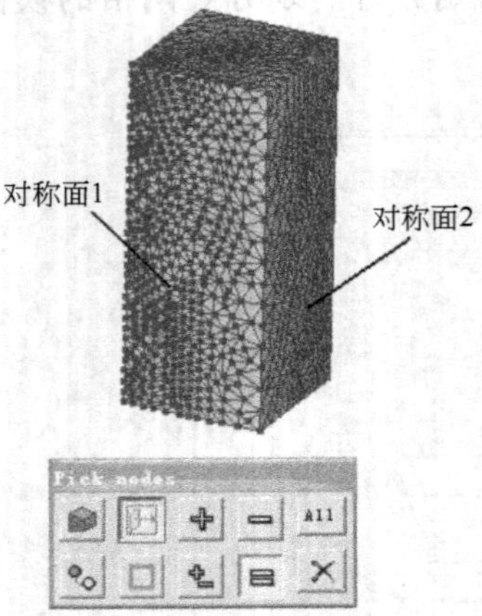

图 10-70　对称面设定

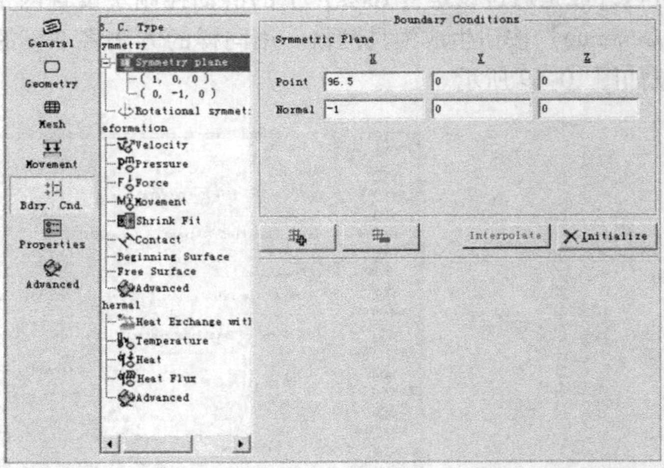

图 10-71　对称面设定信息

由于模具也进行了网格划分，所以利用与工件相同的方法设定模具的对称边界条件。

（2）设定传热边界条件　对工件设定与环境的传热边界条件。首先激活 Workpiece 工件，使其高亮显示，单击信息栏中的边界条件加载按钮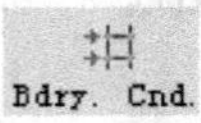，激活【Thermal】下的【Heat Exchange with Environment】，在图形显示窗口中会出现选择节点对话框，如图 10-72 所示，选择面按钮，然后单击工件的散热面，此时散热面高亮显示。接着单击添加按钮，则在【Heat Exchange with Environment】下出现英文字符 Defined。用同样的方法设定散热面 2。激活字符 Defined，可以发现定义热交换边界条件的两个表面呈绿色高亮显示，单击【Environment】可以出现环境温度设定对话框，如图 10-73 所示，系统默认可以满足本例的需要，所以不再

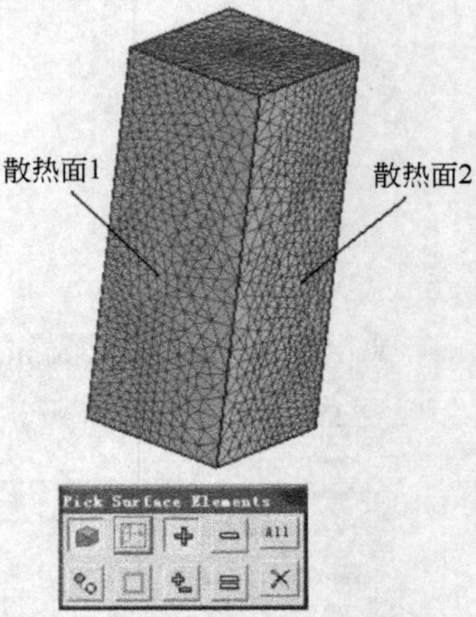

图 10-72　传热边界条件设定

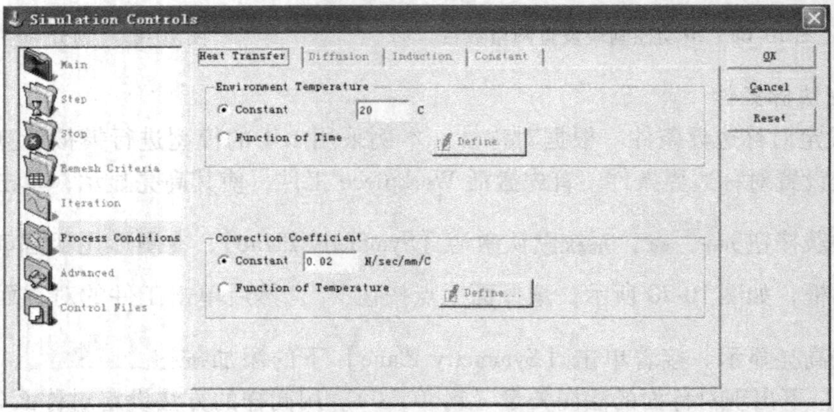

图 10-73　环境温度设定对话框

作修改。

6. 定义材料属性

首先给工件加载材料。激活 Workpiece 工件，在信息栏中【General】下单击材料定义按钮，弹出材料库，在材料库中打开“Steel”材料文件夹，选取材料 AISI-1045[1650-2200F(900-1200C)] 作为工件材料，出现如图 10-74 所示的材料信息栏，接着单击【Load】按钮，将材料赋予工件。

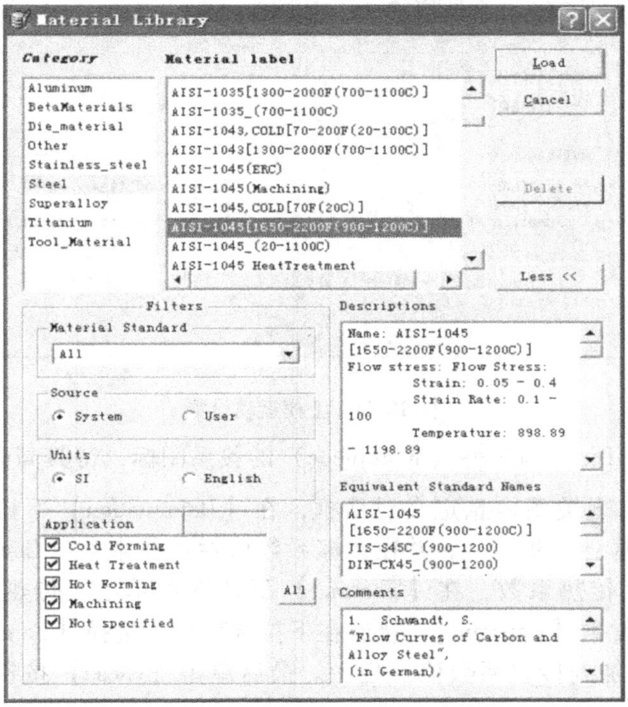

图 10-74　材料信息栏

用同样的方法将材料 AISI-H-13[1450-1850F(800-1000C)] 赋予上、下模具。

7. 定义模具运动控制

本例中，上模 Top Die 为主动模具，它将向下模移动对工件进行加工。选中物体树中的 Top Die 对象，在对象信息栏中单击 Movement 运动按钮，进行运动设置。该模具按一定速度移动，定义速度为 11.8mm/s，方向为 $-Z$，如图 10-75 所示。本例仅是上模以匀速向下模具移动，下模固定。上下模具间的工件，在上模向下的移动中被锻压成形。

8. 定义各对象之间的关系

单击对象间关系按钮，由于对象间关系还没有确定，单击此按钮后会弹出一个询问框，询问的内容是：对象间的关系还不存在，是否按默认值建立对象间的关系。单击【Yes】按钮，将出现对象间关系设定对话框，系统已默认了上模、下模与工件的主从关系。本例中不仅涉及摩擦问题，还涉及传热，因此在接触特征栏中要定义它们之间的摩擦系数及传热系数。

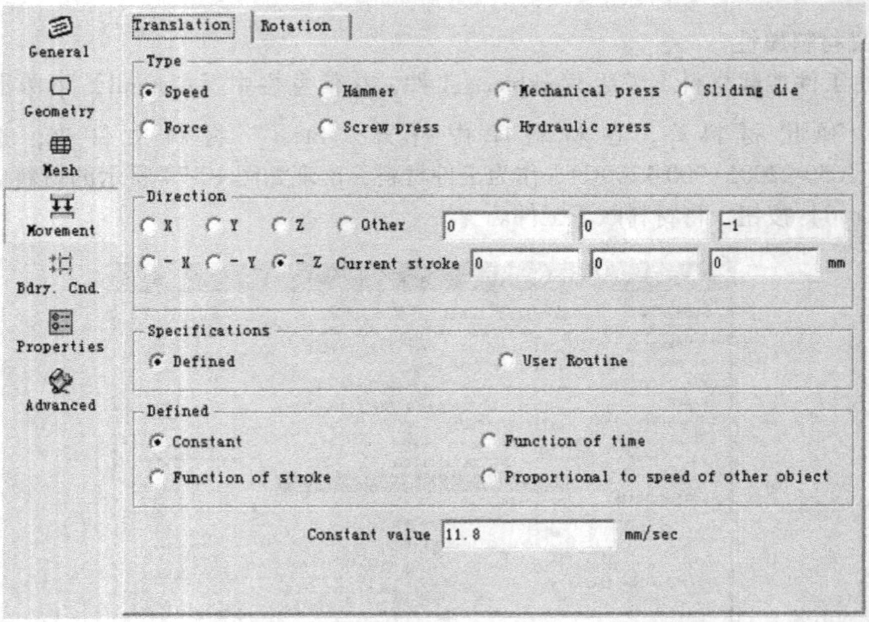

图 10-75　上模运动设置

单击上模（Top Die）与工件（Workpiece）的关系图标，待其高亮显示后，接着单击 Edit... 按钮，出现关系信息定义对话框，在【Deformation】下拉选项单中，选择摩擦类型为剪切摩擦模型（Shear），并在摩擦系数值栏选择常数【Constant】，输入常数值为 0.3。接下来定义传热系数，在【Thermal】下拉选项单中，传热系数【Heat Transfer Coefficient】栏选择常数【Constant】，接着在下拉选项单中选择【Forming】项，则其传热系数 11 就会自动填加到传热系数值一栏中。最后单击【Close】按钮回到关系信息定义对话框。

上模（Top Die）与工件（Workpiece）的关系定义完毕后，下模（Bottom）与工件（Workpiece）的关系还尚未确定。同样，可以按照上述方法定义下模具与工件的摩擦系数，但在 DEFORM 软件中，对于具有相同接触信息特征的关系对，通过单击 Apply to other relations 按钮，可以把第一个定义的关系信息复制到所有的关系对中。所有的对象间关系定义完毕，如图 10-76 所示。

9. 定义模拟控制参数

单击模拟控制按钮，进入模拟控制设定窗口。打开【Step】模拟步设定菜单，设置开始时的模拟步数【Starting Step Number】为 -1。负号表示它是重新划分网格的起始步，由前处理 Pre-Processor 读入。设置总的模拟步数【Number of Simulation Steps】为 195，这意味着若模拟计算未被中止，整个过程将分 195 步完成。设置【Step Increment to Save】（STPINC）为 5，这表示每模拟 5 步计算机会将中间阶段结果写入数据库。

系统默认【Primary Die】（PDIE（1））为 2-Top Die，也就是系统默认本例的#2 对象 Top Die 为主动模具，与本例实际相符，无需修改。

模拟过程中，模拟计算步长的确定是十分重要的，步长太大可能会引起网格的迅速

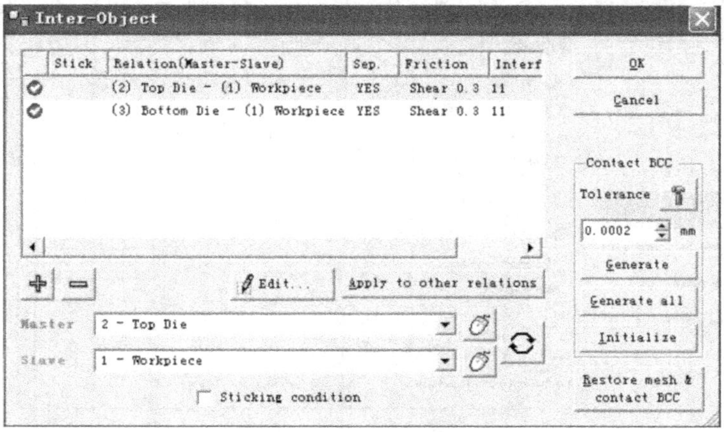

图 10-76 对象间关系设定对话框

畸变，而太小会引起不必要的计算时间消耗。DEFORM 软件规定了两种计算步长方式，分别由时间或模具行程来决定。对于通常的变形问题，采用行程设定方式较好。对于几何形状简单，无局部严重变形的问题，一般模拟步长设定要小于网格中的最小单元尺寸的 1/3；对于复杂几何形状，步长则可适当减小。本例步长设定方式采用行程设定方式，在【Solution Step Definition】中激活【With Die Displacement】选项。接下来确定模拟计算步长，利用图像工具菜单条中的测量工具来测量单元尺寸，单击测量按钮，并单击两相邻节点，测量最短单元尺寸大约为 2mm，一般模拟步长设定要小于网格中的最小单元尺寸的 1/3，即设置【With Die Displacement】中的【constant】为 0.6mm，如图 10-77 所示。

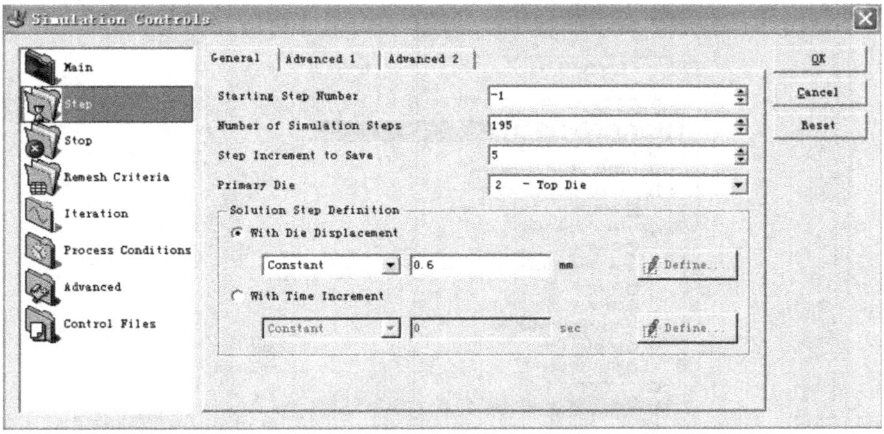

图 10-77 模拟控制参数设定

在模拟控制设定对话框中打开【Iteration】求解、迭代方法设定对话框。

系统默认的求解方法为【Conjugate-Gradient】共轭梯度法，默认的迭代方法为【Direct Iteration】直接迭代法，图 10-78 所示的设定能满足本例中的计算要求，不再作修改。

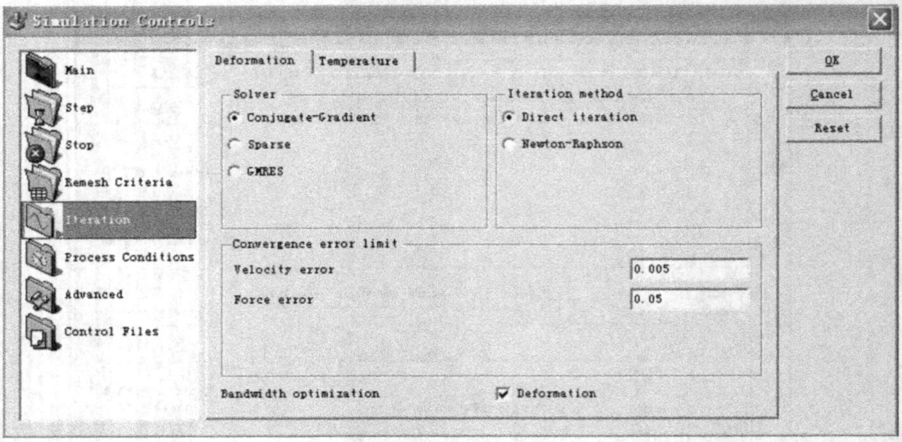

图 10-78　求解、迭代方法设定对话框

10. 生成计算数据库文件

单击存储按钮，将以“.k”文件形式存储模拟项目的数据信息。DEFORM 软件的“.k”文件是二进制文件，可以用文字编辑软件打开，也可直接修改，还可以直接生成数据库文件。单击数据库生成按钮，再单击【Check】按钮，检查数据库文件是否能够生成，如图 10-79 所示，本例中未出现错误信息，但出现提示信息。系统提示变形体的体积补偿未激活，这个问题的存在不会影响本模拟的精度，也不会影响数据库的生成，所以可以不修改。接着单击【Generate】按钮，生成数据库文件，最后单击窗口中的【Close】按钮退出此对话框。

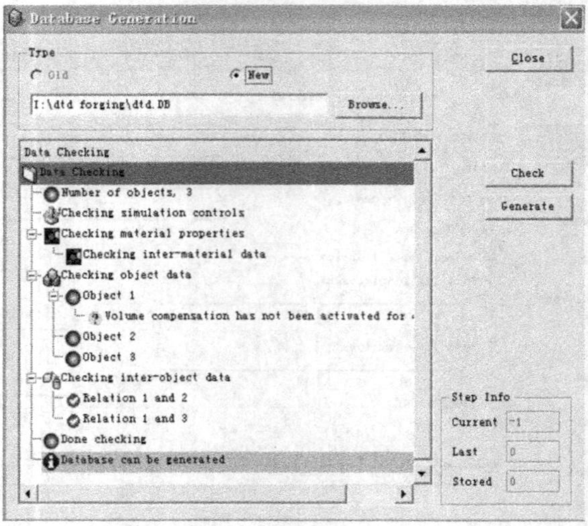

图 10-79　数据库生成对话框

数据库生成后，表明前处理完成，可以退出 DEFORM 软件的前处理。单击退出按钮或直接关闭该窗口即可。

10.4.2　进行求解计算

退出前处理后，回到 DEFORM 软件的主窗口，用户会发现在项目栏中多了两个文件，它们分别是“Dtd. DB”和“Dtd. k”文件，“Dtd. DB”文件就是用户提交运算的数据库文件，激活此数据库文件，单击【Simulator】栏中的【Run】按钮，打开运算对话框，向 FEM 模拟器提交计算任务。

在模拟计算过程中，可以实时观察模拟运算情况。单击【Simulator】栏中的【Simulation Graphics】按钮，出现如图 10-80 所示的模拟监控窗口，在此窗口中，可以观察模拟过程中已计算完成的部分，还可以得到已完成部分的应力、应变、温度等分布情况。

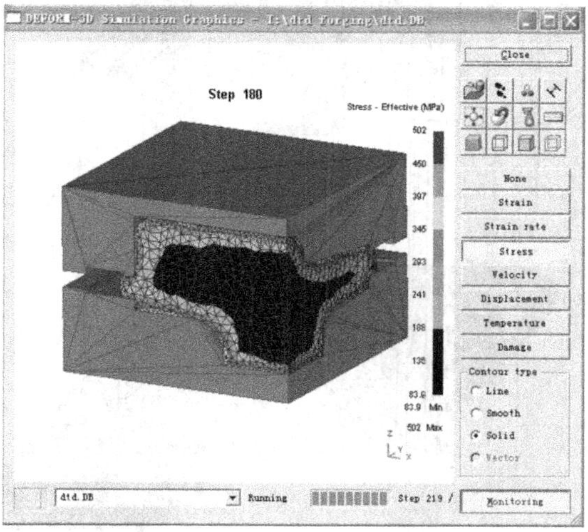

图 10-80　模拟监控窗口

10.4.3　后处理

模拟运算完毕后，所有的模拟信息将存储在“Dtd. DB”文件中，在“DEFORM”软件的主窗口的项目文件栏中单击“Dtd. DB”文件，使其高亮显示。接着单击【Post Processor】下的【DEFORM-3D Post】按钮进入后处理。

1. 重构模型

由于模拟采用了对称技术，仅选取了工件的 1/4 进行运算，为了反映整个物体的变形过程，就需要使用对象镜像功能，重新构造整个零件。构造方法是，选择工件的两个对称面进行镜像，具体步骤如下：

1）单击显示按钮中的单物体显示模式按钮，在物体树中激活 Workpiece 对象，隐蔽 Top Die 以及 Bottom Die 的显示，这有利于在视窗中单独操作工件。

2）单击镜像按钮，打开镜像对话框，激活【Add】开关，用鼠标单击图 10-81a 工件上的对称面 1，则在窗口中显示对称后的图形，如图 10-81b 所示。如果选错了对称面，可激活【Delete】开关，删除生成的对称图形。

3）接着再次激活镜像对话框中的【Add】开关，在窗口中单击选择工件上的对称面 2 作为镜像对称的对称面，形成如图 10-81c 所示的图形。

4）接着再次激活镜像对话框中的【Add】开关，以图 10-81c 所示的新生成的任意对称面作为镜像对称的对称面，形成如图 10-81d 所示的图形。

完成镜像任务，重构了整个零件后，单击【Close】按钮，关闭镜像对话框。

2. 变形过程的读取

一般一个模拟完成后，首先需要观察整个变形过程，查看变形过程是否合理，以及工件的最终形状是否符合要求。通常先选择展示变形过程按钮，使变形过程从头至尾演示一遍。后处理窗口的左侧有步列下拉选项单 Step 170，可打开此选项单，单击选

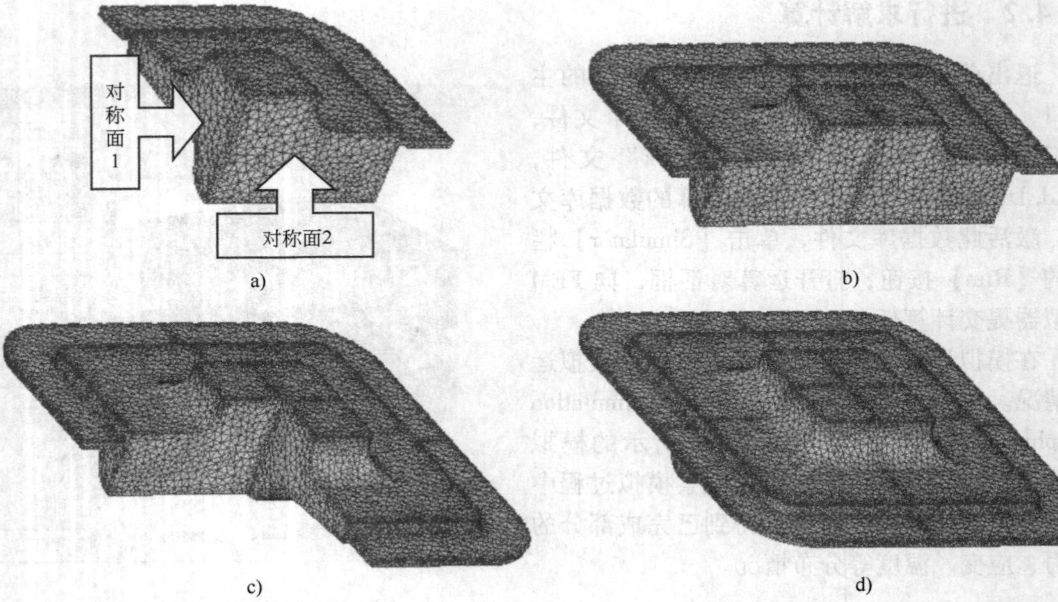

图 10-81 重构模型的过程

择的步序数，进行分步观察，也可用以下按钮实现该功能。

快速倒回至所有存储的第一步（First step rewind）。

返回一步（One step back）。

前进一步（One step forward）。

快速前进至所有存储的最后一步（Last forward）。

展示变形过程（Play forward）。

反向展示变形过程（Play backward）。

停止（Stop）。

每一步列包含了当前的数据信息，用户可以查看任意对象在模拟过程中各状态变量的分布情况。

3. 状态变量的读取

状态变量的读取在后处理中也是一个重要的内容。步列选定后，在物体树中选择工件 Workpiece，接着单击状态变量按钮，出现如图 10-82 所示的状态变量选取对话框，选取需要进行分析的状态变量，作为分析对象，也可在旁边的选项栏中，直接选取常用的状态变量。

下面分别介绍以温度、等效应力、等效应变、位移作为分析对象的情况。

在状态变量选取对话框中选取温度 Temperature 作为分析对象。首先在显示按钮【Display】下设定显示方式，本例选用默认【Shaded】显示方式。接着设定【Scaling】下的比例选项，即设定状态变量数值显示的极限值，有三个选项，分别为【Local】【User】【Global】。【Local】缩放比例是以状态变量在当前选定步列中的最小值和最大值作为显示的极限，【Global】缩放比例是以整个模拟过程中状态变量的最小值和最大值作为显示的极限，来显

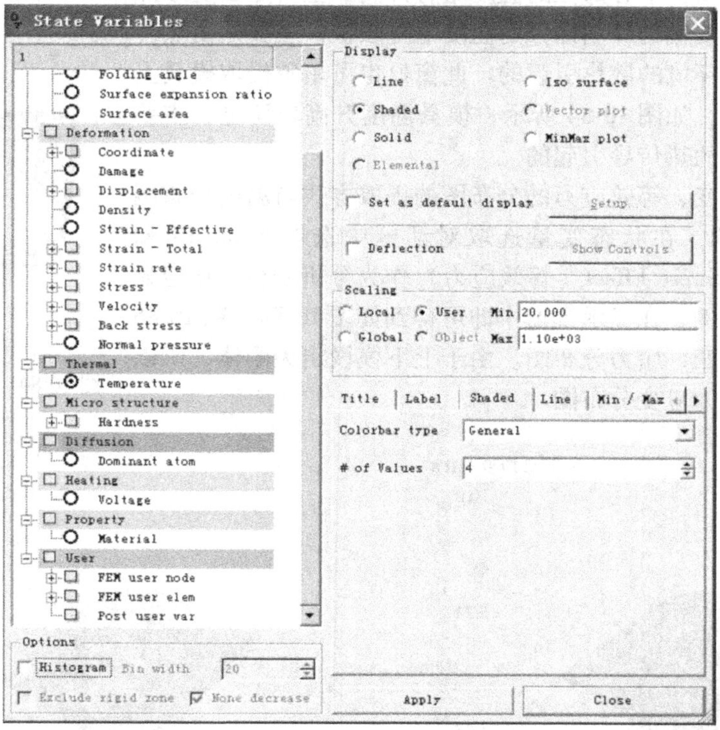

图 10-82　状态变量选取对话框

示当前选定步列的等效应变。【User】为用户自定义显示极限。本例选用用户自定义方式，用户自定义状态变量数值的最大与最小值。设定好以后单击【Apply】按钮。接着单击选步序数按钮选取步数，此时窗口显示模拟过程工件上的温度分布情况，为了分析方便可以仅将变形体保留在显示窗口中，图 10-83 所示为选取工件在变形前、中、后的温度分布图。由此

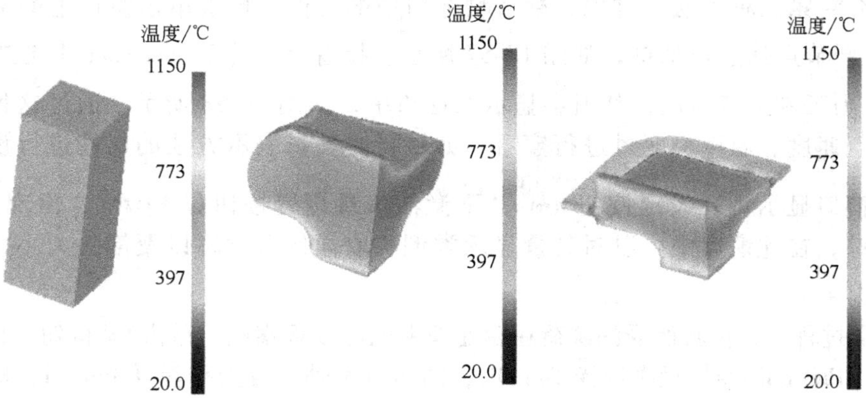

a)　　b)　　c)

图 10-83　工件的温度分布

a）变形前　b）变形中　c）变形后

可知工件较变形前，中心部位的温度略有升高，主要是由变形热引起的，与模具接触的外围部分的温度下降较快，主要是由热传导及工件向周围环境的散热引起的。此窗口也可单独提取模具上的温度进行观察，如图 10-84 所示，模具温度升高较明显，主要是由工件向模具的热传导引起的。

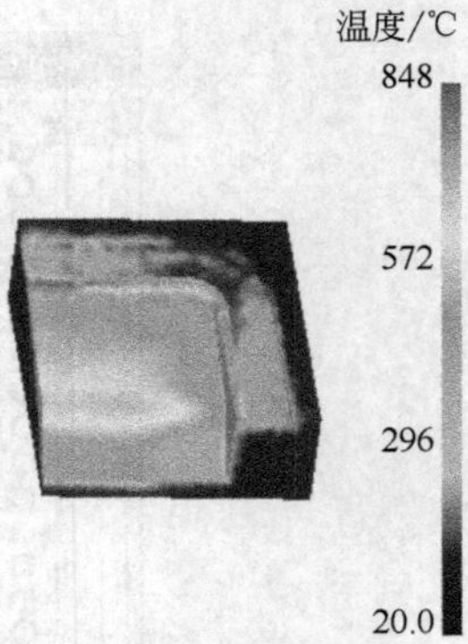

图 10-84　下模的温度分布

工件等效应变、等效应力的分布图的提取方式与温度分布图的提取方式相同，在状态变量选取对话框中选取 Strain-Effect（等效应变）或 Stress-Effect（等效应力）作为分析变量，设定显示方式和缩放比例，在显示视窗中即可得到如图 10-85、图 10-86 所示的工件的应变、应力分布图。由于上下模设定为刚体，所以看不到模具的应力应变分布图。

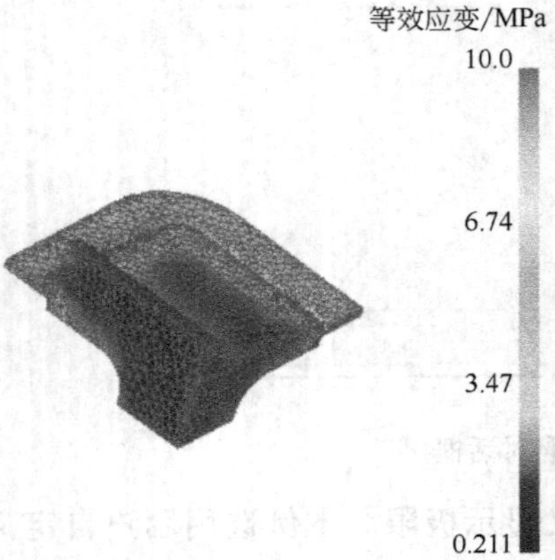

图 10-85　等效应变分布图

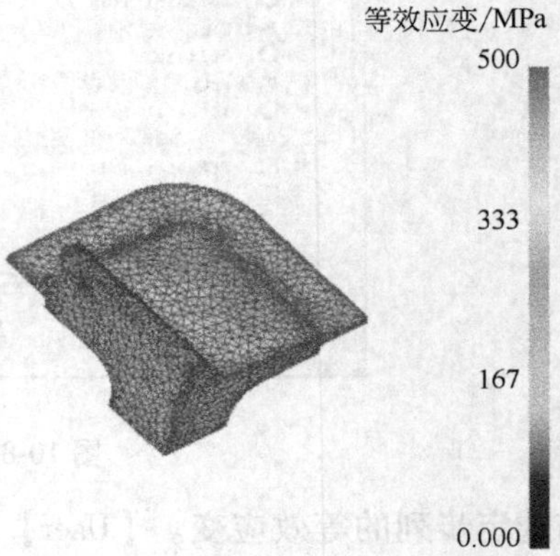

图 10-86　等效应力分布图

各节点位移可以在状态变量选取对话框中读取，也可以通过节点信息按钮进行读取。本例介绍第二种方法。首先，激活物体树中的工件，接着单击窗口上的节点信息按钮，打开节点信息对话框，如图 10-87 所示。接着单击【Displacement】栏右端的查看按钮，则工件上各点的位移就会显示在窗口中，如图 10-88 所示。通过这种方法还可以对各节点速度、温度等变量进行察看。如果要对矢量表示方法的属性进行设置，可以在后处理窗口显示特征设定按钮 Display... 下激活矢量设置按钮 Vector，出现如图 10-89 所示的窗口，在此窗口中可以对矢量显示类型、取样例点比率以及箭头大小、形状等进行设定。

在成形过程中，模具所受的载荷在后处理中也可以观察到。单击按钮，出现画图对话框，在【Plot objects】栏中选择 Top Die，图形的 X 轴设置为行程【Stroke】，图形的 Y 轴设定为 Z 方向载荷【Zload】，如图 10-90 所示。图形设定完毕后单击【OK】按钮，在视窗中显示图 10-91 所示的上模 Z 向载荷预测图，图中的曲线即为载荷-行程，竖直线代表上模行程，交点就是此行程过程中上模具所受的载荷。

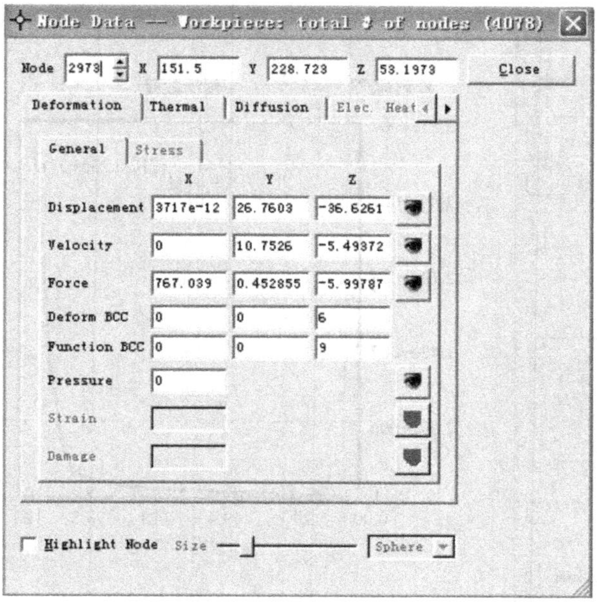

图 10-87　节点信息对话框

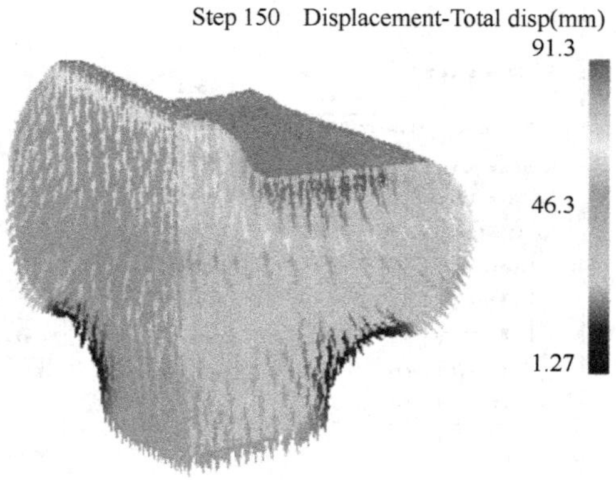

图 10-88　位移矢量图

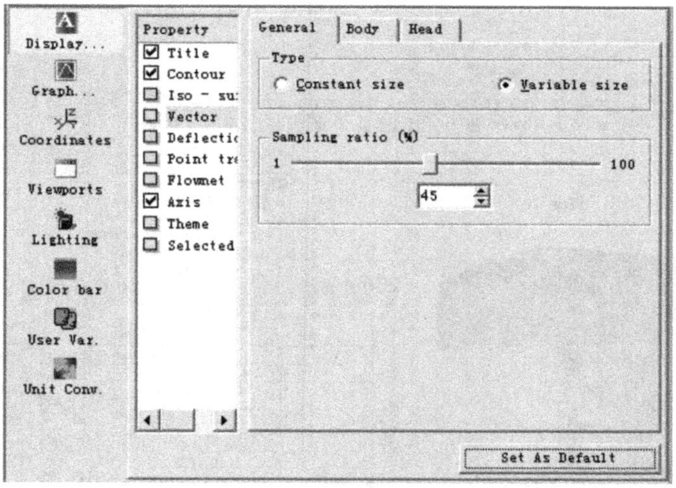

图 10-89　矢量属性设置对话框

曲线图的删除操作过程是：在物体树栏中选择曲线图图标，单击鼠标右键，在弹出的对话框中选取第二栏【Remove state variable】，即可删除曲线图；也可以在曲线图上直接单击右键，选取【Hide】，将此曲线图隐藏。

4. 工件上点追踪

DEFORM 软件提供了变形体上点追踪的功能，不仅可追踪每个点的位置，还可以对点的状态变量进行追踪。单击点追踪按钮，弹出点追踪对话框，单击步列选项，选择工件未变形时的步列，用鼠标连续单击 Workpiece 上的几个点，这几个点的坐标会显示在点追踪对话框中，如图 10-92 所示。接着单击【Next】按钮，接受默认值单击【Finish】按钮。系

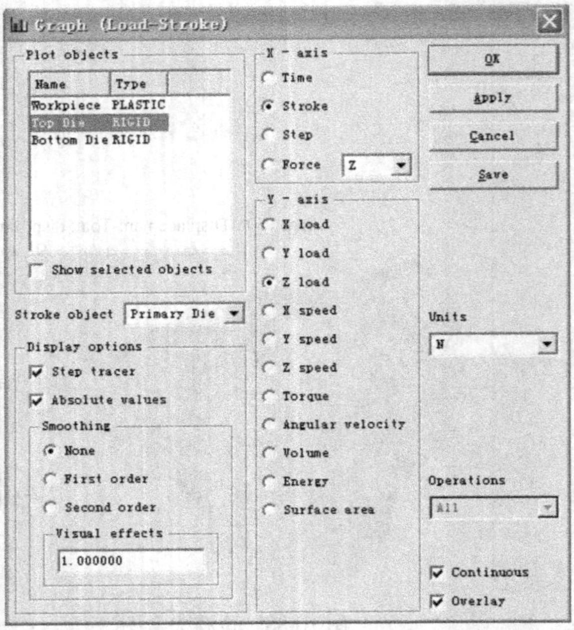

图 10-90　曲线图设置对话框

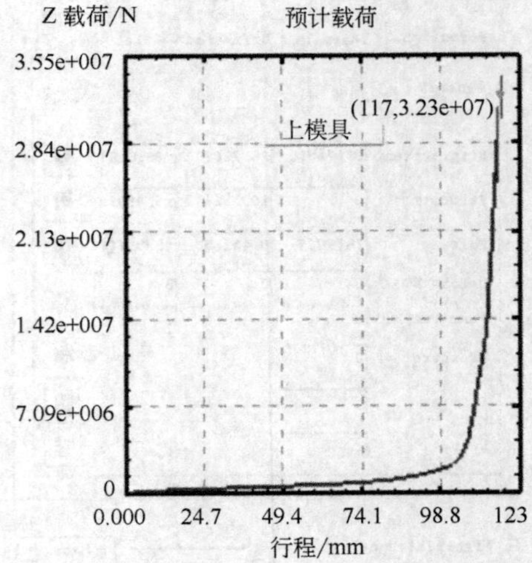

图 10-91　上模 Z 方向载荷预测曲线

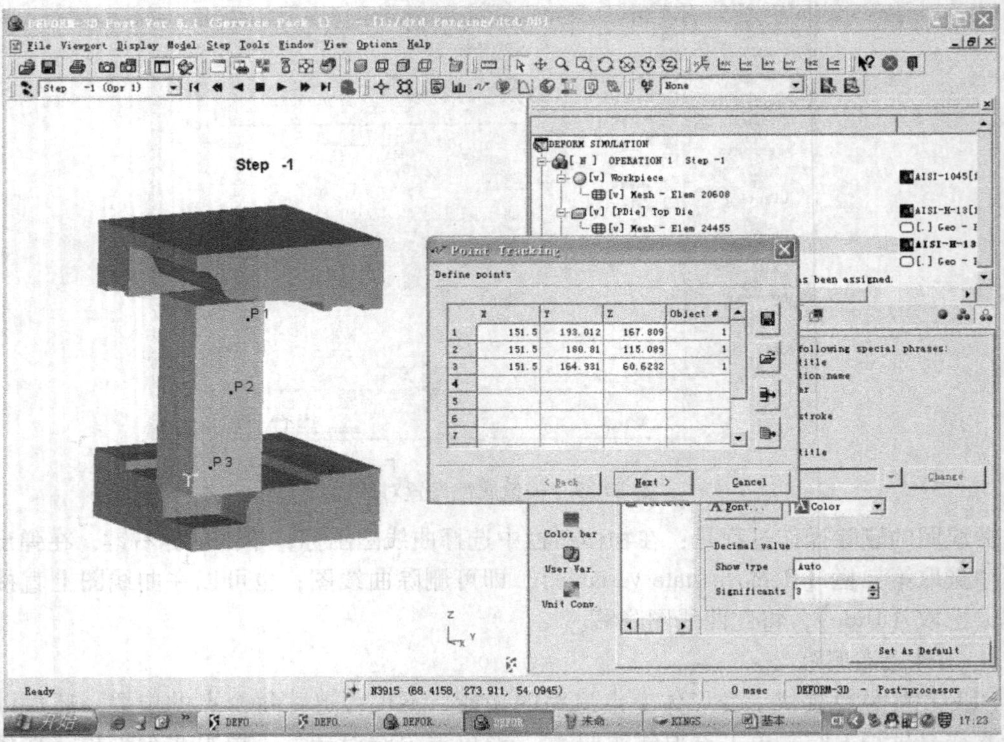

图 10-92　点追踪对话框

统会提取点的数据信息。提取信息结束后，单击步列选择，可以追踪任何步列下的特征点的位置，图 10-93 所示为在 150 步时特征点的位置变化图；也可以单击状态变量按钮，选择需要分析的状态变量，如选择状态变量【Stress-Effective】，则会生成特征点在整个变形过程中的真应力曲线变化，如图 10-93 所示，三条曲线为三个点的状态变量曲线，图中竖线代表当前步列，交点为当前步列状态变量的数值。由此可分析特征点在整个变形过程中此状态变量的变化情况。

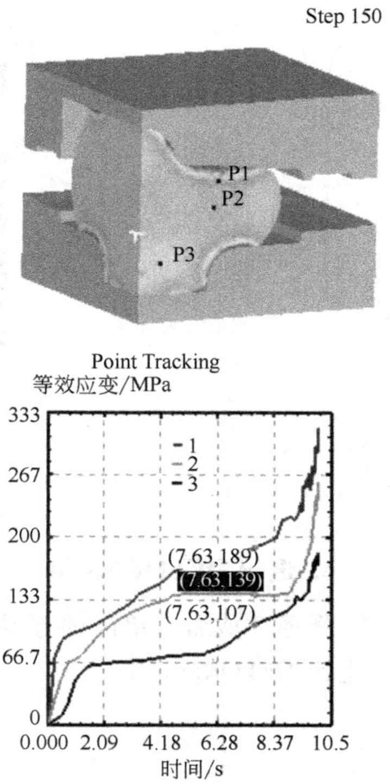

图 10-93　点追踪状态变量分析图

5. 对象上剖切面的选择

当需要对工件内部的某个面上的特征变量进行分析时，可以利用 DEFORM-3D 后处理中的对象剖分功能来实现。首先单击物体树右下角的单个对象显示模式按钮，接着激活物体树中的工件，使工件置于显示视图中一个合适的位置，接下来单击剖切面按钮，打开【Slicing】对话框。本例采用一点和一法矢量的方法确定剖切面，如图 10-94 所示。其操作步骤如下：

1）设定法矢正方向为 X 方向。

2）在工件上沿 X 方向选取一剖分点，可以直接输入坐标值，也可以激活坐标值后，用鼠标直接在工件上选取。

3）选择剖切平面显示方式，有曲线形式（Curve）、平面（Plane）、曲线 + 平面形式（Curve + Plane）三种，本例选用曲线 + 平面形式。

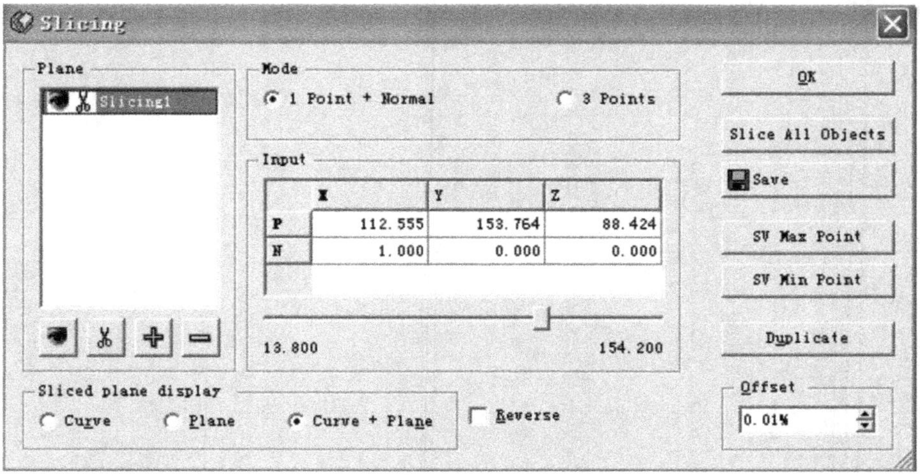

图 10-94　剖切面设置对话框

按上述步骤剖分平面平行于 X 轴，同理可以进行 Y 轴剖分，选择温度作为分析变量，其效果如图 10-95 所示。利用【Slicing】对话框下的按钮，可以将几个剖切面复合到一起。

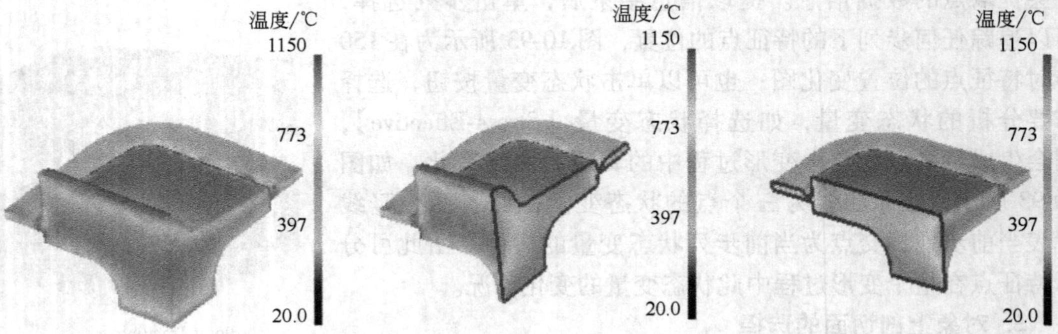

a)　b)　c)

图 10-95　剖面温度显示

a）完整模型　b）平行 X 轴剖切　c）平行 Y 轴剖切

6. 退出 DEFORM-3D

任务完成后，单击按钮退出后处理操作，此时回到了主窗口，接着单击按钮，则可退出 DEFORM 软件。

思　考　题

1. DEFORM-3D 软件适用于进行哪些成形模拟？
2. 在 DEFORM 软件中如何设定对称边界条件？
3. 利用 DEFORM 软件进行网格划分有哪两种方式？有何区别？
4. 在 DEFORM 软件中如何根据试验数据修改或新建材料的流动应力曲线？
5. 利用 DEFORM-3D 软件模拟金属塑性成形问题主要包括哪些步骤？

参考文献

[1] 谢水生，李雷．金属塑性成形的有限元模拟技术及应用［M］．北京：科学出版社，2008.
[2] 刘扬，刘巨保，罗敏．有限元分析及应用［M］．北京：中国电力出版社，2008.
[3] 王勖成．有限单元法［M］．北京：清华大学出版社，2003.
[4] 李尚健．金属塑性成形过程模拟［M］．北京：机械工业出版社，1999.
[5] 董湘怀．材料成形计算机模拟［M］．2 版．北京：机械工业出版社，2006.
[6] 辛启斌．材料成形计算机模拟［M］．北京：冶金工业出版社，2006.
[7] 俞汉清，陈金德．金属塑性成形原理［M］．北京：机械工业出版社，1999.
[8] 刘建生，陈慧琴，郭晓霞．金属塑性加工有限元模拟技术与应用［M］．北京：冶金工业出版社，2003.
[9] 陶文铨．传热学［M］．西安：西北工业大学出版社，2006..
[10] 张奕．传热学［M］．南京：东南大学出版社，2004.
[11] 卫原平，阮雪榆．金属成形过程的热力耦合分析技术［J］．塑性工程学报，1994，1（2）：1-10.
[12] 刘建生，张巧丽，陈慧琴．塑性变形与传热耦合分析技术的研究［J］．太原重型机械学院学报，1997，18（3）：226-231.
[13] 张巧丽，刘建生，郭会光．有限元模拟中关键技术问题的处理［J］．太原重型机械学院学报，1999，20（3）：245-249.
[14] 孙家广，陈玉健．计算机辅助几何造型技术［M］．北京：清华大学出版社，1990.
[15] 施法中．计算机辅助几何设计与非均匀有理 B 样条［M］．北京：北京航空航天大学出版社，1994.
[16] 王成录，吕炎，刘英伟．B 样条曲面在模具型腔表面描述中的应用［J］．塑性工程学报，1998，5（4）：28-32.
[17] 刘建生，陈慧琴．动态接触边界的自动处理技术［J］．塑性工程学报，1998，5（2）：69-75.
[18] 刘相华．刚塑性有限元及其在轧制中的应用［M］．北京：冶金工业出版社，1994.
[19] 谢水生，王祖唐．金属塑性成形工步的有限元数值模拟［M］．北京：冶金工业出版社，1997.
[20] 葛利玲．材料科学与工程基础实验教程［M］．北京：机械工业出版社，2008.
[21] 张凯锋．材料热加工过程的数值模拟［M］．哈尔滨：哈尔滨工业大学出版社，2001.
[22] 任勇，程晓茹．轧制过程数学模型［M］．北京：冶金工业出版社，2008.
[23] 李依依，李殿中，朱苗勇．金属材料制备工艺的计算机模拟［M］．北京：科学出版社，2006.
[24] 中国锻压协会．锻造工艺模拟［M］．北京：国防工业出版社，2009.
[25] 王祖唐，刘庄，任猛．大钢锭内部空洞锻合过程的数值模拟［J］．机械工程学报，1989，25（3）：51-55.
[26] 韩静涛，薛永栋，刘均贤．大型饼类锻件镦粗过程的有限元模拟［J］．大型铸锻件，2007，117（3）：1-7. .
[27] 张清华，刘鑫刚，祁荣胜，等．800MN 模锻液压机主缸缸底锻件关键成形技术的研究［J］．大型铸锻件，2010，12（6）：1-5.
[28] 闵洁．600MW 汽轮机低压转子锻造工艺分析［D］．秦皇岛：燕山大学，2010.
[29] 董岚枫，钟约先，马庆贤，等．700MW 级水轮机主轴内法兰终锻成形工艺数值模拟研究［J］．锻压装备与制造技术，2007，42（3）：50-54.
[30] 李研，韩静涛，刘靖，等．12Cr 超超临界转子 JTS 拔长预冷工艺优化设计［J］．锻压技术．2011，36（2）：15-18.

[31] 张效迅．大锻件锻造成形过程中内部空洞型缺陷演化规律的研究［D］．上海：上海交通大学，2009.
[32] 韩静涛，薛永栋，刘均贤．大型饼类锻件镦粗过程的有限元模拟［J］．大型铸锻件，2007（3）：1-7.
[33] 张景利，王少鹏，马庆贤．FM 法拔长工艺中合理砧宽比和变形量研究［J］．大型铸锻件，2010（2）：5-8．
[34] 石静．中压转子锻造工艺模拟研究［D］．重庆：重庆大学，2011.
[35] 胡诗超，张恒华，吴晓春，等．30Cr3MoV 钢热压缩流变应力行为研究［J］．上海金属，2011，33（3）：1-5.
[36] 中国工程机械学会塑性工程学会．锻压手册锻造第 1 卷［M］．3 版．北京：机械工业出版社，2007.
[37] 史美堂．常用模具钢热处理性能［M］．上海：上海科学技术出版社，1981.
[38] 冯道武．拔长锻造参数的优化选择［J］．大型铸锻件，1996，2（72）：40-44.
[39] 张鹏，夏琴香，李哲林，等．长轴类大锻件自由锻造工艺研究［J］．锻压技术，2011，36（1）：21-25.
[40] 曹志远，张海峰，季雪，等．核电 AP1000 整锻低压转子的试制［J］．大型铸锻件，2011（4）：8-11.
[41] 桂启志，冷进明，唐仕东．1000MW 超超临界汽轮机低压转子制造技术研究［J］．东方电气评论，2009，23（89）：23-28.
[42] 张莉，李升军．DEFORM 在金属塑性成形中的应用［M］．北京：机械工业出版社，2009.
[43] 李传民，王向丽，闫华军，等．DEFORM503 金属成形有限元分析实例指导［M］．北京：机械工业出版社，2007.
[44] 陈明明．316LN 不锈钢锻造过程晶粒演变规律实验与模拟研究［D］．太原：太原科技大学，2010.
[45] 赵春雨，孟宪举，李军．齿轮坯模锻成形过程的数值模拟及优化［J］．精密成形工程，2010，2（6）：24-28.
[46] 魏新鹏．Mn18Cr18N 钢热锻中损伤的理论与试验研究［D］．太原：太原科技大学，2010.
[47] 周结魁，薛克敏，徐迎强，等．半轴套管热挤压成形数值模拟与实验［J］．塑性工程学报，2011，6（18）.
[48] 何芯．空心型材挤压过程数值模拟及模具结构优化研究［D］．长沙：湖南大学，2010.
[49] 裴暖暖，杨永顺，尹甜甜，等．镁合金汽车轮毂挤压成形工艺研究［J］．热加工工艺，2011，40（17）：89-91.
[50] 李倩，蒋智，钟志平，等．BJ 型钟形壳温锻反挤压工艺数值模拟及实验研究［J］．锻压技术，2011，36（2）：23-26.
[51] 邸利青．铝型材挤压过程数值模拟及模具设计［D］．大连：大连理工大学，2009.
[52] 张清泉，刘勇谋，姚进．中厚板轧制过程的数值模拟分析［J］．钢铁钒钛，2004，25（3）：10-16.
[53] 许小林．中空钢轧制过程数值模拟及尺寸精度分析［D］．秦皇岛：燕山大学，2010.
[54] Jihong TIAN，Jiansheng LIU，Huiguang GUO，et al. Research on the Intramode Canning Canning Hot Forging Process for Mn18Cr18N Retaining Ring［J］．Materials Science Forum，2008，（575-578）：438-442.
[55] 安红萍，刘建生，郭玉茹，等．大型厚壁半球形封头成形的模拟与试验研究［J］．锻压技术，2009，34（5）：135-138.
[56] 郭改丽．大型带法兰封头整锻成形数值模拟研究［D］．太原：太原科技大学，2010.
[57] 李传民，王向丽，闫华军，等．Deform5.03 金属成形有限元分析实例指导教程［M］．北京：机械工业出版社，2006.